中共軍史、軍力和對臺威脅

翁衍慶 著

目次

國際局勢

中共犯臺分析

特別收錄

國軍在臺面對的唯一軍事威脅即共軍。筆者不常用「解放軍」一辭，因用「解放」兩字，似在承認國軍為非正義之師。鄧小平也將「和平解放」改為「和平統一」，還說「不再用『解放臺灣』這個提法了」。證明「解放」兩個字不適合國軍去稱呼共軍。

作者軍旅生涯近四十年，曾在校尉官時期有多年作戰經驗，深知國軍戰力不弱。但為何國軍在大陸時期，擁有精良裝備和優勢兵力，面對只靠「小米加步槍」武器落後的共軍，卻節節敗退，僅數年即痛失大好江山？

雖然國軍在臺痛定思痛，勵精圖治，重建精實戰力，但是隨著政府的大陸政策從攻改守，國軍戰略也調整為防衛固守，以及與共軍作戰有豐富經驗的撤臺官兵逐漸凋零，國軍在臺培養擢升的軍事幹部，多不甚瞭解國軍失敗慘痛因由，甚至對於共軍軍事和對臺威脅所知亦極有限。

共軍處心積慮企圖武力犯臺，竭盡所能蒐集國軍情報，最近數年積極對臺認知作戰，頻頻釋出對於國軍部署、武器裝備和軍力之掌握詳情，以及種種犯臺之構想，威嚇臺灣軍民。國軍幹部當有必要加強認識中共軍事發展和對臺威脅所在。

孫子兵法：「知彼知己，百戰不殆。不知彼而知己，一勝一負；不知彼不知己，每戰必殆。」筆者過去因職務關係，對中共軍事涉獵較多。離退後，決心作一系統整理，並與學友切磋討論，歷時三年餘，終成此書，呈獻讀者諸君。

國共第一次合作自一九二七年「清黨」結束後，中共發動八一「南昌暴動」和農村「秋收暴動」，建立武力，開始了武裝叛亂，並逃過國軍五次圍剿，突圍「長竄」到達陝北。之後中共又策動東北軍張學良和西北軍楊虎城不剿共，並於一九三六年十二月發動「西安事變」，劫持蔣委員長，逼迫政府停止剿共，承認中共之合法地位，國共進入第二次合作期。

一九三七年抗戰軍興，毛澤東指示共軍：「抗戰是中共發展的絕好機會」，「八路軍應避開與日軍的正面衝突」，「主要任務是擴充八路軍的實力」。毛提出「七分發展實力、二分應付政府、一分對抗日本」策略，並發起「百萬擴軍、百萬擴黨、千萬囤糧、萬萬積金」之「四大運動」。因此，八年抗戰幾乎是國軍獨力抗日，共軍不但襲擊國軍，並與日、汪特務機構合作，出賣國軍。

國軍浴血抗戰，參與的中日軍大型會戰二十二次、重要戰役一千一百二十七次、小型戰鬥近四萬次；國軍兩百零六位將領壯烈殉國（包括十一名上將、三十四名中將）；陸軍三百二十一萬餘官兵傷亡；海軍艦艇損失殆盡；空軍飛行員四千三百二十一人犧牲，損失兩千四百六十八架戰機。而共軍在整個抗戰中，未有一個團級以上幹部犧牲。

一九四五年抗戰勝利時，共軍已擴張到一百二十七萬餘人，續接受蘇軍擄獲之日軍武器、美國援蘇對德作戰之裝備，蘇軍還另提供共軍擴建百萬新軍之軍事裝備，戰力大幅提升。相較之下，國軍則因復員，部隊急速縮編到一百五十萬，又因美國馬歇爾來華調停失敗，遷怒國軍，禁運武器，國共戰力開始逆轉。

共軍於一九四七年決定「主動」與國軍「進行三次大戰役」。一九四八年十一月，國軍在「遼瀋戰役」失去東北。毛澤東信心滿滿，決定一年內取得政權。一九四九年一月，共軍又取得「淮海戰役」和「平津戰役」的勝利，十月，中共建立政權。

國軍失敗原因，主要是陷於「被動」，而且作戰次長和參軍均是共諜，所有國軍軍事部署、作戰計劃和軍隊行動，共軍都瞭若指掌，得以以逸待勞，分割國軍，各個殲滅。

許多擔任領軍作戰的共諜將領，或被策反之部隊指揮官，每在陣前叛變，導致國軍陣線迅速崩潰。尤其國軍不少將領原為軍閥，陣前不遵軍令，危害更大，如：東北剿總衛立煌抗命不從、華北剿總傅作義拒將部隊南撤，並率部降共，丟失平津。

共軍渡江作戰後，攻佔京滬，席捲全國。毛澤東即準備武力犯臺。指示共軍在臺建立「可靠內應」。當時中共潛伏在臺的地下黨「臺灣省工委會」，組織遍及全省，已闢建游擊基地。幸被前保密局及時破獲，並循線逮捕潛伏參謀本部的中將作戰次長吳石、聯勤總部中將總監陳寶倉等共諜，徹底瓦解中共在臺內應力量。

一九四九年十月的「古寧頭戰役」和十一月的「登步島戰役」，國軍兩挫共軍，再加上共軍失去島內策應力量，也意識到攻臺之不易。一九五〇年六月，韓戰爆發，美軍第七艦隊進入臺灣海峽。十月，共軍入朝作戰。中共原計劃一九五〇年犯臺計劃，至此幻滅。

一九五〇年五月，國軍放棄海南島，撤離舟山國軍，改採固守臺灣戰略。十二月，中央政府正式遷臺。

國軍撤臺後，曾有兩次反攻大陸機會，都因美國阻擾而未實現。

第一次是一九五〇年韓戰爆發後，聯軍統帥麥克阿瑟向華府建議讓國軍參戰，國府也同意派遣精銳國軍支援。尤其在共軍援朝作戰後，麥帥更期望具有與共軍豐富戰鬥經驗的國軍參戰，但均被華府以避免戰爭擴大為由堅拒。一九五一年四月，麥帥被解職，國軍也失去藉韓戰反攻大陸的機會。

第二次是一九六一年大陸發生大饑荒，餓殍遍野。兼以中蘇矛盾加劇。中共正處於內外交困之際，蔣總統認為反攻大陸時機來臨，於一九六一年策訂「國光計劃」，規劃軍事反攻。國防部前情報局配合「國光計畫」，自一九六二年起開始密集派遣特戰部隊，突擊大陸沿海，並在滇緬邊區成立游擊部隊，自西南地區滲透大陸，發展敵後武力，以策應國軍在東南沿海登陸作戰。

一九六三年，國府爭取美國支持國軍反攻大陸，卻遭到美國強力阻擾，並洩漏給中共知悉防範。蔣總統仍決心自行反攻，曾於一九六五年六月在鳳山陸軍官校召集三軍將校，進行反攻前的精神講話，所有軍官都預留遺囑。

但隨後發生國軍模擬登陸演習，兩棲登陸戰車翻覆，造成重大傷亡；海軍兩艘軍艦運送特戰人員突擊大陸後，被中共魚雷艇擊沉；以及共軍的砲艇與魚雷艇埋伏在烏坵外海，擊沉我一艘砲艦等事件。凡此皆使蔣總統感到海軍跨海實力不足，登陸作戰需更慎重。

一九七一年十月，聯合國通過排我納共案，一九七二年二月，美國尼克森總統訪問北京，國際局勢日益對我不利，終於導致「國光計劃」於一九七二年七月撤銷，部署滇邊之游擊部隊，也隨之裁撤，至此反攻大陸行動成為絕響。

一、臺海危機

國府在臺，臺海曾發生三次危機：

第一次為一九五四年九月三日，共軍自廈門猛烈炮擊金門。國軍炮兵全面回擊，海、空軍也對廈門共軍炮兵陣地和海軍基地進行攻擊。炮戰僅二十日，即趨於零星。

第二次為一九五八年之「八二三炮戰」。共軍以密集炮火轟擊金門。九月，國軍十二門二〇三公釐口徑火炮（俗稱八吋榴彈炮）運抵金門，重擊共軍陣地，取得炮戰優勢，共軍轉居劣勢。炮戰期間，蔣總統曾嚴拒美國提出對中共投擲核彈計劃。

毛澤東擔憂戰火蔓延到華南地區，自十月下旬起改採「單打雙不打」策略，以維顏面。一九七九年元月，因陸美建交，炮戰結束。

第三次是一九九五至九六年臺海危機。中共因不滿李登輝總統赴美，企圖突破「一中」原則，遂於一九九五年七月連續三日，每日發射二枚「東風-15」導彈，落入彭佳嶼海域，並成立「南京戰區」和「對臺軍事指揮部」，擺出奪取金馬東引之態勢。

一九九六年又因我舉行首次總統直選，中共於三月八日發射「東風-15」導彈，三枚落在高雄外海，一枚落在基隆外海；並橫跨我總統大選全程，連續進行三波以跨海犯臺為想定之威懾演習。

中共雖自一九七八年十月提出以「和平統一」為主軸的對臺統戰策略，但從未放棄武力犯臺企圖。自一九九五年臺海危機爆發迄今，共軍對臺舉行軍事威懾演習已形成常態，演習構想也從封鎖臺海、奪取外島，逐步演變為強奪臺海制海制空權、攻佔澎湖，到直接武力犯臺。顯示共軍武統臺灣的規劃，已具雛形。

一九九六年臺海危機時，美國派兩艘航母群進駐臺海，中共意識到軍力不足以與美軍抗衡，自此投入巨資積極發展軍武，致使其軍機、軍艦、導彈和太空等科技均迅速成長，並調整軍事戰略、戰術，針對美軍提出了「反介入/區域拒止」的戰法。

共軍當前軍事戰略思想為「積極防禦」，係由堅持「戰略上防禦、戰役戰鬥上攻擊的統一」、「防禦、自衛、後發制人」和「人不犯我，我不犯人；人若犯我，我必犯人」這三個核心原則構成。事實上，中共只要想動武，理由俯拾皆是，沒有也可製造。

二、中共軍事改革

中共自二〇一五年底起推動軍隊改革，改組軍委四總部組織；新增火箭軍、戰支部隊，形成五大軍種；撤銷七大軍區，改設東、南、西、北、中部等五大戰區。

共軍原七大軍區戰略，偏重區域性防衛固守。因面對美國圍堵遏制戰略和軍事壓力，並為了適應現代高科技戰爭之大寬度、大縱深、高強度的局部性戰爭，故重劃軍區，使戰區同具戰略上的防禦與攻擊功能，實際上就是以攻為守。

陸軍：將原十八個集團軍縮編為十三個集團軍，配置東、北、中部戰區各三個；南、西部戰區各二個。犯臺主力部隊為東部戰區72、73和南部戰區74等三個集團軍。同時全面進行「師改旅」，各集團軍均有六個「合成旅」，囊括陸軍所有基礎兵種，形成多兵種協同作戰格局。所以陸軍的戰略是：「機動作戰、立體攻防，從區域防衛型向全域作戰型轉變」。

海軍：三大艦隊分隸北、東、南部戰區。自上世紀末起，為突破第一島鏈、威脅臺灣東部、解決麻六甲困境，並執行「反介入／區域拒止」美軍任務，海軍造艦如「下水餃」。海軍重點建設為擴建航母戰鬥群，加強南海「填礁造島」，以及拓建印度洋「珍珠鏈」戰略港口，以建立遠洋海軍；增建新型核潛艦，威懾美軍；增建大型兩棲攻擊艦，組建兩棲打擊群，以備犯臺。故海軍戰略為：「加快推進近海防禦型向遠海防衛型轉變，提高戰略威懾與反擊、海上機動作戰、海上聯合作戰、綜合防禦作戰和綜合保障能力」。

空軍：在「反介入／區域拒止」的戰略要求下，積極竊取、仿製美俄戰機，以加快新一代戰機與防空、預警系統的整合更新，朝「遠距打擊、精確作戰」的「攻防兼備」方向發展，企圖爭奪第一島鏈以西海域的制空優勢。

因而空軍提出「飛越島鏈、管控東海、戰巡南海、礪劍高原，同時加快成體系發展高新武器裝備，推進空軍戰略轉型」要求，戰略指導為「加快實現國土防空型向攻防兼備型轉變、由數量規模型向質量效能型轉變、由傳統空軍向空天一體力量轉變，加強戰略預警、戰略打擊、戰略投送和戰略威懾能力建設」。

中共空軍未來傾向於將國軍空軍活動範圍逼回本島，限制我空軍的活動空間，進而完全掌握臺海制空權。中共空軍開發「轟-6K」是以攻擊我佳山基地為目標；二〇二二年八月後出現在我西南海域的「殲-16D」電子機旨在奪取臺灣電磁權。

共軍並將空降十五軍提升為空軍「空降兵軍」，擴編為九個旅、二個大隊。空降兵軍與軍委或戰區直屬快速反應部隊、戰區直屬特戰兵營、海軍陸戰隊等四大「鐵拳部隊」，作為快速應變武力，兵力已超過二十五萬人，將是犯臺之先頭部隊。

火箭軍：共軍的短程地地彈道導彈，多集中部署於東部戰區，約占導彈兵力的四成，搭載傳統彈頭，並以「東風-11／15」作為攻臺主力。

中共認為臺海一旦發生戰事，美軍快速反應部隊固可從日本及關島迅速支援，但是來自美國本土和印度洋的後繼武力，則因「時空劣勢」，已難阻止共軍行動。故以第一島鏈以東、關島以西，以及南海海空域，作為拒止美軍馳援臺海主戰場，規劃以「東風-16／17／26」三彈結為「反介入／拒止」的武器。

戰略支援部隊：位於武漢的戰支三部六局為專責對臺進行技術情報蒐集和研析單位，來源包括對臺灣的衛星和高空偵照、電訊截聽，以及從臺灣國際長途電話、傳真、行動電話和網路截情。

戰支所轄「航天作戰部隊」（天軍）從太空監視印太兩洋美軍活動並偵察臺灣，而共軍近年公布偵照我海空軍基地照片和影像之作為，已成為對臺「認知作戰」的重要威懾手段。

戰支所轄「三一一基地」（三戰基地）為對臺心理戰重點基地，曾干預二〇二〇年臺、美總統大選的輿論操作。但操作粗糙，「如使用簡體字或中國用語，很快就被揪出來」（參本書頁282）。

三、中共犯臺時機

由於兩岸軍事力量失衡，臺灣社會仍存在中共武力犯臺時，美國會進行軍事干預護臺之幻想。但從兩次世界大戰，美國都是在戰爭爆發多年後，因本土受到威脅或攻擊才參戰。冷戰時期，美蘇都避免直接發生衝突，韓越戰美軍參戰，蘇聯就不介入；蘇軍入侵捷克、阿富汗，美國也不介入。蘇聯在一九九一年瓦解後，俄羅斯軍力衰退，美國成了唯一超強大國，毫無忌憚發動阿富汗和伊拉克戰爭，俄羅斯不敢介入。但當俄羅斯國力恢復後，侵佔烏克蘭克里米亞半島和發動侵烏戰爭，美國都不敢軍事直接介入。美蘇或美俄相互避戰是害怕引爆第三次世界大戰，甚至核戰。這種毀滅性的戰爭，美俄和中共都承受不了。

美國承認中共已具有前蘇聯時期的軍事實力，也擁有龐大核武力量，美中也必然都會彼此盡力避戰。所以美國才有「戰略模糊」策略，讓中共難以正確判斷犯臺時美國的干預程度，而不至於輕舉妄動。但一旦中共軍力在西太平洋和南海能與美軍抗衡時，情勢勢將改變。

若以臺灣位居第一島鏈核心位置，或美國為保護臺灣優勢半導體產業，而認為美國不能不考慮護臺，未必當然。以當前美中因南海問題軍事對峙，美俄因俄烏戰爭而關係緊張，中俄軍事合作日益緊密，趨向結盟，美國必須考慮面對兩強以及兩面作戰之後果。所以過度期望美國軍事護臺，可能只是望梅止渴，緣木求魚。

中共對臺「和統」政策，事實上已走上「以武逼和」、「以戰促統」之路，一旦認為「和統」無望，「武統」可能是唯一選項。而中共武力犯臺時機，國際分析甚多，但未必符合事實：

如在二〇二二年前，一些學者和軍事專家認為中共會在二〇二二年二月北京冬奧之後侵台，理由是俄羅斯在二〇一四年二月主辦冬奧後，三月即併吞烏克蘭克里米亞半島。但二〇二二年冬奧後發生的是俄羅斯入侵烏克蘭。而中共因面臨黨的領導層在「二十大」換屆和習近平續任第三任總書記與軍委主席等重大議題，故中共以維穩優先，不可能犯臺，事實也證明如此。

不過如果美國和北約組織與俄羅斯因俄烏戰爭持續惡化而爆發戰爭，則可能是第三次世界大戰。中共可能把握美國無法東顧之際，趁機武力犯臺。一九五八年美英進軍黎巴嫩與約旦，中東緊張局勢驟升；以及一九六二年美蘇爆發「古巴飛彈危機事件」，中共抓住時機，分別發動「八二三炮戰」和「中印邊界戰爭」，都是前例。

但據我國防部分析，中共到二〇二五年已具犯臺能力，此與習近平提出「二〇二七年實現建軍百年奮鬥目標」相對照，有人認為中共武力犯台時機可能在二〇二五至二〇二七年間。

尤其中共軍事學者多認為習的建軍百年目標係指完成「武統」臺灣任務，或在此時完成軍事動武準備。目前習近平已順利連任第三任期，二〇二七年正是他任滿之年，若能實現統一臺灣，將是他個人歷史定位最重要政績。而且習近平似乎已在為他的第四個任期鋪路，一旦他再連任，就會堅持此既定目標。所以二〇二五至二〇二七年之間或前後，的確是臺灣遭到侵犯最危險的時刻。而在二〇三五年中共基本實現國防和軍隊現代化之前後，又是完成武統臺灣的另一時機。

其次，大陸學者認為中華民國一九四五年收復臺灣、一九四九年退守臺灣，到二〇四五至二〇四九年就是一百年。依國際公法，在當地實質統治百年，就自動承認其國家地位。美軍印太司令也認為中共侵臺時間點，一直到二〇四五年之前都有可能。

四、中共犯臺模式

我國防部分析共軍對臺動武戰略是「遠戰速勝、首戰決勝」。綜合中共自一九九五年起迄今對臺軍事威懾演習與機艦繞臺等威脅行動，揭露其可能犯臺模式為：

一、封鎖臺灣海峽南北，淨空海峽；以導彈攻擊臺灣戰略目標；奪取福建沿海我各外島；強奪臺海制空制海權、建立海上通道；攻取澎湖，威脅臺灣；進犯臺灣本島。

二、封鎖臺灣東部海域，拒止美軍介入。部署航母戰鬥群在臺灣東部海域，採取「圍點打援」戰術，一面攻打臺灣東部，一面以導彈威嚇阻止美軍援助兵力。

三、奪取東沙、太平島，控制南海和巴士海峽，阻止美軍自印度洋和西太洋增援。

四、美軍評估共軍目前尚無對臺灣本島發動大規模攻勢的實力，但已具封鎖臺灣能力，故不排除中共在和統無望，又無力直接犯臺情況下，基於政治需要，以封鎖代替攻擊，切斷臺灣海空交通，阻斷能源進口，導致發電不足，全臺陷於癱瘓；又因糧食不能輸入，將出現糧荒。共軍將以導彈攻擊、空中轟炸，摧毀臺灣兵要與城市，造成恐慌，以達到其「以武逼統」的目的。

「兵以奇勝」，共軍犯臺危機隨時都存在，所以分析中共武統時機或時間點以及犯臺方式，難脫主觀意識。真正重要的是「勿恃敵之不來，恃吾有以待之」，只有自己的國家自己救，才是國家之幸。

中共軍史

01 八一建軍

一、第一次國共合作

一九一一年十月，辛亥革命成功，次年一月一日，中華民國臨時政府成立。二月，滿清內閣總理大臣袁世凱逼迫宣統皇帝溥儀退位，袁世凱並當選臨時大總統。

一九一三年二月，中國舉行首次國會選舉，國民黨大勝，預定由國民黨理事長宋教仁出任內閣總理。依據《臨時約法》規定，中國採內閣制，以制衡總統權力。但在三月國會召開前夕，宋教仁被袁世凱派人刺殺於上海。國父孫中山因而發動二次革命討袁，但僅三個月，即被北洋軍擊潰失敗。孫中山被通緝流亡日本，國民黨也被解散。

一九一五年底，袁世凱在北京稱帝。蔡鍔、唐繼堯、李烈鈞等發起護國戰爭討袁。袁世凱的軍隊受挫，南方各省也紛紛宣佈獨立。袁被迫於一九一六年三月撤銷帝制，六月病逝。袁死後，各地軍閥乘機割據中國，全國陷入內戰混亂之窘境。

此時正值第一次世界大戰期間，國務總理段祺瑞欲以武力統一全國，並對德宣戰，結果引爆與總統黎元洪和國會間的府院之爭。一九一七年七月，又爆發張勳企圖復辟（擁護遜帝溥儀復位）的政變。

同年列寧在「十月革命」成功後，建立蘇維埃政權，提出放棄一切對華不平等條約，歸還沙俄侵佔中國的領土。此時，中國知識份子正處於思想大爆發（胡適推動的白話文運動、陳獨秀的《新青年》引進共產思想等），思考國家何去何從之際，對列寧的對華談話深受感動，認為中國應以俄為師，學習蘇聯革命方式，以拯國家。此一趨勢也影響到孫中山希望汲取俄國革命成功經驗，改造國民黨，進而得到俄國援助，建立軍事革命力量。

共產主義遂在陳獨秀、李大釗等人的宣傳下，深深影響了知識分子的思想和行動。終於在一九二一年七月，中國共產黨在蘇共扶植和指導下，正式成立。但中共成立後，受到北洋軍閥的打壓，發展困難。「共產國際」於十二月派馬林來華拜訪孫中山，達成國共合作事宜。次年七月，中共召開「二大」，通過中共黨員以個人身分加入國民黨，並把國民黨改造為革命階級聯盟的決議。

一九二三年一月，蘇聯代表越飛與孫中山在上海會談，發表《聯合宣言》聲明：共產主義制度不適合中國國情，共產組織及蘇維埃制度不能引用於中國，蘇聯承諾不在中國進行共產革命，並願意援助中國完成統一和完全的獨立、拋棄沙俄對華之不平等條約、中東鐵路問題由中蘇協商解決、承認中國對外蒙古主權，蘇聯無意使外蒙脫離中國（但次年蘇聯即扶植外蒙獨立）等四項承諾。

蘇聯的四項承諾都是謊言，目的就在誘騙孫中山接納「聯俄容共」政策，有利於中共的發展。《宣言》發表後，孫中山於八月派參謀長蔣介石訪蘇。十月，蘇聯派鮑羅廷任孫中山的政治顧問。

一九二四年一月，國民黨召開「一大」，鮑羅廷受邀出席，中共黨員李大釗為主席團成員，與會代表百餘人中，中共占二十多名。會議確立「聯俄、容共、扶助農工」三大政策，承認中共黨員以個人身分加入國民黨，並服膺三民主義及遵守國民黨黨綱黨紀。

但「共產國際」指令中共中央：「無論如何不應與國民黨合併」。時任總書記的陳獨秀即指示：「中共黨員加入國民黨內工作，都應該組織黨團，以保持中共黨員在國民黨內一致的主張」。實際是堅持共產黨在國民黨內的獨立自主性，不服從國民黨的領導。

六月，孫中山成立「黃埔軍校」，任命蔣介石為校長，廖仲愷為黨代表，蘇聯派出多名軍官作顧問。軍校參照蘇聯紅軍制度實行「軍事與政治並重」之教育制度。

中共自始即採取兩種手段對「黃埔軍校」進行滲透：一是派黨員葉劍英、張申府等人參加軍校籌建事宜，並選派有政治、軍事學識和教師資格的黨員入校擔任領導幹部和教官，如政治部主任周恩來、教練部主任鄧演達等都是中共黨員；二是遴選黨員報考「黃埔軍校」，中共在校內活動，以把持政治系統為主，並成立社團、發行刊物，宣傳共產思想，吸收黨員。

蔣介石在《蘇俄在中國》一書中說：「國父（一九二四年）北上之後，共黨分化本黨的陰謀活動，益加積極。他們分化軍校學生，並進而奪取軍校的企圖，更是顯明」。一九二五年三月孫中山逝世後，國共合作關係動搖，中共加速分化國民黨，奪取黨、軍領導權。

進入「黃埔軍校」的共產黨員，中共並無正確統計。如第一期六百多名學生中的中共黨員，周恩來認為有五十至六十人，鄧演達說選派百餘人報考，錄取四十餘人，張國燾（北大學生領袖，中共創黨元老）說有八十餘人。但可確定國共第一次合作期間，「黃埔軍校」共招訓六期，共黨學生人數一期比一期多。據中共資料，在一九二六年三月「中山艦」事件前，黃埔師生中有共產黨員五百餘人。

一九二五年，中共中央成立「軍事部」，並在同年國民革命軍第二次「東征」時，籌組由中共直接控制的軍隊，以黃埔學生軍中的共產黨員作為骨幹，從兩廣和湖南等各省募兵，成立「獨立團」，由葉挺任團長，名義上仍隸屬國民革命軍。

一九二六年一月，國民黨召開「二大」，與會二百五十六名代表中，中共黨員占五分之三；在三十六名中執委中占七席；九名中執委常委中占四席。八個部中，組織（譚平山）、宣傳（毛澤東）、農民（林祖涵）和外事等四個部的部長都由中共黨員把持。青年、工人、商業、婦女四部的秘書均為共產黨員。

中共在會中利用人數優勢通過決議，彈劾堅持反共的「西山會議派」，開除「西山派」領袖鄒魯、謝持等人的國民黨黨籍。國民黨中央的權力，基本上已被共產黨人所掌控，大部分地方黨部也為共產黨人所把持。國民革命軍六個軍的政治部主任，五個由共產黨員擔任。至此，中共的「挖心戰術」已使國民黨岌岌可危。

蔣介石在國民黨「二大」會議上提出「北伐」建議。會後莫斯科指令蘇聯軍事顧問團長季山嘉強烈反對北伐，中共在黃埔校內竭力宣傳「北伐必敗論」，指責蔣介石「不革命」，是「新軍閥」。

三月十八日，海軍局代局長共產黨員李之龍，擅自調動「中山艦」以圖挾持蔣介石「離粵，直駛海參威，送往俄國」。但事機敗露，蔣介石於二十日逮捕李之龍，包圍蘇聯顧問團和中共機關。鮑羅廷驚惶失措，立即將季山嘉及顧問團撤回蘇聯，並向蔣介石道歉。而呼應中共主張的國民黨左派汪精衛則稱病赴歐。

陳獨秀也急忙聲明說：「蔣介石是中國民族革命運動中的一根柱石」，「從建立黃埔軍校一直到三月二十日，都找不出蔣介石有一件反革命的行動」，「中國共產黨若陰謀倒蔣，就應該起來打倒共產黨；共產黨員若陰謀倒蔣，就應該槍斃」。蔣介石在五月十四日的日記中記載：「大黨允小黨在黨內活動，無異自取滅亡」。

中共另藉國民黨的名義於一九二四年六月在廣州成立「農民運動講習所」（毛澤東曾任主任），共舉辦了六期（每期一個月），培訓七百六十九名農運幹部，並成立附屬組織「農民協會」。

一九二六年北伐開始後，共產國際指示中共「利用國民政府的機關，接近農民，製造『農民革命』，從農村暴動中組織武力，建立共黨政權」。所以在北伐軍專注軍事作戰之際，中共則利用各地「農民協會」進行清算鬥爭，製造暴行，沒收地主財物。國共合作破裂後，中共即以「農民協會」為根基，組織「秋收暴動」。

據曾任北伐第十一軍軍長的陳銘樞《回憶錄》說：「北伐軍到了長江之後，共產國際就開始命令中共『倒蔣』。當時武漢的共產黨與國民黨左派一起開會研究『提高黨權』，就是想壓抑蔣介石的『軍權』。最初蔣介石尚無警覺，直到『打倒蔣介石』的口號普遍了兩湖，蔣介石同志至此才恍然大悟」。

不久，汪精衛自歐返國，與陳獨秀共同發表宣言，主張「中國所需要的，是建立一個被壓迫階級的『民主獨裁』來對付反革命（指南京右派國民黨）」。汪遂在武漢成立左派國民黨政權，對抗南京國民政府，形成「寧漢分裂」局勢。中共則在湘鄂策動「農民暴動，殺人越貨，敲詐勒索，製造恐怖」。

一九二七年四月十二日，國民黨決定「清黨」。據《毛澤東——鮮為人知的故事》一書稱：國民黨「清黨」開始時，史達林剛成為克里姆林宮的頭號人物，親自制定對華政策。他命令中共盡可能馬上從國民黨軍隊中拉出隊伍，「建立自己的新武裝」和根據地，以便最終用槍桿子征服中國。莫斯科的計劃，是把拉出的隊伍帶到南方海岸去接收蘇聯軍火（一九六九年蘇聯曾派密使來臺，鼓勵國軍反攻大陸，也表示將支援武器，並在國軍反攻時，運達登陸地點），然後在那裡建立根據地。

「共產國際」即於六月指示中共：動員兩萬名黨員、五萬工農組成新軍隊，作為「可靠近衛軍」，解除不可靠的武裝（指武漢汪偽軍）。

陳獨秀一介書生，正所謂書生造反一事無成，他將蘇聯的指令出示汪精衛，汪幡然醒悟原來他始終被蘇共利用，故於七月十五日決定「分共」，解除鮑羅廷最高顧問職務，並驅逐鮑羅廷、鄧演達和軍事顧問團返俄。

第一次國共合作至此完全結束，中共稱為「第一次大革命失敗」。

二、八一南昌武裝暴動

中共中央因汪精衛的「分共」，決定在江西南昌發動武裝暴動，建立軍事力量，任命周恩來為前敵委員會書記，組織暴動。

當時中共掌握的部隊有：第十一軍大部（除軍長陳銘樞外，副軍長葉挺、黨代表聶榮臻皆為共產黨員，掌控第二十四師和第十師的一部）、第四軍二十五師的兩個團、第二十軍全部（軍長賀龍），由九江秘密開抵南昌，與南昌市警察局長兼第三軍軍官教導團團長朱德會合，共有兵力約兩萬餘人，準備發動武裝暴動。賀龍因兵力最多，故出任總指揮，葉挺為前敵總指揮。

一九二七年八月一日凌晨，中共部隊向駐南昌的國軍發動攻擊，佔領全城，並發表〈八一起義宣言〉。當時，暴動部隊沿用國民革命軍第二方面軍的番號。

「八一暴動」後，國軍立即包圍南昌。三日，暴動部隊不敵，撤離南昌南下，擬開往廣東潮汕地區奪取出海口，接受蘇聯軍火後，進軍廣州，以廣東為根據地，北伐國軍。

國軍隨後南下追擊，共軍官兵沿途逃亡、傷亡甚重。部隊到達廣東大埔縣三河壩時，周恩來指示朱德率共軍三千餘人，抗擊國軍的追擊；令賀龍率二十軍南下攻佔潮汕地區，十月初，賀部遭到國軍的圍攻大敗，所屬兩個師向國軍投降。

朱德獲知二十軍潰敗後，即率部北上。沿路官兵紛紛逃離，抵江西安遠時，「師長、團長均皆逃走，各營、連長亦多離開」，師以上領導幹部只剩朱德一人，團級幹部只留下參謀長和政治指導員（陳毅）各一人。部隊僅剩八百餘人，於是縮編為縱隊。十一月朱率部投靠駐廣東韶關的滇軍范石生部，編為范部的一個團。

一九二八年一月，國軍偵知朱德部隊投靠范部，準備進剿。范石生及時示警，朱德率部轉往湘贛交界之井岡山，投奔毛澤東。四月到達井岡山，與毛部合組「工農革命軍」第四軍。

中共在建政之前，也使用「南昌暴動」一詞，認為是一場對國民黨的「暴動」。直到建政後，才改稱為「南昌起義」，或「南昌起事」。

「南昌暴動」雖以失敗收場，但仍被周恩來譽為「功在第一槍」。一九四九年，中共將「八一」兩字作為解放軍軍旗和軍徽的主要標誌，此日定為「建軍節」。

三、毛澤東發動湘贛秋收暴動

一九二七年四月國民黨「清黨」後，中共在武漢召開「五大」，強烈批判陳獨秀的「右傾投降主義」，對「蔣汪集團」一味妥協退讓，壓制工農運動，自動退出軍隊，解散工農武裝。七月汪精衛「分共」後，中共中央罷黜陳獨秀的領導權。

八月七日中共中央在漢口緊急召開「八七會議」，史達林派親信羅明納茲來華主持會議。毛澤東在會上說：「過去我們責備孫中山專做軍事運動，而我們恰恰相反，不做軍事運動」，因此

「生氣勃勃的中國大革命就被葬送了」。他說：「須知政權是由槍桿子中取得的」，這句話後成為他的名言「槍桿子裡出政權」。

會議確立中共今後行動總方針為：「實行土地革命，以及武裝起義反抗中國國民黨」，把領導農民「秋收暴動」作為黨的最主要任務。中共自此開始了武裝奪取政權的鬥爭。

九月，中共中央下達了〈關於湘鄂粵贛四省農民秋收暴動大綱〉（這四個省是史達林指定的），要求四省共黨組織利用農民發動「秋收暴動」，爭取在湖南、廣東兩省建立「新的革命政權」。

但「秋收暴動」實際發動後，卻遍及十四個省一百四十餘縣（市），大小武裝暴動多達百餘次。其中九月的湘贛邊界暴動，即毛澤東所領導。

「八七會議」後，毛澤東返長沙，成立「湖南省委前敵委員會」，組織湘贛邊界的秋收暴動。九月九日，駐贛省西北修水縣的警衛團（團長盧德銘，黃埔二期，中共黨員）、安源路礦工、平江和瀏陽「農民義勇軍」紛紛起事。中共中央指示參加湘贛邊界秋收暴動的各支隊伍，合編為「工農革命軍」第一軍第一師，共五千餘人，毛澤東為黨代表，盧德銘為總指揮。

暴動部隊原準備攻克平江、瀏陽（均位於湖南東北部）後，進攻長沙。但因士兵紛紛叛逃、工農軍組織鬆散，在平、瀏作戰時潰不成軍。毛澤東放棄進攻長沙，撤往贛省西部的萍鄉。下旬，暴動部隊遭到國軍攻擊，盧德銘陣亡。

毛澤東的「秋收暴動」，因直接打出「中國共產黨」和「工農革命軍」名號，正合了中共暴動的野心。中共中央遂在九月宣布「徹底拋棄國民黨的旗幟，打出共產黨的旗幟」，並確立「農村包圍城市、武裝奪取政權」的政策。

九月二十九日，毛澤東率領暴動部隊到達江西永新縣三灣村（毗鄰井岡山市和湖南茶陵縣）時，因作戰失利，長途行軍，軍心不穩，士兵逃亡，已不足千人。毛澤東恐生兵變，當晚開會決定整編部隊：將部隊縮編為一個團，稱為工農革命軍第一軍第一師第一團，轄二個營，並在各級部隊建立黨的組織。

「三灣會議」正式建立了中共「黨指揮槍」的治軍政策，並在共軍中逐步生根，發展為「黨對軍隊的絕對領導」制度，史稱「三灣改編」。

毛澤東撤往江西的目的地是位於湘贛邊界的井岡山，為兩省當局鞭長莫及之地，相對安全。井岡山原有兩股土匪，匪首袁文才、王佐，共約有五百人馬，佔領著江西省西南部擁有十三萬人口的寧岡縣大部分地區。

十月三日，毛部到達寧岡縣古城鎮召開會議，決定建立井岡山革命根據地。會後派人成功說服袁文才、王佐兩匪首，同意毛部進入井岡山的中心茨坪，兩股土匪也併入共軍，「開創了中國共產黨領導下的第一個農村革命根據地」。

但遠在上海的中共中央不滿毛澤東的暴動部隊不打長沙，反而撤往井岡山，在十一月會議中，批判毛澤東「完全違背中央策略」，是「單純的軍事投機」，撤銷毛澤東的政治局候補委員身分。

然而在朱德率「南昌暴動」殘部，於一九二八年四月到達井岡山與毛部併編為紅軍第四軍，以及湖南平江暴動失敗的彭德懷率紅五軍於十一月到來後，他們逐漸在贛南建立起以瑞金（位於贛東南，贛閩交界處）為中心的根據地，掌控數百萬人口和一支三萬多人的軍隊，樹立起毛澤東在中共黨內和軍中的地位。

一九三〇年二月，彭德懷輕信誣報，以袁文才、王佐二人圖謀叛變，將之殺害。他後來承認「輕聽輕信」，誤殺了二人。這也驗證了「兔死狗烹」的諺語。

四、李立三激進路線

「秋收暴動」後，中共已在湘鄂贛閩粵皖等省，佔領十八個區域一百二十七個縣，建立大小不等的「革命根據地」。「紅軍」也擴展到十四個軍，近十萬人。

一九三〇年五月，中共中央在上海秘密召開「全國蘇維埃區域代表大會」和「紅軍代表會議」，決定統一全國各地的紅軍軍制，稱為「中國工農紅軍」，規定各地「紅軍」應相對集中，組成軍團，按三三制建立軍、師、團、營、連、排等單位。

自此，中共「紅軍」陸續組成「紅一～九」（缺紅四）等八個「軍團」，其後為執行「李立三路線」的冒進政策，又整編為紅一、二、四等三個「方面軍」。

這時中共中央總書記為向忠發，因係工人出身，學能不足，完全被秘書長李立三和中央局書記周恩來架空。李立三領導中共中央期間，適逢「中原大戰」爆發，他錯估形勢，以為正是奪取全國革命勝利的大好時機，意圖學習蘇聯十月革命模式，一舉在中國奪取政權。

一九三〇年五至十一月間爆發的「中原大戰」，是北伐結束後，汪精衛聯合閻錫山、馮玉祥、李宗仁等軍閥所發動的最大一次內戰，戰事蔓延冀魯豫陝鄂桂等省。國府雖然取得最後的勝利，但卻造成政府財政枯竭，幾近破產。

李立三趁周恩來被召赴蘇述職機會，於六月間召開政治局會議，批判毛澤東在井岡山四年的「游擊戰爭」是「逃、跑、走」。紅軍「需要奪取中心城市，向敵人主力進攻，向交通中心發展」，爭取「一省或數省首先勝利的革命形勢」。

李立三並強勢通過〈新的革命高潮與一省或幾省的首先勝利〉決議案（簡稱「李立三路線」），要求各大城市地下黨在六到九月間發動暴動，調全國紅軍攻打大城市。他指示贛閩湘鄂皖豫桂等七省之紅軍，分別組成第一軍團（朱、毛領導）攻南昌、九江；第二軍團（賀龍）攻武漢；第三軍團（彭德懷）攻長沙。在佔領南昌、長沙後，「會師武漢，飲馬長江」。

當時中共在全國的地下黨員約十九萬人，紅軍近十萬人，以有限的力量發動城市暴動並攻打大城市，無異以卵擊石。毛澤東認為中國是個極其貧窮的農業國，絕大多數人口是農民。中心城市工人暴動根本起不了作用，反易被國府鎮壓。而且進攻大城市，勢必要付出極大的代價，所以他反對「李立三路線」。

但毛澤東仍擺出向南昌進軍的態勢，僅在「八一暴動」三周年當日，派出數十人到贛江岸邊，隔江對南昌射擊示威後撤退。第二軍團賀龍進攻武漢，也未得逞。第三軍團彭德懷則趁「湘桂戰爭」（湖南軍閥何鍵與桂系李宗仁間之戰爭）長沙空虛之際，於七月下旬攻佔長沙，這是紅軍佔領的第一座城市。但僅十餘日，即因國軍反攻而撤離。

李立三得知毛澤東虛張聲勢、佯攻南昌，與彭德懷撤出長沙之舉，大罵毛、彭右傾。令第一、三軍團合編為「第一方面軍」，再攻長沙。這時長沙已有國軍重兵進駐，防守嚴密，李立三強令進攻。毛澤東只得強攻長沙，鏖戰近月，紅軍兵敗撤退。十月中旬，毛澤東輾轉收到李立三下達再攻南昌的指令，毛拒不執行。

這時李立三其實已經被鬥下臺。李立三路線除使紅軍喪失許多根據地外，地下黨組織也因暴動曝露，黨員急速降到十一萬人。「共產國際」派瞿秋白、周恩來於八月下旬從蘇回國，批判「李立三路線」為錯誤戰略思想，罷黜其職務，將他召回莫斯科（文革時，李於一九六七年因不堪被鬥自殺），並召開會議決定在湘鄂贛三省蘇維埃區域建立「中央局」，領導各蘇區工作。

當時上海中共中央與各地方通訊，完全靠各地黨組織層層傳遞。毛澤東常在一兩個月後才能收到指令，故完全不知李立三已經下臺，直到當（一九三〇）年十二月中央政治局委員項英抵達，毛澤東才知詳情。

當時向毛澤東傳達李立三攻打南昌指示的是江西省委書記李文林，並負責監督毛執行命令，故二人早已存在芥蒂。李立三下臺後，毛澤東決心鬥爭李文林，於是他扭曲國民黨內次級團體「AB團」為「反布爾什維克」組織（Anti-Bolshevik，事實上A、B代表的是省、縣級組織），已有大批「AB團」分子滲透贛西南黨團組織和紅軍中。

他藉此發起「反ＡＢ團」運動，下令逮捕李文林，嚴刑逼供，把李打成「ＡＢ團」首領。毛乘勝追擊又逮捕了省委、省蘇維埃和紅二十軍大批幹部，查獲的「ＡＢ團」成員竟有四千四百多人，許多幹部成了槍下冤魂。

毛澤東的濫捕濫殺，終於引起二十軍官兵不滿，在富田（今白雲水庫西北）發動兵變，砸獄釋囚，指責毛澤東「有當皇帝思想」，高呼「打倒毛澤東」口號。引起中共中央介入查明江西共黨和紅軍中根本沒有「ＡＢ團」組織，「富田事變」是毛澤東處理內部矛盾激化造成，錯殺了許多忠誠的黨、軍幹部。但中共中央對毛是高高舉起，輕輕放下，僅在「一蘇大」剝奪了他的軍權。

五、成立蘇維埃共和國

一九三一年十一月，中共在贛南瑞金召開「中華蘇維埃第一次全國代表大會」，有七個（中央、閩西、湘贛、湘鄂贛、贛東北、湘鄂西、瓊崖）蘇區代表出席，和上海、武漢、朝鮮、越南之代表，共六百一十人。

大會通過《中華蘇維埃共和國憲法大綱》，成立「臨時中央政府」，首都瑞金。毛澤東當選「人民委員會」主席（毛主席的稱呼從此伴隨其一生）；朱德為「中央革命軍事委員會」主席，彭德懷、王稼祥（蘇共培養的「二十八個半布爾什維克」之一，那半個是楊尚昆，因僅十餘歲，故稱半個人，是鄧小平時期的國家主席）為副主席。

一九三三年一月，中共中央因在上海無法立足，也遷到贛南中央蘇區。

六、安內攘外與五次圍剿

一九二八年十二月底，國府完成北伐，統一全國，日本深感不安，認為將阻礙其侵華戰爭，因此加速侵華行動，決定先取滿洲，再圖關內。

蔣介石深知日軍侵華企圖日急，但衡量國力，認為「現非對日作戰之時，以平定內亂為第一」，決定採取「攘外應先安內」策略，一面建設國防，準備抵抗日本侵略；一面對中共實施隔離封鎖包圍殲滅戰略。

自一九三〇年起，國軍對贛南中共中央蘇區，共進行了五次「剿共戰爭」。中共稱為「反圍剿戰爭」，將此一時期稱為「土地革命戰爭」、「十年內戰」或「第二次國內革命戰爭」。

第一次圍剿　一九三〇年十一月至一九三一年一月

由江西省主席魯滌平任「剿共軍」總司令，十八師師長張輝瓚任總指揮。參戰部隊有陸軍第六、九、十九路軍共十二個師、三個旅，總兵力約十四萬人。

國軍作戰方略為「長驅直入，外線作戰，分進合擊，猛進猛打」，分成三路軍由北向南，朝贛南瑞金中共中央蘇區發起進攻，形成一個半圓形的包圍網，圖將紅軍主力壓縮在清江至分宜的袁水流域（位於贛西，為贛江支流）兩岸地區背水而戰，達到殲滅紅軍主力的目的。

共軍由紅一方面軍應戰，朱德任總指揮，參戰部隊有紅一、紅三軍團共七個軍，總兵力四萬餘人。

毛澤東認為「敵強我弱，不能蠻幹。敵進我退，敵駐我擾，敵疲我打，敵退我追」，採取的作戰方針為「誘敵深入，各個擊破」，共軍應向根據地內部退卻，引誘國軍深入，憑藉複雜地形，分割國軍，等待有利時機，形成局部的絕對優勢，各個擊滅國軍部隊（此為共軍多次打敗國軍重要戰法）。

十一月一日，共軍開始主動撤退，放棄大部分蘇區，「誘敵深入」，將主力移到贛江東岸隱匿。

十一月五日，國軍下令總攻，採取「併進長追」的戰略，成三縱隊推進。由於紅軍有計劃地實行戰略退卻，國軍雖步步緊逼，攻城奪地，然而始終找不到紅軍主力決戰，打亂了作戰計劃。

國軍深入中央蘇區後，實際僅有三分之一的兵力到達前沿。而且紅軍實行堅壁清野，動員民眾刺探情報、封鎖消息，派出地方部隊擾敵、阻敵下，國軍行動極為困難。總司令魯滌平自認憑藉手中約五萬兵力仍足以打敗紅軍，於是決定不待後續部隊到達，在十二月二十九日下達進攻令。

十二月三十日，紅軍主力開始反攻，在江西中部向北實施中間突破和正面攻擊作戰，全殲總指揮張輝瓚的十八師的師部和所屬兩個旅共九千餘人，張輝瓚被俘遭殺害。

毛澤東判斷國軍將全線退走，決定乘勝追擊，一月三日突襲立足未穩的五十師，殲滅該師約一個旅兵力。

紅軍在半個月內，共殲滅國軍一個師部和三個旅，取得第一次中央蘇區戰役的勝利。紅軍乘勝轉入戰略進攻，擴大蘇區範圍。

國軍的失敗主因是：參加圍剿的國軍部隊來自不同派系軍閥，如六路軍和十九路軍僅有部分部隊接受魯滌平指揮，其餘各據駐地，按兵不動。故實際參戰的部隊只有三萬至五萬人。且贛南地形崎嶇，利於紅軍的游擊戰術，不利國軍正規作戰。

紅軍採取「誘敵深入」內線作戰和靈活運動戰，避免和國軍過早決戰，並抓住戰機，針對國軍要害，各個殲滅。而且共軍在蘇區內作戰，情報靈通，運輸補給方便，能發揮奇襲效果。

相對國軍戰地情報不靈，無法掌握紅軍行動，抓不到紅軍主力決戰。而且經常判斷錯誤，疲於奔命，致被敵有機可乘，予以分割，未能形成優勢兵力，反被紅軍以局部優勢兵力分殲，遭致失敗。

第二次圍剿 一九三一年四月至五月

一九三一年二月，軍政部長何應欽出任南昌行營主任，策劃第二次剿共戰爭，增調第五、二十六兩路軍，連同原第六、九、十九三路軍，共二十個師又四個旅，總兵力約二十萬兵力。

作戰方略為：集中主力分別由閩西、贛北、贛西之東、北、西三面進行圍剿，另一部由贛南協剿，以穩紮穩打，步步為營的原則，將中央蘇區嚴密封鎖，逐漸壓縮包圍圈，斷絕蘇區一切資源，一舉殲滅紅軍。

中共也判斷國軍將會部署第二次圍剿，故自三月起，紅軍即開始備戰，決定採取「堅壁清野，誘敵深入」的戰術。

自四月一日起，國軍分五路軍向紅軍根據地攻擊前進。每日前進不到十公里，以防堵紅軍的穿插迂迴。五月十日，國軍已深入中共中央蘇區腹地。第五路軍第二十八師和第四十七師一個旅，進抵贛中地區。

毛、朱決定以國軍第五路軍為目標，進行反圍剿作戰。五月十六日，紅軍主力分為左、中、右等三路分割包圍五路軍，然後發起突擊，迅速擊潰二十八師和四十七師各一旅，乘勝再擊潰五路軍第四十三、三十四師，並殲滅第二十七師八十一旅大部。下旬，紅軍再殲滅第六路軍第五師的四個團，以及第五十六師的三個團，國軍損失超過三萬人。

到五月三十一日，紅軍已取得第二次反圍剿的勝利，乘勝再擴大中央蘇區的範圍，將勢力從贛南伸入閩西。

第三次圍剿 一九三一年七月至九月

第二次剿共失敗後，蔣介石決定抽調中央軍精銳的部隊剿共。一九三一年六月，蔣親兼南昌行營主任，主持第三次圍剿任務，調集中央軍組成左、右路兩個集團軍，共二十三個師、三個旅，兵力約三十萬人。左路軍由何應欽任總指揮，負責尋找紅軍主力決戰；右路軍由陳銘樞任總指揮，負責就地清剿蘇區。

鑒於前兩次圍剿失敗的教訓，國軍這一次採取「長驅直入」的戰術，先擊潰紅軍主力，搗毀根據地，然後深入清剿。

七月一日，國軍開始進軍，苦尋二十餘日，未能找到紅軍主力。直到七月底才發現紅軍主力在贛中一帶。國軍判斷紅軍將西渡贛江，命令各部壓縮紅軍主力，困在贛江東岸，予以殲滅。毛、朱則企圖是從贛中部富田突破包圍圈，避開國軍主力部隊，穿插到國軍後方，待到國軍主力回師時，尋找戰機殲滅孤立之部隊。但是，當紅軍向富田前進之時，已被國軍發現，國軍搶先佔領富田，將紅軍主力堵截在富田以南。

毛澤東立即改變戰略，以地方部隊的一個軍偽裝主力強渡贛江，真正主力部隊搶在國軍左、右集團軍合圍之前，從兩集團軍間四十里的縫隙中，偷渡北上。八月上旬，紅軍先後在贛中部的三場戰鬥中取勝。

八月九日，國軍發現紅軍主力所在，立即調動部隊，擺出了密集包圍的姿態。紅軍再次派出誘敵部隊向贛中部腹地前進，主力則潛返贛南整補。八月下旬，國軍再次發現紅軍主力，調兵追擊，準備與紅軍決戰。

但在第三次圍剿之前，國內各派系的軍閥趁蔣介石忙於部署剿共之際，由兩廣軍閥陳濟棠、李宗仁與汪精衛等共謀叛變，於五月下旬擁立汪精衛在廣州另立「國民政府」，並聯繫閻錫山、馮玉祥等軍閥共同反蔣。九月一日再利用蔣介石坐鎮江西剿共之機，自廣州出師，北伐討蔣，爆發「寧粵戰爭」。

日軍也乘國軍剿共和「寧粵戰爭」時機，在東北發動「九一八事變」，攻佔瀋陽（三個月後佔領東北）。蔣介石面對此一情勢，遄返南京因應，下令剿共軍撤出江西戰場，轉戰湘粵邊境，並增兵華北防日。

國軍撤離江西，紅軍趁機反攻，兩敗國軍，第三次剿共戰爭於九月二十一日結束。此後，國府剿共軍事行動也被迫停頓年餘。

中共紅軍從一九三〇年底開始，在不到一年的時間裡，三次反圍剿成功，不但擴大了中央蘇區，將江西和福建根據地連成一片，控制區域達二十一個縣，人口兩百五十萬人，共軍主力部隊也擴張到十五萬人，並在一九三一年十一月，成立「中華蘇維埃共和國」。

「寧粵分裂」和「九一八事變」使得國府無法繼續剿共，南京國民政府為求政局和諧，與廣州偽政府在上海舉行和談。此際，國內又爆發學生反蔣抗日示威，蔣介石被迫於十二月十五日下野。

寧粵和談達成重組國民政府的協議，廣州政府宣佈解散。但隨即因日軍攻陷東北與「淞滬戰役」爆發，中央新政府驚覺國家沒有蔣介石領導不行，於是邀請「蔣先生到南京主持中央政治會議」。一九三二年三月，蔣復出任軍事委員會委員長兼參謀長。

第四次圍剿 一九三二年七月至一九三三年三月

日軍於一九三二年一月二十八日晚突擊上海閘北的國軍第十九路軍，守軍奮起反擊，爆發

「一二八事變」。中共企圖乘機攻打武漢，但被國軍擊潰。

在「九一八」和「一二八」事變後，國府軍事重心北移，應對日軍的威脅，在江西軍事轉入守勢。五月，中日簽訂《淞滬停戰協定》，國府北方軍事壓力減輕，重新籌劃圍剿紅軍。

五月蔣介石親任剿共總司令，決定國軍先集中兵力圍剿外圍較弱的鄂豫皖和湘鄂西兩塊共軍根據地，再合力進攻中共中央蘇區。

七月國軍開始圍剿，不及三月，肅清豫鄂皖三省張國燾的紅四方面軍約十萬之眾。張率殘部兩萬餘人逃竄至川北，建立川陝邊區根據地；湘鄂西根據地紅軍也被國軍迅速清剿擊潰，殘部三千人逃至貴州建立黔東根據地。贛粵閩湘邊區之共軍，亦被逐回贛南。

一九三三年二月，國軍對中共中央蘇區發動第四次圍剿攻勢。由何應欽任總指揮，調集五十萬國軍，兵分三路進剿共軍：左路軍為蔡廷鍇的十九路軍和福建地方部隊，負責福建方面的牽制作戰；右路軍為余漢謀的粵軍，負責粵湘境內的牽制作戰。左右兩路軍兵力均為六個師一個旅；中路軍為陳誠指揮的主力部隊，由十八路軍的十二個師組成，分編三個縱隊。

這時，中共正陷入內鬥傾軋，毛澤東因「ＡＢ團事件」和「富田事變」，於一九三二年十月被周恩來解除軍權。

一九三三年初，中共針對國軍的圍剿，將紅軍編成三個軍團（紅一、三、五）和四個軍，共約七萬餘人，作為主力，集中於黎川地區（贛中之東部，緊鄰閩省）。

紅一方面軍於二月九日強攻贛東南之南豐（黎川西西南），遭守軍擊退。國軍中路軍主力迅速南下南豐，準備與紅軍主力決戰。

共軍鑒於敵強我弱，令紅十一軍偽裝成主力部隊，吸引國軍中路軍第二、三兩縱隊往北朝黎川地區調動，而將主力部隊向南轉移至廣昌（南豐西南）以西整備。陳誠的主力被誤導集中在贛東，預備將紅軍包圍於黎川加以殲滅。

而紅軍則在贛中成功分割國軍第一縱隊的第五十二、五十九兩師，以優勢兵力全殲兩師，兩師長被俘。

三月中旬，陳誠調整軍事部署，以第二縱隊為「前軍」，以第一縱隊餘部和第三縱隊為「後軍」，向廣昌地區進攻。紅軍則仍然以紅十一軍偽裝主力，擺出保衛廣昌的態勢，主力則潛入陳誠「後軍」的北方。

陳誠再次中計，令「前軍」加速向廣昌方向進攻，致使前後軍分隔達五十公里。三月二十日，紅軍主力以優勢兵力突擊「後軍」第十一師，殲滅該師主力。使「前軍」陷於孤軍奮戰，蔣介石急令蔡廷鍇和余漢謀馳援，但兩部按兵不動。

而在此際，日軍乘機在北方進攻榆關和熱河，並推進至長城隘口，對華北構成嚴重威脅，國府不得不調兵北上。而陳誠的中路軍已因輕敵遭共軍主力擊敗，三個師被全殲。國軍被迫撤出中共中央蘇區，第四次圍剿再次失敗。

第五次圍剿　一九三三年九月至一九三四年十月

四次圍剿失敗，蔣介石決定以持久戰和堡壘戰殲滅中共中央蘇區紅軍主力。一九三三年五月，蔣成立南昌「委員長行營」親兼剿共軍總司令，規劃第五次圍剿，並調整作戰策略，由圍剿改為追剿，以碉堡群和公路網對中共中央蘇區進行「嚴密封鎖、節節築路、步步為營、劃區清剿、分進合擊」之總體戰。

蔣令川陝豫鄂贛湘粵閩等八省調集百萬國軍，攻打中共各個農村根據地。以五十萬兵力重點進攻中央蘇區。為利運輸，國府趕築圍繞中央蘇區七省的聯絡公路。十二月，蔣委員長以「戰略攻勢，戰術守勢」，「封鎖經濟、斷匪物資」之碉堡政策，在共區週邊的二十縣建立碉堡群區。

中共中央已於一九三三年初遷至中央蘇區。總書記博古（本名秦邦憲）係蘇共扶植傀儡，左傾冒險思想濃厚，沉醉於前四次反圍剿的勝利，以為與國軍決戰的時機已到。九月，共產國際派德籍軍事顧問李德到中央蘇區領導軍事工作。

李德認為游擊戰的黃金時代已逝，紅軍應與國軍進行正規戰和陣地戰，提出「禦敵於國門之外」在蘇區外的作戰方針。中共並成立以李德為軍事指揮、博古為政治決策、周恩來負責督促執行軍事計劃的「三人團」領導核心。

第五次軍事圍剿於一九三三年九月二十五日正式開打，國軍大舉進攻，佔領黎川。十月十七日，蔣下令貫徹執行「戰略進攻，戰術防守」的作戰原則，將堡壘戰發揮到極致。

十月下旬，中共中央令紅軍主力插入國軍堡壘密集地區實施強攻，進行陣地戰。但到十一月中旬，紅軍未取得任何實質性的進展，反使部隊遭受重大損失，完全陷於被動地位。

就在中央軍勝利在望之際，蔡廷鍇等軍閥密謀叛變，先於十月下旬，與中共秘密達成「立即停止軍事行動，暫時劃定軍事疆界線，儘速另定反日反蔣具體作戰協定」，並資助中共九十萬銀元。十一月二十日，蔡廷鍇率第十九路軍叛變，成立「中華共和國人民革命政府」。國府急調剿共部隊入閩鎮壓，十九路軍不敵，繳械後被解散收編，此即所謂「閩變」。

毛澤東在掌軍權時期，已秘密接觸部分剿共軍閥，達成互不攻擊協議，故在前四次反圍剿戰爭中，紅軍僅需與五萬黃埔系的中央軍作戰。毛澤東因而能夠採取誘敵深入，在運動中集中優勢兵力消滅分散敵人之戰略獲勝。

因此毛澤東、周恩來等人向博古提議趁「閩變」機會，對國軍發動攻勢，打破圍剿，但被博古拒絕。博古和李德把國軍各派系均視為階級敵人，即使與蔡延鍇已簽署秘密協議，仍拒絕協助軍閥部隊對抗國軍。

一九三三年十二月中旬，國軍以八個縱隊的兵力，跨越碉堡封鎖線，開始第二階段的攻勢。中共中央令紅軍進行戰略決戰，攻擊裝備精良、訓練有素的黃埔系中央軍，共軍失利後被迫南撤。

「閩變」敉平後，入閩部隊於一九三四年一月改編為東路軍，協同北路軍、南路軍，再次集中兵力向中共中央蘇區的中心區發動進攻。四月中旬，國軍以十一個師分成兩個縱隊向贛東南進攻。

博古、李德採取全線防禦，處處設防，分兵把守，完全放棄紅軍過去打游擊的特長。共軍以紅一、三、九軍團和紅五軍團之兩個師，共九個師的兵力，以集中對集中、堡壘對堡壘、陣地對陣地的正規戰，企圖阻止國軍進擊。但在國軍絕對優勢的兵力攻擊下，紅軍節節敗退。

七月，國軍以三十一個師的兵力，分六路進剿中央蘇區中心地帶。紅軍也分兵六路全線抵抗，被國軍各個擊破，中共中央蘇區日益縮小。

九月下旬，國軍在廬山召開軍事會議，通過最終剿共之「鐵桶計劃」，令各參戰部隊在各自指定時地向前推進，形成以贛南瑞金為目標，半徑一百五十公里的大包圍圈，沿途構築碉堡工事，設置障礙物。

完成部署後，各部隊每日向前推進五公里，後繼部隊即構築碉堡和障礙物等工事，計劃一個月內前鋒部隊進抵瑞金城下。然後在瑞金城圍，構築堅強封鎖線，攔截企圖突圍的共軍，一舉殲紅軍。

時任贛北第四行政專署兼保安司令之共諜莫雄（少將）在軍事會議後，指示其部屬共諜梁明德將「鐵桶計劃」密送中共中央。梁某連夜將該計劃以化學藥劑密寫在四本學生字典上，潛入山區。但因國軍封鎖嚴密，乃偽裝乞丐，蓬頭垢面，通過層層關卡。十月七日抵達瑞金。中共獲得國軍最後剿共計劃後，自知無力抵抗，決定在國軍包圍圈未合攏前，撤離中央蘇區。

中共中央、軍委急令紅軍主力紅一、三、五、八、九軍團，及機關直屬隊伍共八萬六千餘人集結，於十月十七日傍晚向西逃竄。將紅二十四師和地方部隊共一萬六千人留在中央蘇區，從事游擊戰。

共軍面臨總崩潰之際，利用國軍南路軍總司令陳濟棠與國府的矛盾，成功說服陳濟棠（廣東軍閥。剿共期間，暗中收購蘇區鎢礦砂，運港倒賣。後於一九三六年發動「兩廣事變」反蔣，兵敗出走香港。一九四九年再獲蔣重用，任海南行政長官兼警備司令。一九五〇年撤臺，一九五四年病逝於臺北）解除封鎖，讓道共軍安然西竄。

十月二十六日，共軍主力撤離十日後，國軍前鋒部隊推進到瑞金城外，才發現中共中央和紅軍早已西竄。

國軍第五次圍剿共軍未竟全功，主要敗在情報戰上。中共因獲得國軍最終作戰計劃，得以逃過覆亡危機。而國軍卻對共軍重大動態一無所知，也對陳濟棠與中共勾結毫無所悉，未能防患於未然，坐失最後殲滅共軍機會。軍閥之禍國，於此可見。

一九三六年十二月，毛澤東在延安對第五次反圍剿失敗評析說：「在第五次反圍剿進行兩個月之後，當福建事變出現之時」，「紅軍主力無疑地應該突進到以浙江為中心的蘇浙皖贛地區去，縱橫馳騁於杭州、蘇州、南京、蕪湖、南昌、福州之間，將戰略防禦轉變為戰略進攻，威脅敵之根本重地，向廣大無堡壘地帶尋求作戰」，就能輕而易舉的打破國軍的第五次圍剿計劃，或「以主力向湖南前進，不是經湖南向貴州，而是向湖南中部前進，調動江西敵人至湖南而消滅之。此計又不用，打破第五次『圍剿』的希望就最後斷絕，剩下長征一條路了。」

七、突圍西竄

國軍在制定第五次圍剿計劃時，已預判共軍可能西竄前往湘西，並部署了四道封鎖線。中共中央決定撤離中央蘇區時，的確企圖前往湘西，與紅二、六軍團會合，重建根據地。

共軍於一九三四年十月二十一日夜，通過陳濟棠讓道之國軍第一道封鎖線，續突破廣東與湖南間第二、三道封鎖線。十一月下旬渡湘江前，被國軍夾擊，全殲紅軍一個師和一個團。但共軍仍強渡湘江，突破第四道封鎖線。紅軍西竄出發時，原有八萬餘人，至此僅剩三萬餘人。

十二月，紅軍經湖南進入貴州黎平，召開會議。博古、李德堅持前往湘西，但毛澤東主張放棄去湘西的計劃，繼續西進，前往川黔邊區發展，並獲得多數支持通過。

一九三五年一月上旬，紅軍搶佔貴州遵義，進行休整。一月十五至十七日，中共中央召開「遵義會議」，毛澤東結盟張聞天（化名洛甫，蘇共培植幹部）、王稼祥（紅軍總政主任）批判博古、李德的左傾冒進路線，獲得周恩來、朱德和高階將領之支持。

會議決定取消原「三人團」的領導，由張聞天取代博古為黨的負責人，朱德和周恩來為軍事指揮者（周是軍事上最後下決心者），增補毛澤東為政治局常委，並任「周恩來軍事指揮上的幫助者」。

「遵義會議」後，中共決定前進四川與張國燾的紅四方面軍會合。一月下旬，紅軍「一渡赤水」（位於貴州西北，鄰近四川西南），進入川南地區。二月初，抵達川滇黔三省交界的「雞鳴三省」之雲南威信（扎西），召開「扎西會議」。決議：張聞天為中央總書記，整編部隊為十六個團。

這時，國軍下令追剿部隊協同川軍在川南地區準備殲滅中共中央紅軍。中共為擺脫國軍追剿，並奪取戰略轉移的主動權，決定「回兵黔北」，於二月中下旬「二渡赤水」，再佔遵義。

三月初，紅軍成立「前敵總指揮部」，朱德、毛澤東分任司令員和政委，並成立新「三人團」，由周恩來、毛澤東、王稼祥三人總負責軍事。周因病將實際軍權交由毛掌握。

紅軍二佔遵義後，國府調動黔、川軍與中央軍合力圍堵紅軍。三月中旬，毛澤東集中紅軍主力攻擊國軍失敗，即由茅臺（鄰近川南）附近向西「三渡赤水」。國軍誤判紅軍將北渡長江，準備截擊。毛澤東當即回師東渡，以一個團偽裝主力牽制國軍，其餘部隊向東「四渡赤水」。三月底，跳出國軍的包圍圈。

四月初，紅軍主力逼近貴州貴陽，蔣介石令滇軍馳援貴陽。紅軍卻突然南進，突破國軍防線，轉為西進，分兩路進入雲南。雲南省主席龍雲懼戰，將主力收縮至昆明防守，讓出通道。五月上旬，紅軍從雲南昆明的北方渡過金沙江（川滇兩省界河）。

毛澤東在「遵義會議」後，為擺脫國軍追剿，指揮紅軍忽東忽西，反覆行軍，部隊官兵不堪勞累，引起紅一軍團長林彪不滿，要求毛、周、朱不要直接指揮軍隊，由紅三軍團長彭德懷任前敵指揮，迅速北進，與紅四方面軍會合。

五月十二日，中共在四川會理（川南，鄰近雲南）召開「會理會議」。周恩來批判了林彪，讚揚毛澤東在這一時期的軍事領導藝術，採取兜圈子的辦法，四渡赤水，兩佔遵義，佯攻貴陽，威逼昆明，成功甩掉國軍，取得順利渡過金沙江的重大勝利。

毛澤東認為林彪的批評是彭德懷唆使林彪所為，記恨在心，忍了二十四年，於一九五九年鬥倒彭德懷，再忍十二年鬥爭林彪，林彪畏懼，搭機逃亡而墜機，一九七一年慘死外蒙。

五月，共軍抵西康大渡河西南岸，為利部隊渡河和北進，毛澤東指示林彪的紅一軍團派出小部隊在一日內強行軍三百二十華里，搶佔瀘定橋（康定東南），續佔瀘定縣城，紅軍順利東渡大渡河，並突破川軍阻擊。

六月十二日，紅一方面軍抵懋功（今名小金，四川阿壩州南部）與紅四方面軍會師。二十六日，中共中央召開「兩河口會議」，決定紅一、四方面軍共同北上，建立川陝甘蘇區，並將兩軍進行整編。但因松潘（川北）大路已被國軍胡宗南部所切斷，導致紅軍在此滯留。

「共產國際」為挽救流竄途中的紅軍不被剿滅，於八月一日由中共駐蘇代表王明（本名陳紹禹）以「中華蘇維埃政府、中國共產黨」名義發表〈為抗日救國告全體同胞書〉（簡稱八一宣言），要求國府「停止內戰，集中一切國力去為抗日救國的神聖事業而奮鬥」，只要「停止進攻蘇區行動，只要任何部隊實行對日作戰……紅軍不僅立刻對之停止敵對行動，而且願意與之親密攜手共同抗日」。並提出建立「抗日民族統一戰線」，對國府和各軍閥部隊進行「統戰」。

此期間，毛澤東與張國燾對紅軍今後戰略行動方向意見不合，爆發激烈鬥爭。八月二十日，中共中央在毛兒蓋（松潘西方）召開會議，毛、張再次為紅軍北上或南下激辯。九月九日，周恩來避開張國燾召開緊急軍事會議，決定中共中央和紅一、三軍團立即北上，放棄等待張國燾和紅四方面軍。

中共中央和紅軍主力，即向北進入荒無人煙的「松潘草地」沼澤區。此行使紅軍無法就地補給，飢寒交迫，又因高原反應，紅軍死傷慘重，陷入困境。但卻在越過松潘草地後，擊潰攔截的國軍第四十九師。

九月十二日，紅軍抵達甘南，召開「俄界會議」，批判張國燾的「右傾分裂主義」，決議將紅一、三軍團、中央縱隊編為「中國工農紅軍陝甘支隊」，由彭德懷任司令員，毛澤東任政委，單獨北上。

九月中旬，中共中央從地方繳獲之《大公報》獲知黃埔四期生、中共黨員劉志丹領導之陝北紅軍相關消息，而且「全陝北二十三縣幾無一縣不赤化」，「現在陝北狀況，正與民國二十年之江西情形相彷彿」。

中共中央遂即決定以陝甘根據地作為紅軍長竄最終「落腳點」。「陝甘支隊」於是突破國軍的封鎖線，於十月十九日，抵達陝北保安吳起鎮。

一九三五年十月二十二日，中共中央宣布逃亡結束。十二月，毛澤東正式定調為「二萬五千里長征」。

十一月初，陝甘支隊與陝北紅十五軍團（軍團長徐海東，副軍團長兼參謀長劉志丹）會合。中共中央成立「紅軍西北革命軍事委員會」，毛澤東任主席，周恩來、彭德懷為副主席。毛、周二人在中央重新作了分工，由毛澤東負責軍事，周恩來負責組織、宣傳工作。毛澤東終於取代周恩來，掌握了軍事大權。

此時，中央紅軍只剩不足八千人，紅十五軍團也僅七千餘人，併編為新的紅一方面軍，由彭德懷任司令員，毛澤東任政委，下轄第一和第十五兩軍團。

十一月十三日，中共駐「共產國際」代表林育英（化名張浩，林彪堂兄）從莫斯科抵達陝北，傳達「共產國際完全同意中共中央政治路線」之指示，肯定毛澤東的北上主張。毛為之雀躍，所以林育英於一九四二年在延安病逝時，毛親自抬棺，足見其感激之心。

林育英還傳達共產國際對「抗日統一戰線」的指示說：「以抗日救亡的策略口號來號召全國，任何人都不能反對；以停止內戰來一致抗日，才能停止國民黨向紅軍進攻；而紅軍才能得到休息、整理與補充」，「只有抗日才能保存實力，擴大實力，才能保衛蘇聯」，「以抗日救亡的口號，來分化、削弱和消滅反革命勢力，等到革命情勢發展到高潮時，我們黨即以迅速的手段，轉移方向，來實現社會主義革命」。毛澤東此後的作為，均朝此方向執行。

十二月，中共中央政治局在陝西安定縣（今子長縣）瓦窯堡召開的擴大會議，通過毛澤東的〈關於軍事戰略問題的決議〉，鞏固了毛的軍事地位。隨後，毛在中央黨校作〈論反對日本帝國主義的策略〉報告，開始在政治上發表意見。從「遵義會議」到「瓦窯堡」會議，毛澤東正朝著奪取中共黨政軍大權，邁步前進。

一九三六年十月，紅二、四方面軍也先後抵達陝北。此時，共軍總兵力共約三萬餘人。十二月，中共中央決定遵守「共產國際」指示之「抗日民族統一戰線」策略，將「工農共和國」改為「人民共和國」，將陝甘根據地擴建為陝甘寧邊區根據地。

八、毛澤東軍事思想成形

毛澤東的軍事思想隨著長期作戰經驗累積已逐漸成形，迄今仍影響共軍幹部的軍事思想：

（一）人民戰爭

依靠人民，建立一支人民軍隊和鞏固的革命基地；以武裝鬥爭為主，結合其他形式的鬥爭；實行主力兵團、地方兵團、游擊隊與民兵三結合的武裝力量體制；運用靈活機動的戰略戰術。

（二）積極防禦

攻守結合，以達到防禦目的之「積極防禦」的觀念，並為後續的反攻與進攻創造機會。其指導思想為：

1. 游擊戰法：敵進我退、敵駐我擾、敵疲我打、敵退我追。
2. 後發制人：堅持戰略上的自衛原則，「人不犯我，我不犯人，人若犯我，我必犯人」。當敵以優勢兵力先行發動攻擊時，就把戰略上的內線、持久、防禦與戰役，戰鬥上的外線、速決、進攻緊密結合起來，消耗敵有生力量。待優劣形勢轉換後，再將戰略防禦導向戰略反攻和進攻，擊敗進犯之敵。

（三）誘敵深入

當部隊處於被動、防禦、不利地位時，為避免決戰、保存戰力，有計畫地放棄一些地方，誘敵至預定地區，藉此使敵方增加消耗、分散兵力陷於不利態勢，己方即可利用有利條件，集中優勢兵力，以逸待勞，各個殲滅敵軍（一九七〇年代中蘇關係惡化，邊界迭生衝突之際，蘇軍曾主張入侵中國，當時蘇共中央便考量共軍部署重點不在邊界一線，而是縱深配備，如與中共開戰，勢必深入中國，將是一場曠日持久的戰爭，故否定了蘇軍建議）。

02 藉抗日發展壯大

一、西安事變

中共抵達陝北後，精疲力竭，兼以陝北地瘠民貧，糧食缺乏，生存不易，而國軍清剿部隊已接踵而至。國軍於一九三五年十月成立「西北剿總」，蔣介石兼總司令，東北軍張學良為副，代行總司令權責，負實際剿共責任。陝西綏靖主任楊虎城的西北軍（第十七路軍）配合剿共。

中共於是針對國軍圍剿，策定「聯合東北軍、西北軍共同抗日救國」統一戰線：

（一）對西北軍的統戰

在國共第一次合作期間，楊虎城已與中共有密切關係。一九三〇年楊虎城出任陝西省主席，任用中共黨員南漢宸（中共建政後首任人民銀行行長）為省府秘書長。南漢宸共黨身分曝露後，楊送其赴日避禍。

一九三五年十二月，南漢宸透過西北軍駐北平代表申伯純與楊虎城達成「抗日友好、互不侵犯、互派代表、幫助紅軍運輸必要物資和掩護中共人員往來」之秘密協定。

一九三六年四月，「共產國際」派王炳南（一九二八年即滲透楊部，由楊送往日、德留學，中共建政後曾任駐波蘭大使、外交部副部長）到楊部落實合作事項。九月，毛澤東派其秘書張文彬擔任楊部政治處主秘。

（二）對東北軍的統戰

一九三六年一月，中共中央聯絡局（情報機構）局長李克農說服俘虜之東北軍六一九團團長高福源返西安，向張學良轉達中共與東北軍「聯合抗日」意願。張學良即派六十七軍軍長王以哲為代表，與李克農達成兩軍停戰、通商等協議。王以哲並逐日將胡宗南部之動態情報以電訊通報中共。

四月九日，張學良與周恩來在延安（時名膚施，仍屬國軍地區）會談，正式達成「聯蘇、停戰、通商」等協議。張學良提議「蔣介石有可能抗日，可由共產黨在外面逼，他在裡面勸，內外夾攻，才能扭轉蔣介石攘外必先安內政策」。「共產國際」遂指令中共將「反蔣抗日」口號改為「逼蔣抗日」。

自此，張學良對剿共行動，虛應故事，並接受中共派劉鼎（本名闞思俊，中共建政後軍事工業創建人）為駐東北軍代表。

（三）張楊發動西安事變

中共統戰成功張學良與楊虎城二人後，派葉劍英率「軍事代表團」進駐西安，由楊虎城指揮部掩護，負責與張、楊之間的聯繫工作。一九三六年十月，中共再派駐楊部代表王炳南往見張學良，溝通張、楊二人關係。

蔣介石不滿張、楊二人不執行「剿共」命令，計劃將張楊兩部調離陝甘地區，由中央軍負責剿共。張學良於十二月初獲悉後往見蔣介石，要求改變「攘外必先安內」之政策，並稱：所部不穩，「情況緊迫，或將生變」，務請蔣赴西安安撫。

十二月四日，蔣介石飛抵西安，向張、楊表示：一剿共；二如不剿共，即將東北軍調往福建，十七路軍調往安徽，陝甘兩省交由中央軍剿共。蔣介石並單獨召見王以哲，揭穿其私與中共電臺通訊秘密，警告王要服從命令（東北軍少壯軍官不滿王以哲和高福源投共，於一九三七年二月槍殺二人）。

十二月十日，蔣介石嚴令張、楊於十二日發動總攻擊，「在三個月內對紅軍進行掃蕩」。張、楊見蔣委員長剿共決心堅定，密謀十二日對蔣進行「兵諫」，脅迫蔣聯共抗日。

十二日凌晨，張學良、楊虎城率部包圍行轅，擊殺侍從，劫持蔣介石。張即囑劉鼎轉請中共中央給予支持，並致電毛澤東，請紅軍速集結於環縣（甘肅東北，鄰近陝邊）一帶，共同抵抗胡宗南部北進。稍後，張、楊聯名電請中共中央派人到西安「共商大計」。

十七日，周恩來率領中共代表團抵達西安。周恩來肯定張、楊發動的「西安事變」，商議與政府談判之條件。

二十二日，蔣夫人宋美齡偕宋子文、蔣鼎文、戴笠（軍統局長）飛抵西安。宋子文代表政府與周、張、楊等談判，達成：中央軍撤兵、停止剿共、給予紅軍救濟、允許共黨公開活動、聯蘇、蔣辭行政院長職、由孔祥熙與宋子文組閣等協議。二十五日，張學良陪同蔣介石夫婦等人離西安飛返南京。

當時中共在陝北武力僅三萬餘人，而張、楊兩部合計近三十萬大軍，卻不思剿共，反被中共統戰利用，以大事小，發動「西安事變」，幫助中共逃過被殲滅危機，使其進而利用政府全力抗日機會，乘勢坐大。從中國近代史看，軍閥對國家危害之深，是辛亥革命成功後，國家動亂無法團結復興的重大因素。

事變前，中共盤踞地區只有延安西方的保安等四個山區小縣。事變後，張學良為戒備國軍討伐，緊急將東北軍調動南下。共軍乘機佔領東北軍原駐守地區，續佔領延安等廣大地區。一九三七年二月，中共中央遷入延安，直到抗日戰爭勝利為止。

二、第二次國共合作

一九三七年上半年，國共談判，中共堅持紅軍擴編為四軍十二師，總兵力四萬五千至七萬人，增加駐地，自設總司令部獨立領導，拒絕政府派人進入紅軍和地方行政組織，只接受政府之任命及補給，致談判無結果。

「七七事變」爆發後，蔣介石呼籲中共結束分裂與叛亂，一致抗日。中共原即藉「抗日」之名對政府統戰，至此只得發表〈國共合作宣言〉：貫徹實現三民主義、取消推翻政府政策、取消蘇維埃政府、紅軍改編為國民革命軍，受國府軍委會統轄。

國共達成之協議為：政府承認中共的合法地位；共軍收編後得設「總指揮部」，並在京滬等地設置辦事處；共軍對日作戰充任戰略游擊支隊，隸屬二戰區閻錫山指揮，負責晉陝地區防務，從事側面作戰。自此，開啟「第二次國共合作」。

八月十三日，淞滬戰役（抗戰第一場中日會戰，持續三個月，雙方傷亡慘重，戰役以國軍撤退結束，但打亂日本侵華全盤戰略，遏止日軍迅速吞食中國野心，也爭取到國府將工廠內遷的時間）爆發。次日政府正式對日宣戰。

二十二日，紅軍編為國軍「第八路軍」。同日，中共在陝西洛川召開政治局會議，總書記張聞天指示：「中共在抗戰中的基本策略應該一箭雙雕」，「使日本和蔣介石都因戰爭而瓦解」。

毛澤東在會上發表〈關於軍事問題和國共兩黨關係問題〉報告：「日本的軍事勢力遠勝中國」，「不要為愛國主義所迷惑，不要到前線去充當抗日英雄，要避開與日本的正面衝突，要知道日本的飛機大炮所能給予我們的傷害，將遠過於蔣介石以前所給予我們的危害」。

毛明確指示紅軍改編為八路軍後，要「繞到日軍後方去打游擊，要想辦法擴充八路軍、建立抗日游擊根據地，要千方百計地積蓄和壯大我黨的武裝力量。對政府方面催促的開赴前線的命令，要以各種藉口予以推拖，只有在日軍大大殺傷國軍之後，我們才能坐收抗日成果，去奪取國民黨的政權。我們中國共產黨人一定要趁著國民黨與日本人拚命廝殺的天賜良機，一定要趁著日本佔領中國的大好時機全力壯大，發展自己，一定要在抗日勝利後，打敗精疲力盡的國民黨，拿下整個中國」。

「洛川會議」通過共軍「在敵人（日軍）後方放手發動獨立自主的游擊戰爭，建立敵後抗日根據地的戰時任務」。確立了中共藉抗戰發展壯大的戰略方針。

毛澤東秘書李銳回憶說：「毛要和日寇夾擊國民黨，還說：『一些同志認為日本佔地越少越好，後來才統一認識：讓日本多佔地才愛國。否則變成愛蔣介石的國了。國內有國，蔣日我，三國志』」。

八月二十五日，中共將紅一、二、四方面軍和陝北「工農紅軍」合併為國軍第八路軍，由朱德任總指揮，彭德懷為副總指揮，葉劍英為參謀長，下轄一一五、一二〇、一二九等三個師和直屬部隊，共四萬六千人。

三、共軍發展壯大策略

九月十一日，國府再將八路軍改為第十八集團軍，任命朱德為集團軍總司令，彭德懷副之，編入第二戰區序列（戰區長官閻錫山）。由於共軍改編為「八路軍」後，已迅速成為國人習慣稱呼，故一般稱謂未改。

「七七事變」後，戰火蔓延，日軍打進山西，閻錫山同意「八路軍」入晉活動。毛澤東即令林彪的一一五師潛入晉察冀山區，賀龍的一二〇師潛入晉西北山區，劉伯承的一二九師向魯冀平原發展。

毛澤東對開赴晉北的八路軍指示：「抗戰是中共發展的絕好機會」，其策略為：

（一）**「七分發展實力、二分應付政府、一分對抗日本」**，分三階段實施：

1. 妥協階段：表面服從政府，以掩護自身的生存發展。

2. 競爭階段：消滅黃河以北的國民黨勢力。

3. 反攻階段：深入華中各地，建立根據地，割斷國軍交通聯繫，準備奪取國民黨領導地位。

（二）**「三大目標」**：擴充軍隊、發展黨務、奪取地方政權。

（三）**「四大運動」**：百萬擴軍運動、百萬擴黨運動、千萬囤糧運動、萬萬積金運動。

毛澤東說：「八路軍應避開與日軍的正面衝突，避實就虛，繞到日軍後方去打游擊，主要任務是擴充八路軍的實力，並在敵人後方建立中共所領導的抗日根據地」。

毛又連發五封電報制止八路軍抗日，史稱「五封電報」：「九月十二日致彭德懷電；九月十六日致林彪電；九月二十一日致彭德懷電；九月二十五日致朱德、彭德懷、任弼時、周恩來電；同日致周恩來、劉少奇、楊尚昆電」，「反覆強調了我軍……應該把工作重心放在放手發動群眾……深入敵後，建立根據地，獨立自主地發展和壯大革命力量」。

毛澤東的指示並未為紅軍將領全盤接受。九月二十五日，林彪在山西平型關伏擊日軍，殲滅日軍千餘人，繳獲大量械彈和軍用物資。毛澤東十分不悅，指責林彪：「目前紅軍不宜過早暴露……引起敵人注意，那是不利的」，禁止林彪再有類似對日軍積極作戰的情事發生。

朱德、彭德懷二人亦主張八路軍應積極與深入山西的日軍作戰，於是發動「百團大戰」對抗日軍，也被毛澤東指責：「沒等到延安的批准就擅自打『百團大戰』，違背了中共中央所主張最低限度的游擊戰打法，打成了大規模的『消耗戰』，過早的暴露和不必要的犧牲了中共的一些抗日力量。八路軍應堅持的是放手發動群眾，擴大自己，徵集給養，收編散兵，而不是配合國軍作戰」。

中共建政後，一九五九年毛澤東在廬山會議上，翻舊帳批鬥彭德懷「主動出擊日軍是幫了蔣介石。當時是共產黨、國民黨和日本人三國鼎立，我們就是要讓國民黨和日本人鬥個你死我活，而我們從中發展壯大」。

四、新四軍被殲和重組

一九三七年「淞滬戰役」後，國府西撤，江蘇成了敵後地區。政府在蘇北派任有省主席韓德勤（兼蘇魯戰區副總司令）暨所屬八十九軍從事的敵後游擊，江南則有軍統局的忠義救國軍活動。

同年十月，國府將湘贛閩粵浙鄂豫皖等八省十五個中共前「根據地」的紅軍約一萬餘人，整編為「新編第四軍」（新四軍），任命葉挺為軍長，項英為副軍長，受第三戰區司令長官顧祝同之指揮。

一九三八年一月，新四軍移駐皖南歙縣。毛澤東指示新四軍轉往江浙：「向南鞏固，向東作戰，向北發展」，堅持「不受國民黨的限制，超越國民黨所能允許的範圍，不要別人委任，不靠上級發餉，獨立自主地放手地擴大軍隊，堅決地建立根據地」，「在江蘇境內，應不顧顧祝同等反共份子的批評、限制和壓迫，西起南京，東至海邊，南至杭州，北至徐州，儘可能迅速地並有步驟有計劃地將一切可能控制的區域控制在我們手中，獨立自主地擴大軍隊，建立政權」。但因在江南的忠義救國軍兵力強大，中共最終未能在江南發展成功，僅有小量游擊武力。

同年秋，毛澤東又提出「鞏固華北，發展華中」的戰略，後者的發展重心放在蘇北。他說：「華中是我黨發展武裝力量的主要地域，在戰略上華中亦為聯繫華北華南之樞紐」。

一九三九年五月，新四軍第二支隊自皖南經蘇南渡江北上，建立蘇北根據地。新四軍進入蘇北後，與國軍韓德勤部屢生衝突，中共增派山東八路軍黃克誠部南下支援。

一九四〇年五月，陳毅向中共中央建議：「解決蘇北問題，應先向省韓（韓德勤）下手」。七月，新四軍突擊蘇北韓部兩個旅。韓部八十九軍反攻，但遭到新四軍伏擊，傷亡逾萬，軍長李守維、旅長翁達陣亡。毛澤東宣稱是對國軍「反摩擦鬥爭的勝利」，公開指責國軍挑起摩擦。

新四軍會合自華北南下的八路軍，擴大在蘇北佔領區，成立華中「新四軍八路軍總指揮部」，由中共「中原局」劉少奇指揮。

國府擔心中共將皖南新四軍調往蘇北，與當地新四軍會合後再打韓部，因而拒絕皖南新四軍再繞道蘇南渡江北上，指令皖南新四軍必須在一個月內，直接自安徽境內渡江北上，撤到黃河舊河道以北之政府所劃定之活動地區。但被中共拒絕，堅持東進自蘇南北渡的路線。

一九四一年一月四日，皖南新四軍九千餘人，突向南移動，前往蘇南。五日，與國軍第三十二集團軍發生衝突，激戰七晝夜，「新四軍」軍長葉挺被俘，僅約一千人由副軍長項英率領突圍（項英在逃亡途中被副官槍殺），此即著名之「皖南事變」。中旬，國府宣布「新四軍」為叛軍，撤消該軍番號，葉挺交付軍法審判。

一月二十日，中共在蘇北鹽城重建「新四軍」軍部，代軍長陳毅，政委劉少奇。並將八路軍兩個縱隊撥補「新四軍」，部隊擴編為七個師和一個獨立旅，全軍九萬餘人。

新四軍在蘇北之能夠發展壯大，與日本和汪偽政權之間的勾結有密切關係。

據日本筑波大學教授遠藤譽在二〇一五年所著《毛澤東：與日軍共謀的男人》一書說：根據史料證實：「一九三七年日中全面戰爭開始後不久，毛澤東就向上海和香港派遣特務，與日本外務省旗下的特務機構『岩井公館』的岩井英一，和日本陸軍參謀部特務機構『梅機關』的影佐禎昭等接觸」合作的事實。

遠藤譽說：毛澤東在戰後對日本舊軍人所說的感謝日本軍閥之辭，確實是發自肺腑（一九七二年中日建交，毛澤東對日相田中角榮說：「你們有功啊！你們要不發動侵華戰爭，我們共產黨怎麼能夠強大？怎麼能夠奪權？怎麼能夠打敗蔣介石呀？我們不要你們戰爭賠償！」——參戶川豬佐武《田中角榮傳》）。並引述岩井英一的回憶錄《回想的上海》一書原文說：「中共特務把通過國共合作得到的蔣介石為首的國民黨軍隊的情報提供給日方，目的存在弱化國民黨的意圖」。

一九三八年岩井經由他運用的漢奸袁學易，介紹認識中共派在上海工作之中央社會部（特務機構）副部長潘漢年。毛澤東指示潘漢年負責與岩井進行情報交流合作，並由「岩井公館」提供掩護，協助中共在上海和香港的間諜活動。岩井回憶說：每次都是潘漢年求見、提供國民黨政府和國軍情報，日方對這些情報評價很高。

二〇〇二年美國史丹福大學胡佛研究中心學者謝幼田在所著《中共壯大之謎》一書中，也根據史料證實潘漢年向岩井出賣國民黨的情報，所獲得之經費幫助了中共的壯大。

一九四〇年三月，日本扶植汪精衛成立「南京國民政府」，潘漢年經毛澤東同意，由袁學易引薦與汪偽政權七十六號特務機關頭子李士群（一九四三年，軍統策反周佛海成功後，周下令將李毒死）會面，達成情報合作協議。潘漢年並住進李士群的私人寓所。

岩井在回憶錄中還披露，潘漢年按照毛澤東的命令，與他商談共軍與日軍在華北戰場上「停戰」事宜。岩井說：「這是他印象最深刻的來自中共方面的請求」，他介紹潘漢年與汪偽政府的日本軍事顧問、日軍將領影佐禎昭見面。而潘漢年又另由李士群引薦，會見了日本華中派遣軍謀略課長都甲大佐，雙方就日軍與新四軍和平共存互不侵犯達成默契：新四軍保證鐵路交通線通暢安全，日軍就不會掃蕩共軍根據地，也不干涉新四軍在鄉村的發展。一九四四年四月，日軍增兵五十萬，攻打國軍，事先通知潘漢年，讓共軍避開日軍作戰地區，得以保存實力，國軍則損失慘重。

當時，國府已發現中共與日方的勾結。一九四三年六月，陳布雷（蔣介石文膽）的報告稱：「共黨潘漢年現充任新四軍代表，由李士群之拉攏，在京滬江淮一帶公開活動與敵偽交往頻繁，延安代表馮延壽在南京與敵軍及汪偽洽商政治停止摩擦、軍事停止衝突、物資相互交換等」。

九月，軍統局證實「敵方（日本）極力獻媚蘇俄，企圖完成聯俄聯共政策，尤其希望在中國聯絡共軍牽制國軍作戰之兵力，現汪精衛正替日本拉攏八路軍毛澤東代表，而潘漢年早與汪偽正式談判妥協，且由汪偽介紹潘漢年與日軍領袖見面，東條（日相東條英機）認為此舉是與日軍聯俄互相配合之行動」。

文革時，毛澤東完全否認知悉潘漢年與日本和汪偽合作情事，並以「內奸」逮捕潘漢年。抗戰時期勾結日偽是人神共憤的漢奸行為，毛澤東只得犧牲潘漢年。據中共最高法院判決書稱：「抗日戰爭期間，被告人（潘漢年）背叛祖國，秘密投靠了日本特務機關，當了日本特務，並與汪精衛進行勾結賣國求榮」，「在上海會見了日本特務、日本駐上海總領事館副領事岩井英一，親筆寫了為日本特務機關蒐集情報的計畫……充當了日本特務」，「被告人投靠日本特務機關以後，又和汪精衛政權特務總部頭子李士群、胡均鶴（汪的秘書，共諜）陪同秘密會見了汪精衛」。一九七七年，潘漢年受盡折磨，病逝於勞改農場，也是罪有應得。

華北和華中是中共藉抗日壯大最主要的地區。毛澤東一再宣傳「共產黨的抗日游擊戰」是中共領導全中國走向抗戰勝利的「法寶」。毛在一九三八年十一月對內下達〈戰爭和戰略問題〉指示中，強調在淪陷區打游擊戰的好處有：能最迅速、最有效地擴大軍隊；能最普遍地發展共產黨，每個農村都可組織支部；能最普遍地發動民眾運動，除了敵人的據點以外都可組織起來；最便利於解決給養問題。全文則無任何與抗日有關指示。

中共將攻擊國軍行動稱為「摩擦」，是「國民黨頑固派悍然發動的反共高潮」。這種「摩擦」共有三次：

第一次：一九四〇年襲擊太行山國軍九十七軍、晉西北趙承綬部、河北王靖國部，重創兩部。

第二次：一九四〇年蘇北新四軍襲擊韓德勤部，以及一九四一年的「皖南事件」。

第三次：一九四三年攻擊山東國軍于學忠部，以及新四軍襲擊與日軍正激戰中之韓德勤部側背。

五、蘇聯參戰，助共軍奪取勝利果實

自一九四四年起，日軍敗象已現，中共謀奪取抗日果實之心更急。毛澤東提出戰後成立「聯合政府」和「聯合軍委會」要求。

一九四五年二月，美英蘇三國迴避中國而簽署了《雅爾達密約》，換取蘇聯出兵對日作戰。這時，史達林已將決定進攻東北日軍、武裝中共叛亂的計劃，密知中共。四月，中共中央確定「解放全國人民，建立一個新民主主義的中國」之政治路線。指示各根據地的共軍向日本佔領區全力擴張，準備在日本戰敗投降後全面接收。

五月八日，歐洲戰場德國投降，日軍在亞洲戰場完全陷於孤立。七月二十六日，中美英三國發表《波茨坦宣言》限令日本無條件投降。

毛澤東開始正式「抗日」，立即指令各地共軍進攻日軍和汪偽軍，「奪取其武裝和資財，猛烈地擴大解放區，縮小敵佔區」，還公開呼籲「全國人民注意制止內戰危險」。

八月六日，美國在日本廣島投下第一枚原子彈，蘇聯即於八日對日宣戰；九日，美國在長崎投下第二枚原子彈，當夜蘇軍攻入滿洲。中共同步指派晉綏、晉察冀和山東等地區共軍徒手趕赴東北，接受蘇軍擄獲之日軍裝備。時機拿捏之好，盡在計劃中。

八月十日，日本發出乞降照會，朱德連發七道受降令和反攻進軍令，指令各地共軍配合「蘇聯紅軍進入中國」作戰，迅速向東北、熱河、察哈爾及全國各主要鐵路進攻。任何共軍都得向其附近日、偽軍發出「通牒」，「限期投降」，如有抗拒，即予「堅決消滅」。

八月十三日，毛澤東發表〈抗日戰爭勝利後的時局和我們的方針〉談話。他說：「蔣介石已經在磨刀了」要發動「內戰」，「我們也要磨刀」，反對「蔣介石篡奪抗戰勝利果實和反對全面內戰」，要及時地把「建立新中國的戰略任務提到全國人民面前」，「依靠本國革命力量，打敗中外反動派，建立無產階級領導的人民大眾的新民主主義的國家」。

八月十四日，日本宣布無條件投降，蘇軍迅即佔領整個東北和朝鮮半島北部，俘虜日軍六十萬人，包括全部裝備和庫存。中共配合蘇軍行動，已有九千餘人進入東北，接收蘇軍撥交之日軍武器。十八日，日本關東軍向蘇軍洽降；毛澤東再「派千餘名『幹部』去東北」。

一九四五年抗戰勝利時，中共控制的「解放區」土地已佔全國土地面積的百分之二十四；人口一億三千六百萬，佔全國人口的百分之二十九。軍隊已擴張到一百二十七萬餘人，其中野戰部隊六十一萬人二十四個縱隊（師）、十一個旅；地方部隊六十六餘萬人；民兵近兩百六十九萬人。

抗戰勝利後，國軍因復員整編處理不當，加上金圓券改革失敗，造成軍心不穩，當時有句順口溜：「此處不留爺，自有留爺處。處處不留爺，老子找八路。」不少前汪偽政權的和平軍和復員無處去的國軍，也因此投靠了共軍。

六、中共將抗戰八年改為十四年

「抗戰八年」始自一九三七年「七七事變」，蔣介石發表的著名演說〈最後關頭〉（又稱〈廬山聲明〉），揭開了抗戰的序幕。蔣說：「戰端一開，那就是地無分南北，年無分老幼，無論何人，皆有守土抗戰之責任，皆應抱定犧牲一切之決心」。

抗戰實際結束於一九四五年八月十五日，國府發表的〈告全國軍民及全世界人士書〉：「我們的抗戰……八年奮鬥的信念，今天才得到了實現」。

中共一開始也接受「八年抗戰」的說法。毛澤東雖然在一九四五年四月中共的「七大」上曾說：「（抗日戰爭）在一九三一年就開始了」，但他未曾變更「八年抗戰」說法。

但到了二〇一七年，抗戰勝利第七十二年，中共突然宣布將「八年抗戰」改為「十四年抗戰」，提前自一九三一年的「九一八事變」算起。其實，國府早在《中國抗日戰爭史新編》一書中，就已將「九一八」到「七七」這段歷史稱為「備戰」時期。

中共認為：日本於一九三一年「九一八事變」入侵東北；一九三二年「一二八事變」入侵上海；一九三三年一月入侵熱河；一九三六年十一月，中日軍在綏遠作戰等，都是抗日戰爭，一九三七年的「七七事變」，只是日軍連續挑釁積累的結果。以「七七」作為抗戰起始點，忽略了日本此前的侵略罪行。

港媒批評中共在「八年抗戰」中找不到令人折服的抗戰壯舉，拉長抗戰時間，是為了突顯中共領導下的「東北抗日聯軍」的貢獻，爭奪抗戰領導地位，希望成為中日戰爭的代言人。

一九三一年的「東北義勇軍」抗日組織，與國府關係密切。一九四九年後，「東北義勇軍」卻變成了中共「黨領導的東北抗日聯軍」。事實上，「抗日聯軍」一九三六年才成立，力量很小，僅與中共地方組織有聯繫，而非中共中央。但這是唯一能證明中共在「七七事變」前曾經抗日的證據，因此中共必須修改抗戰起始時間，並把「東北義勇軍」納為中共組織，才能奪取抗戰領導權。

前行政院長郝柏村表示：中共認為「九一八是抗戰開始」，是搞混了「抗戰」與「抗日活動」兩者定義的差異。日本「九一八」事變後佔據東北，東北軍民的確組成義勇軍抗日，如馬占山等義勇軍領袖，並不是共產黨員。抗戰也不是共產黨領導的，領導抗戰的是中華民國、國民黨與蔣委員長。

中共「社科院」學部委員張海鵬稱：「戰爭是國家行為，抗日戰爭是中國國家與日本國家的戰爭行為，一九三七年七月七日以前，沒有發生這樣的國家行為」。他說：「『九一八』之後，國府力圖圍剿消滅紅軍和共產黨。中共為了生存，開始『長征』，直至到達陝北，才有機會思考抗日問題。『十四年抗戰概念』並非史學界共識，將會遇到一系列難以克服的困難，在歷史上將難以做出交代。」

國軍浴血抗戰，中日軍爆發的大型會戰二十二次、重要戰役一千一百二十七次、小型戰鬥三萬八千九百三十一次；國軍兩百零六位將領壯烈殉國（包括十一名上將、三十四名中將）；陸軍三百二十一萬多官兵傷亡；海軍艦艇損失殆盡；空軍飛行員四千三百二十一人犧牲，損失兩千四百六十八架戰機。

史學家證實：共軍在整個抗戰中，未有一個團級以上幹部陣亡，只有十八集團軍副參謀長左權與新四軍第四師師長彭雪楓死於病榻與轟炸，並非死於戰場（中共則堅稱兩人死於戰場）。

03 全面武裝叛亂

一、謀奪抗戰果實，備戰叛亂

一九四五年八月十一日，日本投降前四天，中共中央對內發出〈關於日本投降後我黨任務的決定〉，指示共軍分兩階段執行：

1. **目前階段：**集中主要力量，迫使日、偽軍向中共投降，不投降者，逐一消滅，並佔領一切可能與必須佔領的大小城市和交通要道，奪取武器與資源，放手武裝基本群眾。各地共軍應迅速集中，脫離分散游擊狀態，組成團、旅、師級部隊，改編為正規兵團，集中行動。

2. **將來階段：**國民黨可能「向我大舉進攻」，應準備調動兵力「對付內戰」。

八月十五日，日本無條件投降，朱德致電日軍司令官岡村寧次：「聽候中國解放區八路軍、新四軍及華南抗日縱隊的命令，向我方投降」。但被日軍以投降對象為國府和國軍，而非共軍，予以拒絕。

八月二十三日，中共制定「以正規部隊佔領大城及要道，以游擊隊民兵佔小城」策略，積極進佔日、偽軍地區，擴大地盤。

八月二十五日，中共成立「國軍工作部」，專責對國軍統戰、策反工作。據中共統計，自一九四六年七月到一九五〇年六月止的四年間，共策動國軍部隊八十四萬餘人叛變投共。

中共在史達林指示下，為爭取發動叛亂的準備時間，擺出和平姿態，由毛澤東、周恩來率團於八月二十八日由延安飛抵重慶，與國府談判。

毛澤東深恐此行引起黨內誤解係向國府妥協，行前對內發出〈關於同國民黨進行和平談判的通知〉和〈關於日本投降後的形勢、任務和方針指示〉兩文件。前文稱：「可能」有條件地與國民黨相互承認，「如果國民黨還要發動內戰，我黨就有理由採取自衛戰爭，擊破其進攻」；後文強調：「今後一個時期仍應繼續攻勢，儘可能奪取或切斷平綏、滬寧各線。如中國反動派必欲內戰，有來犯者，只要好打，必站在自衛立場上堅決殲之」。

這時中共的軍事戰略為「向北發展，向南防禦」。「北」是指東北，故強調「只要我能控制東北及熱察兩省，並有全國各解放區及全國人民配合鬥爭，即能保障中國人民的勝利」。

中共中央即從關內各軍區再抽調十一萬主力部隊和兩萬餘名黨政軍幹部，以東北軍和義勇軍名義為掩護進入東三省，「目前國軍去東北還有困難，而且蘇軍將在三個內全部撤軍，因此我黨還有很好的機會爭取東三省和熱察」。

中共將進入東北的部隊編組為「東北人民自治軍」。蘇軍也竭盡所能阻擾國軍進入東北、推遲撤軍時間，全力協助中共接管東北。

同時，共軍為了「向南防禦」，將浙江、蘇南、皖南、皖中等地的新四軍撤至長江以北，湖南共軍撤至鄂豫解放區；將鄂豫解放區、冀魯豫軍區一部和河南軍區編成「中原軍區」。

毛、周藉著重慶和談之掩護，積極調整共軍戰略部署，指令「各戰略區都應整編能夠機動的突擊力量，其數量應佔本區脫離生產兵力的五分之三到三分之二，把他們編組為旅或縱隊，準備他們能夠實行極大機動，即是說能夠脫離本戰略區到其他區域作戰」。

中共各戰略區的部隊也整編為晉冀魯豫野戰軍、晉察冀野戰軍、山東野戰軍與華中野戰軍，共計二十七個野戰縱隊（或師）及六個野戰旅，總兵力六十一萬人。

二、國共重慶會談，雙十協定成廢紙

國共重慶會談，政府希望戰後能給予全民真正休養生息、全國重建的機會，提議將包括共軍在內的全國三百五十四個師，精簡為八十至一百個師，其中共軍縮編為十二個師。

毛澤東初期只同意共軍縮減為二十八個師，隨即反悔，強硬要求保留四十八個師、自行派任「解放區」晉魯冀熱察五省主席和縣市長，並要求綏豫皖蘇鄂粵等六省副主席和平津青滬等四個特別市市長，都要由中共推薦。

九月二日，日本正式向盟國簽字投降，遠東盟軍總司令麥克阿瑟下令在中國境內（除滿洲外）與臺灣的日軍均向蔣委員長投降。次日，毛澤東要求「重劃受降地區，中共應參加受降工作」，「停止一切武裝衝突，令各部隊原地待命」。

毛澤東的第二項要求，指的是前往各地接收的國軍部隊，因沿途交通被共軍破壞切斷，雙方衝突不斷，故要求國軍停止推進，原地待命，以遲滯國軍接收行動。

政府同意「雙方停止武裝衝突，但中央部隊不能只靠空運（接收），中共軍隊不應阻其通過」；關於中共參與受降工作，則「在接受中央命令之後，自可考慮」。

毛澤東在重慶期間，仍不時通知黨內：已在談判中居於有利地位，「國民黨是防禦招架」，要求「各地堅決鬥爭，迅速擴大與編組力量，爭取新解放區廣大群眾」。

十月十日，國共簽署《雙十協定》，表面達成「和平建國，國共在蔣委員長領導下，長期合作，避免內戰，徹底實行三民主義」共識。

實際中共無意遵守《雙十協定》，當日中共中央即指令：「在同國民黨軍隊作戰過程中，必須嚴格遵照毛澤東主席的以多勝少的軍事原則，必須以超過國民黨五、六倍的兵力與之作戰，切忌在與國民黨兵力相等或少於國民黨兵力的情況下與之作戰」。

十一日，毛澤東返延安，立即對黨內傳達「已達成的協議，還只是紙上的東西；紙上東西，並不等於現實的東西」，「我們的任務是堅持這個協定，要國民黨兌現」。

重慶會議結束後，國軍照計劃繼續推進，接收華北、東北等地區。中共為阻擾國軍北上接收，不斷指示各地共軍徹底破壞或控制各重要鐵公路要道。國軍在河北、綏遠等地，都因共軍阻擊而失利。東北之接收，也因蘇軍之阻止，僅能推進至山海關、錦州之線。

但中共仍誣指國軍接收部隊「進攻解放區」，「我黨本著自衛的原則，對來犯之敵，給予迎頭痛擊」。

三、馬歇爾調停反助中共壯大

美國特使馬歇爾於一九四五年十二月抵華調解國共軍事衝突，可惜馬歇爾對中共存有天真幻想，對國民黨又持有偏見，致調停失之公平。

一九四六年一月十日，由馬歇爾主持，與國共代表張群和周恩來舉行首次會議，達成〈關於停止國內軍事衝突、恢復交通的命令和聲明〉，並成立「軍事三人小組」（國府鄭介民，中共葉劍英，美國駐華代辦羅伯遜任主席）和「北平軍事調處執行部」，負責調處和監督執行停戰命令。但停戰令下達之次日，共軍即攻佔東北營口。

同月，「東北人民自治軍」改稱「東北民主聯軍」，林彪任總司令。毛澤東指示：「在國軍未到達滿洲廣大地區前，你們應速謀發展，將部隊高度分散，控制廣大地區」，「給進攻之頑軍堅決徹底殲滅之打擊」。三、四月，毛澤東令林彪「固守四平，打勝這一仗」。四平街是中長鐵路上的重鎮，中共為阻擾國軍北進，雙方在四平爆發大戰，歷時一個月，共軍潰敗。

據白先勇著《父親的憾恨》一書透露：四平戰後，白父白崇禧將軍力主國軍應乘勝追擊，收復北滿洲各大城市，徹底肅清東北的共軍。但因周恩來請馬歇爾出面調處，蔣介石未採納此一關係東北國共戰爭勝負的大建議，在馬歇爾施壓下於六月六日片面下令停戰。此時，國軍孫立人的新一軍已追過松花江，逼近哈爾濱，中共中央大為震動，準備棄守哈爾濱。但因停戰令，給予共軍喘息機會，整軍反撲，東北情勢，自此逆轉。東北的淪共，乃影響整體國共內戰。

六月底停戰令效期屆滿，國府聲明：「中央軍隊不對共軍採取軍事行動，除非共產黨進攻國軍，則國軍不能不加以抵抗與驅逐」。中共則針鋒相對回應：「如果國民黨軍隊不攻擊我軍，我軍不主動攻擊國民黨軍隊。但如遭到國民黨軍攻擊，我軍將堅決採取自衛手段」。

此時國共軍力懸殊仍大，共軍只要陷於不利，周恩來即要求美方調處，國府迫於美方壓力，讓步達十次之多，共軍得以喘息整補，再攻國軍。

八月十四日，國府宣布：「不要共軍全面退出停戰後所攻佔之地區，只要撤出若干已經構成阻礙交通之地區」，「只要共黨軍隊忠實執行停止衝突，遵行調處，實施統編，使軍隊國家化，不致徒託空言」。中共反而於十六日號召「全解放區人民動員起來，粉碎蔣介石的進攻」。

美國政府因受到駐華新聞局長費正清和親共駐華外交官戴維斯、謝偉志、艾默森（後據美國聯邦調查局查證，戴、艾為共產國際特務，謝為共黨同路人，三人均為中共和蘇聯蒐集情報）的影響，對國府持有偏見。美國國會在中共建政後（一九五二年）發表的《第二〇五〇號報告》中指責費正清等四人對中共的錯誤認識，導致美國對華政策犯錯。

八月十八日，馬歇爾為迫使國府對中共讓步，下令至一九四七年五月，對國府實施武器禁運。但實際至一九四八年三月，無一彈運來中國，使國軍戰力大為削弱，而共軍在蘇聯大量軍援下，雙方實力逐漸逆轉，國軍開始走向下坡。

一九四六年十月五日，國府宣布第二次停戰令，希望恢復停戰會議而未果。十一月十一日，國府下達第三次停戰令。中共抨擊停戰令是「粉飾獨裁和內戰，全國人民切記不可上當」。

馬歇爾的調處任務至此失敗，一九四七年一月他離華前，指責中共「不惜任何激烈之手段以達其目的」，以「造成有利於推翻政府之局面，至於人民所受之直接痛苦，則在所不計」。

魏德邁將軍（前盟軍中國戰區參謀長，一九四七年以特使身分來華調查）後在美國國會作證說：杜魯門政府實施武器禁運，以及不斷指責批評國府，是造成中國國軍士氣低落，最終失敗的主因之一。

四、中共轉入全面叛亂

一九四六年六月二十六日，國軍與中共中原軍區共軍爆發衝突，共軍潰敗，被視為國共全面內戰正式開始之日，中共稱為「進入解放戰爭時期」。

一九四七年五月十日，政府認為國共關係「政治解決的途徑已經絕望」，「不能坐視變亂而不加制止」，於是頒布「動員戡亂時期臨時條款」實施。

六月，中共將原「戰略防禦」轉入「戰略進攻」，以主力一部挺進中原，將戰爭引向國統區，以外線作戰大量殲敵。六月底，劉伯承、鄧小平部隊強渡黃河，發起魯西南戰役，開啟共軍「戰略進攻」序幕。

這時國共軍力已明顯逆轉，到七月共軍正規軍兵力已達到一百九十五萬，因掠奪日、偽軍武器，開始擁有砲兵、裝甲兵等兵種；又因接收蘇軍虜獲的東北日軍武器，以及美國援蘇對德作戰之裝備（存放海參威，未曾動用），蘇軍另再提供共軍擴建百萬新軍之軍事裝備（分配東北野戰軍百分之三十，中原、華東、西北三野戰軍各百分之二十，華北野戰軍百分之十），戰力大幅提升。國軍正規軍則由兩百萬下降到一百五十萬，更因美國軍事禁運，戰力顯著居於劣勢。

隨著共軍在各戰場的勝利，中共於七月下旬在陝北靖邊縣小河村召開會議，提出溯至一九四六年七月起，五年打敗國軍設想，預定一九五一年夏季前要取得政權。隨後又於九月決定「準備進行三次大戰役」，將戰略決戰之戰放在東北。十月，中共將紅軍改稱為「人民解放軍」，號令「打倒蔣介石，解放全中國」。

一九四八年十一月九日國軍在「遼瀋戰役」失利，完全失去東北，毛澤東信心滿滿，於十四日公開發表：「只需從現時起，再有一年左右的時間，就可以將國民黨反動政府從根本上打倒了」。

其後，共軍又先後於一九四九年一月，取得「淮海戰役」和「平津戰役」的勝利，至此注定了大陸的淪共。

五、毛澤東十大軍事原則

一九四七年十二月，毛澤東為配合全面叛亂，提出「十大軍事原則」如下：

1. 先打分散和孤立之敵，後打集中和強大之敵。
2. 先取小城市、中等城市和廣大鄉村，後取大城市。
3. 以殲滅敵人有生力量為主要目標，不以保守或奪取城市和地方為主要目標。

4. 每戰集中絕對優勢兵力（二倍、三倍、四倍、有時甚至是五倍或六倍於敵之兵力），四面包圍敵人，力求全殲，不使漏網。在特殊情況下，則採用給敵以殲滅性打擊的方法，即集中全力打敵正面及其一翼或兩翼，求達殲滅其一部、擊潰其另一部的目的，以便我軍能夠迅速轉移兵力殲擊他部敵軍。力求避免打那種得不償失的、或得失相當的消耗戰。這樣，在全體上，我們是劣勢（就數量來說），但在每一個局部上，在每一個具體戰役上，我們是絕對的優勢，這就保證了戰役的勝利。隨著時間的推移，我們就將在全體上轉變為優勢，直到殲滅一切敵人。

5. 不打無準備之仗，不打無把握之仗，每戰都應力求有準備，力求在敵我條件對比下有勝利的把握。

6. 發揚勇敢戰鬥、不怕犧牲、不怕疲勞和連續作戰（即在短期內不休息地接連打幾仗）的作風。

7. 力求在運動中殲滅敵人。同時，注重陣地攻擊戰術，奪取敵人的據點和城市。

8. 在攻城問題上，一切敵人守備薄弱的據點和城市，堅決奪取之。一切敵人有中等程度的守備、而環境又許可加以奪取的據點和城市，相機奪取之。一切敵人守備強固的據點和城市，則等候條件成熟時然後奪取之。

9. 以俘獲敵人的全部武器和大部人員，補充自己。我軍人力物力的來源，主要在前線。

10. 善於利用兩個戰役之間的間隙，休息和整訓部隊。休整的時間，一般不要過長，儘可能不使敵人獲得喘息的時間。

毛特別強調：這就是共軍「打敗蔣介石的主要方法」。所以中共是有備的，而國軍在缺乏正確判斷和應有之準備下，兵力分散，又倉促應戰，致三大戰役皆以失敗收場。

六、三大戰役失利，國軍精銳盡失

（一）國軍由勝轉敗

序幕・濟南戰役：一九四八年九月十六日至二十四日

國共內戰，國軍由勝轉敗分水嶺為「濟南戰役」的失利。中共也認為：「三大戰役的序幕是濟南戰役」。

一九四八年夏，中共東北野戰軍已包圍長春，華北軍區野戰軍包圍太原，華東野戰軍包圍濟南。毛澤東希望東北野戰軍先進佔長春，取得攻取大城市之經驗。但因林彪建議對長春進行持久圍困戰，毛澤東遂將目光轉向華東野戰軍，指示攻取濟南。

時國軍部署濟南的兵力，為第二綏靖區之十一萬餘部隊，蘇北徐州地區的邱清泉、李彌、黃百韜三個主力兵團約十七萬餘人待命增援。

九月十六日夜，共軍攻佔濟南西南的外圍城市長清，兵臨濟南西郊。十九日，防守西郊之整編第九十六軍軍長吳化文（原汪偽軍）被策反叛變，率部兩萬多人加入共軍攻城，使守軍外圈防禦瓦解。共軍迅即兵分東、西兩集團軍對濟南發起鉗形攻勢，二十四日攻陷濟南，俘虜我正副司令官王耀武、牟中珩，開創共軍攻克國軍重點防禦大城的先例。

此役，中共華東野戰軍以十四萬兵力「圍點」攻城，以十八萬之眾兵力「阻援」，致徐州剿總三個兵團未能北上增援濟南。

時任參謀總長的陳誠回憶說：「戡亂時期的剿共軍事，以民三十七（一九四八）年九月下旬濟南的失陷，作為一個轉捩點」，「在此以後，顯然已成江河日下之勢，狂瀾既倒，無可挽回矣」，「共軍方面，既已掌握了山東，自可抽調山東的共軍，轉移使用於其他戰場，於是無論東北、華北、華中，均將造成我軍之力日消、敵軍之力日長的趨勢」。

1.遼瀋戰役（遼西會戰）：一九四八年九月十二日至十一月二日

一九四八年九月，中共河北省平山縣（現隸屬石家莊市）西柏坡村召開「西柏坡會議」決定乘勝與國軍進行戰略決戰，首戰選在東北，採取「關門打狗」的戰略。毛澤東指示林彪：「封閉蔣軍在東北，加以各個殲滅」，阻止東北之國軍撤入關內。

當時中共「東北野戰軍」主力已達百萬之眾。相較之下，國軍「東北剿總」僅有四個兵團十四個軍四十四個師（旅），連同地方保安團不過五十餘萬人，且被共軍分割、壓縮在長春、瀋陽、錦州三個互不相連的地區內，通往山海關的陸上交通均被共軍切斷，補給全靠空運，物資匱乏。國軍決定「撤軍東北、確保華中」，但因剿總司令衛立煌抗令，未能實現。

毛澤東策定的「東北野戰軍」秋季攻勢，是以主力南下切斷北寧線（北平至遼寧鐵路）、攻克錦州（位於遼寧中西部，扼「遼西走廊」咽喉，為華北和東北間之交通樞紐），殲滅東北國軍。史達林認為共軍暫不宜進攻大城市，而應採取游擊戰。但毛堅持戰略決戰之時機已經成熟，應全面對國軍展開攻勢，史達林才同意。

史達林並自一九四八年六月至一九四九年五月，在歐洲引爆第一次柏林危機，以配合中共三大戰役和渡江作戰，牽制美國勿介入中國內戰。

毛澤東指示林彪：「主力不要輕易離開北寧線，使兩翼敵（衛立煌、傅作義）互相孤立」，「置長春、瀋陽兩地敵於不顧」。

「東北野戰軍」於九月十二日發起「遼瀋戰役」，分路奔襲切斷北寧路，一部分主力進抵錦州城下。十月九日起，發起錦州之戰。

十日，華北國軍增援部隊「東進兵團」自錦西（今葫蘆島市，位於遼寧西南部，錦州西南）向通往錦州的要隘塔山發起猛攻，共軍強力阻援，成功拒阻國軍的東進；「西進兵團」同遭到共軍阻擊，無法前進。

十五日共軍攻克錦州，切斷國軍退往關內的唯一通道；十七日，被圍困長春的國軍因突圍無望而投共，長春淪陷；十月下旬，全殲國軍廖耀湘兵團；十一月二日，共軍攻下瀋陽、營口（位於遼東半島中樞，遼河入海口）。

「遼瀋戰役」歷時五十二天結束，東北淪共。國軍損失四十七萬餘人。僅五十二軍劉玉章部從營口撤出。由於東北之國軍未能南撤關內，減輕了共軍後續在平津及華北戰場上的壓力。

2.淮海戰役（徐蚌會戰）：一九四八年十一月六日至一九四九年一月十日

淮海戰役是國共決戰的第二場會戰。由鄧小平、劉伯承、陳毅的「華東野戰軍」和「中原野戰軍」共六十六萬人，加地方部隊四十萬人，合計百餘萬人，在淮河（介於長江和黃河之間，跨河南、安徽、江蘇、山東及湖北五省）、海州一線附近與國軍「徐州剿總」（總司令劉峙）的主力部隊和「華中剿總」（總司令白崇禧）的增援部隊共八十萬人（實際上只有五十五萬餘人）進行的戰略決戰。

毛澤東在戰前，針對國軍的以「一點（徐州為中心點）兩線（隴海線、津浦線）」（徐州位於江蘇西北，為隴海、津浦兩鐵路交匯點）阻止共軍南下，必要時撤到淮南與南線國軍共同確保南京、上海安全的戰略部署，提出「截斷宿蚌路（安徽北部宿縣至蚌埠），殲敵於淮河長江以北」和「中間突破、各個就地殲滅」的戰略指導。

戰場以徐州為中心，東起蘇北海州（連雲港西部）、西至河南商丘、北起山東臨城（今薛城）、南達安徽淮河的廣大地區。戰役分三階段進行：

第一階段：碾莊戰役　一九四八年十一月六日至二十二日

毛澤東指示：「本戰役第一階段的重心，是集中兵力殲滅黃百韜兵團，完成中間突破」。

十一月十五日共軍攻佔安徽宿縣，切斷徐蚌路（徐州—宿縣—蚌埠，呈南北走向）。原負責掩護黃百韜第七兵團自海州西撤的西北軍何基灃的第七十七軍和張克俠的第五十九軍於賈汪（徐州東北約三十公里）陣前叛變。「華野」因而長驅直入，切斷黃部西撤路線，圍困於碾莊（徐州東約五十五公里）地區。

國軍調派邱清泉第二兵團、李彌第十三兵團自徐州馳援。但被共軍成功拒止，困在距碾莊十二公里之處。「華野」和「中野」自十九日起至二十二日止，集中優勢兵力攻打第七兵團，全殲該兵團，黃百韜自殺殉國。邱、李兵團退回徐州。

共軍達成「中間突破」的預期目標，「中野」也迅速完成對徐州的戰略包圍，國軍調動劉汝明第八兵團、孫元良第十六兵團協防徐州。

第二階段：雙堆集戰役 一九四八年十一月二十三日至十二月十五日

毛澤東此時已準備發動「平津戰役」，但恐提前結束「淮海戰役」，「華北剿總」傅作義部將會南撤，達不到殲滅華北國軍目的，因此決定暫緩進攻徐州，先圍攻宿縣西南雙堆集之黃維第十二兵團，牽制徐州國軍。

十一月二十四日，「中野」及「華野」一部，在雙堆集包圍黃維兵團。二十六日，蔣介石令黃維兵團突圍，卻因一一〇師師長廖運周（黃埔四期，共諜）於陣前叛變，並誘導黃兵團進入共軍預置「口袋陣地」圍攻，黃兵團被迫折返雙堆集。

蔣介石指示黃兵團固守待援，並令國軍放棄徐州，馳援黃兵團。共軍於十二月四日，在永城之陳官莊（河南境內，安徽淮北市西北約三十公里）成功圍困國軍馳援部隊。共軍得全力圍殲黃兵團，黃維被俘，僅副總司令胡璉等少量部隊突圍。

第三階段：陳官莊戰役 一九四八年十二月十五日至一九四九年一月十日

被共軍「阻援」圍困在陳官莊之杜聿明、邱清泉、李彌、孫元良等部，原定十二月六日突圍，但被蔣介石下令阻止。僅孫元良部堅持向西突圍，遭「華野」主力圍攻，被殲近半，撤返陳官莊。

蔣介石再令李延年、劉汝明兵團增援，李、劉二人怕遭共軍圍殲，無意馳援。此時正值隆冬，天寒地凍，國軍僅靠空投補給，糧彈嚴缺，不惜宰殺戰馬分食。

毛澤東為先殲滅華北之國軍，阻止南下增援，決定「留下杜聿明指揮之邱清泉、李彌、孫元良諸兵團，兩星期內不作最後殲滅之部署」。因此共軍對陳官莊國軍圍而不殲，只實施陣前心戰喊話，許多飢餓難耐之官兵紛紛攜械叛逃投敵。

十二月二十五日，「東北野戰軍」成功在康莊、懷來（北平西北約八十公里）地區截斷平津國軍突圍南撤之路；並切割包圍平、津兩地國軍後。「華野」於一九四九年一月六日發起對杜聿明部的總攻，邱清泉、李彌兵團在糧盡彈絕情況下，只堅持到一月十日，均被殲滅，僅李彌率少量部隊突圍成功，邱清泉自戕殉國，杜聿明被俘。

淮海戰役歷經六十六天的戰鬥，國軍損失五十五・五萬人（其中被俘三十二萬人，陣前叛變投共六萬餘人）。共軍傷亡也是三大戰役中犧牲最重（中共宣稱傷亡十三・四萬餘人）。戰役結束後，共軍控制了長江以北的廣大地區，直接威脅京滬。

3.平津戰役（平津會戰）：一九四八年十一月二十九日至一九四九年一月三十一日

毛澤東在「遼瀋戰役」結束後，於一九四八年十一月中旬即指令「東北野戰軍」先派「四個縱隊夜行曉宿秘密入關，執行隔斷平津的任務」。

據守平津的「華北剿總」傅作義部之軍事部署，以從西到東之張家口、新保安、北平、天津、塘沽為重點之鐵路線上，將五十多萬兵力佈署在長約三百餘公里的「一字長蛇陣」上，並預留從渤海海上向南或陸上向西退卻之路。

毛澤東為達到「阻敵逃走，就地殲敵」目的，針對傅作義的部署和意圖，採取「先打兩頭，後取中間」之戰略，下令共軍「隔斷天津、北平間，和唐山、塘沽間之聯繫，使北平、唐山處之敵均不能到達津、沽」，「包圍張家口，阻止傅部西退」，「只要塘沽、新保安兩點攻克，就全域皆活了」。

「平津戰役」，共軍動員「東北野戰軍」和「華北野戰軍」共一百五十萬兵力。戰役初期，共軍採取「隔而不圍」或「圍而不打」的策略，將兵力分成東西兩集團，成功將傅部分割包圍在張家口、新保安、北平、天津、塘沽等五個區域內，切斷了傅部向西或向東的退路。

被圍在西線新保安和張家口的國軍為郭景雲的第三十五軍和孫蘭峰的第十兵團，分別被「華北野戰軍」殲滅，郭自殺殉國，孫被俘。

十二月十日，毛澤東再指示：「我們的真正目的不是首先包圍北平，而是首先包圍天津、塘沽、蘆臺、唐山諸點」。林彪即以六個縱隊包圍天津、塘沽國軍；以五個縱隊和「華北野戰軍」一個縱隊包圍北平。

傅作義受國軍「遼瀋戰役」失利和「淮海戰役」節節敗退影響，失去南北依託，陷於孤立無援、軍心動搖的困境，逐漸喪失抵抗信心，在其女兒共諜傅冬菊牽線下，已向中共表示投降意願，並多次派代表與林彪談判。

林彪為迫使傅作義屈服，在一九四九年一月十四日最後一次談判前，下令攻佔天津。傅作義面對威脅，只得簽署〈和平解決北平問題協議〉。二月三日，共軍進佔北平。

「平津戰役」歷時六十四天，國軍損失五十萬餘人。

(二) 共諜潛伏，導致國軍作戰失利

三大戰役自一九四八年九月十二日起至一九四九年一月三十一日止，歷時一百四十二天。中共已佔領北起松花江、南至長江中下游以北的廣大土地，兵力擴張到五百萬之眾。

三大戰役造成國軍精銳兵團幾乎喪失殆盡，共損失正規軍一百四十四個師，非正規軍二十九個師，共一百五十四萬多兵力，戰力連同非正規軍僅剩下百餘萬人，並且分佈在從新疆到臺灣的廣大地區和漫長戰線上，戰力十分脆弱。

在國軍內部建立「內應力量」，是中共對國軍滲透慣用手法。第一次國共合作期間，中共大量遴派黨員滲透黃埔軍校，「清黨」後仍有不少身分未暴露的共黨黨員長期潛伏國軍中發展，抗

戰勝利時，許多共諜已竄升至高階將領，擔任重要職位。而且中共也策反了不少國軍高級將領。這些被策反和長期潛伏國軍的高階將領共諜，在歷次戰役中受中共指示，陣前叛變，造成國軍作戰節節潰散。

中共潛伏在國軍參謀本部的共諜，如兩任作戰次長劉斐、郭汝槐，參軍韓練成等高階將領，不但將國軍歷次作戰計劃和軍事部署等大量機密情報全部提供中共，而且刻意影響誤導蔣介石的戰略佈署，因此共軍得以掌握國軍動態，避實擊弱，以優勢兵力採取「分隔圍殲」、「圍點打援」和「阻援打點」等戰術襲擊國軍，取得三大戰役的勝利。

1. 萊蕪和孟良崮戰役：共諜韓練成

一九四七年一月，國軍與共軍在山東沂蒙山區（位於魯中南的山系）爆發「萊蕪戰役」（萊蕪位於山東中部）。共諜韓練成時任四十六師師長，戰前「華野」指示韓於陣前「率部起義」，但因戰況未容韓陣前倒戈，乃率師部幹部脫離指揮崗位藏匿，頓使全師陷入混亂，徹底破壞李仙洲兵團作戰部署，導致戰線全線動搖。共軍抓住戰機，迅速出擊，僅數小時，全殲國軍，李仙洲等二十一位將領被俘。

「萊蕪戰役」後，中共指示韓練成潛返南京。他欺騙蔣介石係喬裝逃出共軍包圍圈，未引起蔣介石的懷疑，仍受到重用，出任參軍，參與機要。但受到杜聿明的懷疑，杜向蔣報告：「如果韓練成不是共產黨倒還罷了。如果是，那咱的計畫、戰報都在他皮包裡，他又天天跟在校長左右，這個仗咋個打法？」可惜蔣介石未採信。

三月下旬，國軍集中六十餘萬兵力，進逼「華野」。五月十二日，蔣介石指示以湯恩伯兵團攻營城、沂水（魯南，臨沂地區），以歐震兵團攻南麻（魯中部，今沂源），以王敬久兵團攻博山（魯中部，淄博地區）。時任作戰廳長的共諜郭汝槐將作戰部署抄錄一份，密交中共中央，還特別提醒要小心全部美式裝備的整編七十四師。

五月十三日，華野根據郭汝槐情報，奔襲切斷張靈甫將軍的七十四師與周邊部隊的聯繫。張部進佔孟良崮山頭（屬沂蒙山區，臨沂北方約六十公里），待命轉移。韓練成對蔣介石說：「共軍善打運動戰，我們在魯南就是在運動戰中吃的虧」。蔣遂令七十四師堅守待援。

「華野」於是集中九個縱隊共二十萬兵力，以四個縱隊阻擋國軍的增援，以五個縱隊六倍的優勢兵力，全力圍攻七十四師。五月十六日，共諜劉斐將湯恩伯自前線上報的孟良崮緊急軍情壓下，隱瞞蔣介石，導致七十四師血戰三晝夜後被共軍全殲，張靈甫殉國。此即著名「孟良崮戰役」，國軍清剿山東共軍的計劃，自此遭到嚴重挫敗。

一九四九年初，韓練成與中共電臺的秘密通訊被「保密局」偵破，但被張治中（國共和談國軍代表，投共叛將）獲悉，搶先秘密安排韓練成前往香港，順利脫逃。

後來毛澤東對韓練成說：「蔣委員長身邊有你們這些人，我這個小小的指揮部不僅指揮解放軍，也調動得了國民黨的百萬大軍啊！」國軍軍史抨擊韓練成是「導致神州陸沉的軍事共諜」。

2.遼瀋戰役：共諜衛立煌

中共學者徐焰根據郭汝槐《回憶錄》以及《遼瀋戰役親歷記》一書中收錄的杜聿明〈遼瀋戰役概況〉、侯鏡如〈第十七兵團援錦失敗經過〉、范漢傑〈錦州戰役經過〉與彭杰如〈衛立煌到東北〉等著作，發表〈國共隱蔽戰線鬥爭內幕——衛立煌遼瀋戰役中按兵不動，拖死幾十萬國軍精銳〉一文，揭露前國軍東北「剿總」衛立煌在抗戰期間，已與中共有密切來往，曾要求秘密入黨，被周恩來說服續留在國軍內工作。

抗戰勝利後，衛立煌赴歐考察。一九四七年春，蔣介石電召其回國剿共，衛請留法共黨學生汪德昭轉告中共中央：「願意在自己力所能及的範圍內，力求與中共合作」。一九四八年初，衛立煌出任東北「剿總」總司令，並邀汪德昭回國，派任秘書處長，與中共聯繫。

衛立煌在東北僅集中兵力，固守瀋陽、錦州、長春等要點，對各地守軍告急，均不救援。即使是蔣介石一再電令馳援，他都以「共軍目前的戰法是圍城打援，我們絕不能輕舉妄動，上其圈套，只有蓄聚力量，固守瀋陽，以待時局的變化」，而拒不出兵。

蔣介石曾兩次急令他打通瀋陽、錦州之線，將主力撤至錦州，阻止共軍入關，必要時放棄吉林、長春，甚至撤出東北全部兵力退守華北。但衛立煌都以共軍已佔領瀋、錦間的要隘，拒不執行蔣的命令。

九月十二日，遼瀋戰役打響，共軍切斷北寧路（北平到瀋陽），佔領遼西走廊（濱渤海遼東灣，南起山海關，北達瀋陽，以錦州和錦西為中心），將國軍壓縮在錦州、錦西兩個孤立的據點。蔣介石第三次急令衛立煌立刻出遼西，解錦州之圍，衛仍不執行蔣的命令。甚至於九月二十四日，蔣介石急召衛立煌到南京，強令自瀋陽出兵西進錦州，並派參謀總長顧祝同赴瀋監督執行命令。衛回瀋後，仍堅持兵力不足，不能西進，顧祝同竟奈何不了。

十月二日，蔣介石親飛瀋陽，直接命令廖耀湘兵團，自瀋陽南下解錦州之圍；令駐葫蘆島的侯鏡如兵團強攻塔山；令范漢傑（剿總副總司令）兵團：「錦州能守則守，不能守則退守錦西」。侯鏡如回憶說：蔣下令後，衛立煌即親到葫蘆島對他說：「你這個兵團解錦州之圍，並率部與廖兵團會師是不容易辦到的」，令他不要徒作無益的犧牲；衛立煌又指示范漢傑：「錦州堅守不動，以免影響全軍」。但錦州仍守不住，范漢傑兵團向錦西撤退時，時機已逝，全軍被殲，范漢傑被俘。

十八日，蔣介石再飛瀋陽，任命杜聿明為東北「剿總」副總司令，指揮侯鏡如兵團和廖耀湘兵團東西對進，收復錦州。衛立煌暗中下令，供應廖耀湘裝甲兵團的燃料彈藥不准超過一星期，牽制其無法快速推進。廖耀湘兵團終因行動遲緩，十月二十八日被全殲，廖及所部將領悉數被俘。

十月三十一日，駐瀋陽國軍第五十三軍副軍長趙國屏和新一軍暫編五十三師師長許賡揚二人均被中共策反，於陣前叛變。次日，一三〇師師長王理寰陣前叛變，共軍順利進佔瀋陽市。

十二月二十六日，蔣介石忍無可忍下令撤職查辦衛立煌，軟禁於南京。一九四九年元月，蔣介石下野，衛立煌逃往香港，一九五五年正式投共。

戰後，國軍檢討遼瀋戰役的失利，認為「東北之失陷，基於錦州之失守，由於瀋陽援兵久而不至。瀋援之不能速達，在於衛立煌之不能即時奉行命令」，「貽誤戎機達十三日（自九月二十五日至十月九日）之久」，「古今中外，除非作亂造反，否則，斷未見有此種不受節制之將領」（陳孝威著《為什麼失去大陸》）。

衛立煌實際即潛伏共諜，他用盡心機，竭盡可能配合共軍的戰略進攻，因此在「遼瀋戰役」最關鍵時刻，徹底打亂蔣介石的作戰計劃，導致東北數十萬國軍主力無法撤回關內，也直接影響到爾後淮海和平津戰役的失敗。

3.淮海戰役：共諜郭汝槐

「淮海戰役」之前和作戰期間，劉斐和郭汝槐利用蔣介石的信任，積極影響蔣的戰略決策，蠱惑蔣放棄蚌埠，改在徐州外圍作戰，增加國軍在運動中被共軍分割圍殲的機會，導致國軍在「淮海戰役」兵敗如山倒。

郭汝槐回憶說：「一九四八年十一月九日下午，在總統官邸召開高級將領會議，討論作戰計劃。會後，我把作戰計畫等九件絕密文件……馬上轉給黨的有關負責人」。

國軍防守運河一線的第三綏靖區副司令官何基灃、張克俠均為潛伏之共諜。早在六月，張克俠已將徐州詳細城防圖表十餘張，送交華野共軍。華野副司令員粟裕指示何、張二人：率部「陣前起義」。

十一月六日「淮海戰役」爆發。八日，何、張即率所部五十九、七十七軍兩軍部、三・五個師共兩萬三千餘人在賈汪地區陣前叛變。「賈汪投共」造成國軍中間防線開口，華野共軍主力迅速南下。

國軍第四十四軍四四九團團長蕭德宣亦為共諜，竟挾持師長趙璧光和四四八團團長何亞顏，率部在碾莊地區叛變，讓華野順利佔領碾莊至曹八集一帶地區，切斷黃百韜第七兵團撤往徐州的退路，並將黃兵團隔絕包圍。

十一月十六日，華野以四個縱隊兵力拒阻邱清泉兵團、李彌兵團的增援。邱清泉兵團在臨近徐州時接獲共諜劉斐的電報，以徐州有敵情，令其就地待命，遲滯邱兵團達六小時之久，無法援救碾莊戰場。

自十九日起至二十二日，華野以優勢兵力全力圍殲黃百韜兵團，黃兵團彈盡糧絕，救援不到，被華野全殲十萬人，黃百韜自殺殉國。

共軍在「淮海戰役」中首戰大勝，也為戰役全勝奠定基礎。粟裕致中共中央報告：「如果何基灃、張克俠不率部投共，就沒有包圍黃百韜的戰機」。

曾參與「淮海戰役」的孫元良將軍（黃埔一期，第十六兵團司令）在臺回憶說：「消滅黃佰韜兵團的是國防部，不是陳毅（華野司令員）。」邱清泉將軍在戰前也說：「國防部裡有匪諜，今天這個仗是亮子和瞎子打架……共匪是亮子，而我們是瞎子，如何能戰？國防部給我的命令，副本先到那邊。」

黃維的第十二兵團原隸屬華中剿總，郭汝槐和劉斐在擬定作戰計畫，特意將黃維兵團從華中千里迢迢調往徐州，企圖將國軍精銳盡葬於「淮海戰役」。黃維所屬一一〇師師長廖運周為共諜，接獲中共指示：做好戰場起義的準備。

黃維兵團自十一月八日起，由平漢路確山附近開始東進，共軍中野劉伯承的第二縱隊根據郭、劉情報，搶先東進，將沿途橋樑道路徹底破壞，遲滯黃維兵團的行動。黃兵團於十一月十八日進抵蒙城，二十三日黃維奉命由蒙城沿津浦線向北攻擊，並配合徐州方面沿津浦線向南攻擊之第二兵團等國軍，南北夾擊共軍，打通津浦路。但第二兵團被華野成功「阻援」，造成黃維兵團陷於孤立，被共軍包圍在雙堆集。

此時，胡璉臨危受命出任十二兵團副司令，匆匆由西安趕到前線，建議必須馬上突圍。但劉斐下令：「十二兵團在雙堆集，可吸引共軍五十餘萬主力，對我精心規劃決戰之東戰場減輕壓力不少！裨益甚大，絕不准突圍」。

十一月二十六日，黃維仍決定次日集中所屬四個師並進，向雙堆集東南方向突圍。一一〇師廖運周決定乘機「陣前起義」，但因四個師並進，一一〇師居中，不利於叛變行動。廖運周向黃維建議，改為梯次行動，自願擔任突圍前鋒，如果一一〇師先攻得手，其他師即迅速跟進，為黃維採納。

華野接獲廖運周「起義」報告後，指示共軍做好接應一一〇師和阻擊黃維的準備。十一月二十七日廖運周率部，在共軍炮火掩護下，經共軍讓開的秘密通道，迅速向指定的地區開進投共。

黃維以為一一〇師突圍成功，命令後續三個師沿一一〇師路線突圍，被共軍誘入口袋陣地，遭受夾攻，退回雙堆集。

一一〇師的叛變，導致黃維突圍失敗，軍心動搖，士氣不振，最終國軍精銳黃維兵團共十二萬人全軍覆沒，黃維被俘，僅胡璉等少數突圍成功。

十一月三十日杜聿明奉准放棄徐州，率主力三十萬人從徐州西側，向永城推進。當杜部到達永城東北之青龍集一帶時，共軍佯裝自淮河一線向北退卻，圖誘騙杜部以為形勢好轉出戰。

據郭汝槐回憶說：他配合中共指示「極力（向蔣）強調杜聿明需求戰而不能避戰」，劉斐亦稱杜聿明有意避戰。杜聿明在《淮海戰役親歷記》中證實，蔣介石受到矇騙，於十二月三日空投命令：「停止向永城前進，轉向濉溪口攻擊前進」。

中共目的就是要將杜部遲滯在青龍集一帶。十二月四日，華野即以十個縱隊四十餘萬人，將杜部包圍於青龍集、陳官莊地區。但此時中共中央為先解決「平津戰役」，決定暫緩攻擊杜部。

一九四九年一月六日，華野恢復攻勢，以優勢兵力分三路對杜聿明部發起總攻，並以分割戰術，全面突入核心陣地。國軍苦戰到一月十日夜間，全線瓦解。杜聿明及其以下軍、師長多人均被俘，邱清泉陣亡，僅李彌、孫元良等倖免脫險，犧牲之重，堪稱空前。

國府撤臺後，媒體稱郭汝槐「為國府運籌帷幄之中，讓中共決勝千里之外」、「一諜臥底弄乾坤，兩軍勝敗已先分」。

但在中共取得政權後，郭汝槐從未受到重用，甚至被指為國特。毛認為郭汝槐是蔣和陳誠的黃埔學生（且是陳之愛將），極受重用，竟能背叛主子，難保將來不會背叛他。

劉斐是桂系軍閥出身，留日時加入中共，回國後受到蔣介石重用，算是「打入」國軍作戰核心的共諜。一九五五年，毛澤東在為共軍十大元帥和十大將授銜、授勳的儀式上說：「劉斐才是我們真正的大功臣」，「沒有劉斐，你們也難打勝仗」。

4. 平津戰役：共諜傅冬菊

「平津戰役」前，華北國軍有五十多萬兵力，如及時南撤，不但可保住國軍一股堅強戰力，尚可適時增援徐蚌戰場，或有可能改變「淮海戰役」的戰局，並且增強長江防線，拱衛京滬。

「遼瀋戰役」結束後，蔣介石下令華北「剿總」傅作義將部隊往江南撤退。傅作義出身綏遠軍閥，怕南撤後被奪軍權，部隊被收編。故他對蔣介石南撤命令，藉故拖延，遲不南撤。其擔任共諜的女兒傅冬菊，也將情報告知中共。

毛澤東擔心傅部南撤，增援國軍在徐蚌和江南防務，故「遼瀋戰役」一結束，即電林彪立即結束東北野戰軍休整，儘速秘密入關，提前發起「平津戰役」。

傅作義被女兒傅冬菊說服，自一九四八年十二月中旬到一九四九年一月中旬，秘密與中共進行和談。傅一度存有觀望僥倖之心，最終仍在中共威逼脅迫下簽署〈和平解決北平問題協議〉，拱手交出北平。

七、共軍渡江進佔京滬杭漢

一九四九年一月二十一日，蔣總統下野，由副總統李宗仁代總統。李致電毛澤東請求和談。四月五日，國府代表張治中、邵力子、黃紹竑、章士釗、李蒸、劉斐到達北平，與中共代表周恩來、林伯渠、林彪、葉劍英、李維漢、聶榮臻等人進行談判。

國府代表提議國共「劃江而治」，被周恩來斷然拒絕，並稱：「對於國民黨軍隊改編和人民解放軍過江接收政權兩點，我們絕不讓步。我們限定南京政府在二十日以前答覆，如不接受，則二十一日我們一定打過江去」。

四月二十日，李宗仁表示無法簽署〈國內和平協定〉，共軍即於當晚六時發起渡江作戰。國府談判代表張治中等六人於二十三日在北平變節投共。

早在淮海和平津戰役接近尾聲時，毛澤東已準備渡江作戰，將全軍整編為四個野戰軍（西北、中原、華東、東北野戰軍，依序改編為第一、二、三、四野戰軍）十六個兵團六十一個軍。

毛澤東因李宗仁的和談要求，而推遲渡江時間。但長江自五月初起將進入汛期，水位上漲，不利大兵渡江，故共軍至遲必須在四月間發起渡江作戰。

毛也判斷李宗仁不敢接受中共的苛刻條件簽署〈和平協定〉，故限定李宗仁必須在二十日之前答覆。並在李宗仁回絕簽字前，已下達〈向全國進軍的命令〉，進行渡江作戰。

「渡江戰役」（京滬杭戰役）是共軍繼「三大戰役」後，再次以優勢兵力進行的一場大型戰役行動，至六月一日結束，共攻佔南京、杭州、武漢、上海等大城市和蘇、浙、贛、皖、閩、鄂等省，國軍戰損失四十萬餘人。

共軍渡江作戰共分為五個戰役：

（一）渡江戰役

四月二十日晚六時，共軍三野二個兵團組成「中集團」，自安徽境內率先發起渡長江戰役，二十一日攻佔蕪湖。

次日，共軍策反成功的國軍江陰要塞守軍和海軍第二艦隊於陣前叛變，控制住長江。二、三野以木帆船為主，強渡長江，突破江西湖口（位於鄂皖贛交界）至江蘇江陰的國軍長江防禦，多路穿插分割國軍防線。

國軍向浙贛鐵路沿線、杭州、上海方向退卻，計劃在上海、杭州、浙贛鐵路沿線構建新的防禦戰線。

（二）南京戰役

四月二十二日，代總統李宗仁搭機逃回桂林，中央群龍無首，政府在慌亂中倉促宣佈撤離南京，遷都廣州。

次日，共軍東集團切斷京滬線鐵路，南京陷於孤立。共軍未經激烈戰鬥於二十四日佔領南京。

（三）朗溪、廣德戰役

共軍渡江後，東集團進佔浙江溧陽、宜興地區，切斷京杭國道。並與西集團對進，形成鉗形夾擊，截斷國軍向南撤往杭州的退路。

四月二十七日，中、東集團在浙江吳興、長興地區會師，封閉合成包圍圈，全殲沿京杭道路撤退的國軍五個軍。五月三日，共軍佔領杭州。

（四）南昌戰役

共軍二野的西集團為切斷湯恩伯（京滬杭警備總司令）和白崇禧（華中軍政長官）兩部的聯擊，兵分多路沿浙贛鐵路進佔沿線城市，完成分割湯、白兩部。

五月三日，西集團與三野的中集團在浙江諸暨會師，使國軍原意圖在浙贛鐵路線建立防禦戰線的計劃失敗。

五月二十二日，二野攻佔南昌。

（五）武漢戰役

四野先遣第十二兵團為牽制國軍白崇禧部，以策應二、三野的渡江作戰，於四月下旬推進至湖北長江北岸，威脅武漢。五月十四日在武漢之東渡過長江。

十五日，白崇禧的副長官第十九兵團司令張軫率部叛變，共軍於十六日佔領武漢市。

（六）上海戰役

湯恩伯的主力八個軍退守上海，防禦重點置於吳淞、高橋與上海市區。共軍三野的兩個兵團集結四十萬兵力，於五月十二日發起上海戰役，國軍向吳淞收縮防線，以確保從海上撤退的通路。

五月二十六日淞滬警備副司令劉昌義率部叛變，共軍於次日佔領上海。上海國軍僅五萬人從海上撤往舟山和臺灣。

八、共軍以四個野戰軍強奪江山

「京滬杭戰役」後，共軍進佔國府政經中心地區，國軍士氣頹喪，兵敗如山倒，節節退卻，而共軍勢如破竹，進展迅速，到一九五〇年五月四野攻佔海南島止，除臺澎、沿海少數島嶼和西藏外，共軍已佔領了神州大地。

中共建政後，將全國劃分為西北、西南、中南、華東、華北、東北等六個一級大軍區總兵力達到五百五十萬人。

共軍四個野戰軍和六個大軍區與國軍作戰的概況如次：

（一）野戰軍

1.第一野戰軍

一九四七年，中共將陝甘寧晉綏邊防軍和野戰軍合併為「西北兵團」，再改稱「西北野戰軍」。三月，國軍胡宗南部攻佔延安，西北野戰軍流竄陝北，並於一九四八年四月收復延安。

一九四九年一月，「西北野戰軍」改編為第一野戰軍，彭德懷任司令員兼政委，攻佔陝西中部，總兵力擴張到三十四萬四千人。

七月起，一野向西北進軍，壓迫胡宗南部退守秦嶺，並全殲西北軍馬步芳和馬鴻逵兩部，進佔陝、甘、寧、青四省。

九月下旬，國軍新疆警備總司令陶峙岳和省主席鮑爾漢叛變投共，一野「解放」新疆。十二月，西北五省全部淪共。

2.第二野戰軍

一九四八年，中共將晉冀魯豫野戰軍改稱為「中原野戰軍」，司令員劉伯承，政委鄧小平。十一月到次年一月，與華東野戰軍取得「淮海戰役」的勝利。

一九四九年一月，改編為第二野戰軍，總兵力二十八萬餘人。四月與三野、四野發起「渡江戰役」，突破國軍長江防線。

毛澤東認為：胡宗南部正向川滇撤退，國府有意「建都重慶割據西南」。於八月下令二野進軍華南和西南。

自十一月到次（一九五〇）年四月，二野發起「西南戰役」，採取大迂迴、大包圍的行動，向川黔進軍，先以一部從湖南攻佔貴州，並與四野各一部由湘鄂西進，挺進重慶，搶佔成都之西和南邊城市，截斷國軍向西南撤離通路。十二月，一野一部由陝、甘南部直逼成都，協同二野完成對成都的包圍。

時已調任國軍第二十二兵團司令之共諜郭汝槐，負責保衛四川，他於十二月共軍入川之際，在宜賓率部叛變，徹底破壞國軍固守大西南的計劃。

十二月九日，雲南省主席盧漢、西康省主席劉文輝、西南軍政副長官鄧錫侯、潘文華等通電叛變。下旬，國軍第七、十五、十六、十八、二十等五個兵團相繼叛變投共。十二月二十七日共軍進佔成都，西南戰役結束。

西南戰役共歷時五十七天，共軍佔領川、黔、滇三省，國軍損失九十餘萬人。

盧漢叛變後，陸軍副總司令湯堯指揮駐滇國軍第八和第二十六軍進攻昆明，成功後南撤至滇南一帶，改編為第八兵團，湯堯任司令官。

一九五〇年春，二野發起滇南戰役，在瀾滄江以西，臨近中緬的邊境，擊潰第八兵團，湯堯被俘。

三月二十八日，西昌淪陷，西南全境除西藏外，全部失守，國軍在大陸本土有組織的戰鬥至此結束。

3.第三野戰軍

一九四五年，由進佔山東的新四軍和未調赴東北的八路軍，組成津浦前線野戰軍，再改為「山東野戰軍」；將留在華中的新四軍改編為「華中野戰軍」。

一九四七年初，該兩軍合併為「華東野戰軍」，陳毅任司令員兼政委，並取得蘇中、宿北、魯南、萊蕪、孟良崮等戰役的勝利；再與中原野戰軍，先後取得「濟南戰役」和「淮海戰役」的勝利。

一九四九年一月，改編為「第三野戰軍」，總兵力八十二萬五千人。四月，與二野、四野發起「渡江戰役」，突破長江防線，進軍福建；七月到十月，攻佔福建省及沿海大部分島嶼；八月，佔領山東省全境。

十月，四野攻佔廣州後，國軍棄守廈門，固守金門。二十五日，三野進犯金門，遭國軍圍攻全殲，即著名的「古寧頭大捷」。十一月三日，三野趁夜渡海攻擊舟山群島，激戰六日敗退。國軍兩敗共軍，士氣大振，破滅了共軍攻臺計劃。

一九五〇年五月十三日，三野再次進攻舟山群島，國軍決定戰略轉移，部隊撤臺。

4.第四野戰軍

中共於一九四八年將「東北民主聯軍」改稱「東北人民解放軍」，再改為「東北野戰軍」，並於九至十一月，取得「遼瀋戰役」的勝利，佔領東北全境。一九四九年一月，會同華北野戰軍，取得「平津戰役」的勝利，進佔天津、北平等城市。

三月，改編為「第四野戰軍」，司令員林彪，政委羅榮桓。五月渡長江，攻佔武漢。六月，主力七十一萬人兵分三路，沿平漢路、津浦路、平大路南下，迂迴包抄白崇禧部和華南軍政長官余漢謀部；七月，擊敗白崇禧和宋希濂（華中軍政副長官）兩部，宋部撤向四川；八月初，長沙綏靖主任程潛叛變，四野進佔長沙；十月再殲滅白崇禧部四個師和余漢謀部四萬餘人，攻克湘、黔、粵省；十二月中旬再於粵桂邊境擊敗白崇禧部，佔領廣西，白部撤守海南島。

一九五〇年，宋希濂出任川湘鄂綏靖公署主任，與西南軍政代理長官胡宗南計劃將部隊拉到滇緬邊境，建立反共基地。宋部於十二月中旬南進途中遭到共軍追擊潰敗，宋希濂被俘。

四川陷共後，國軍規劃以海南島、萬山群島、金門、馬祖、舟山群島和臺灣構成一條封鎖大陸的鎖鏈，形成「立體防禦」，阻止中共犯臺。中共決定先奪取海南島，以破壞此一鎖鏈。

四野於一九五〇年四月十六日晚，以兩個軍主力強渡瓊州海峽，登陸海南島。五月一日，國軍放棄海南島，撤守臺灣。同月二十日，四野進攻珠江口萬山群島。國軍奮起反擊，堅守半年餘，於十二月七日失守。共軍佔領華南全境。

（二）六大軍區

1.西北軍區

一九四八年成立，司令員賀龍，政委習仲勛。次年十一月底，賀龍率軍區機關一部和第十八兵團入川併入西南軍區。中共遂將一野和西北軍區合併，司令員彭德懷，政委習仲勛。下轄陝甘寧新等軍區。

2.中南軍區

一九四六年中共中原軍區被國軍擊潰撤銷，一九四八年重建中原軍區，司令員劉伯承，政委鄧小平。一九四九年十二月，與南下的四野合併組成華中軍區，再更名為「中南軍區」，司令員林彪，政委羅榮桓、鄧子恢。下轄豫皖湘贛粵桂等六個省軍區。軍區領導機關駐廣州。

3.華東軍區

一九四七年成立，司令員陳毅，政委饒漱石。同時撤銷新四軍、華中軍區、華中野戰軍，山東野戰軍和山東軍區番號。

4.東北軍區

一九四八年成立，林彪任司令員兼政委。「遼瀋戰役」結束後，東北野戰軍入關，改由高崗任軍區司令員兼政委。

5.華北軍區

一九四八年成立，司令員聶榮臻，政委薄一波。總兵力四十二萬餘人，與四個野戰軍併稱為共軍五大主力部隊，因此華北軍區野戰部隊常被稱為「華北野戰軍」，實際上共軍序列中不存在此一番號。

6.西南軍區

一九五〇年，以二野機關為基礎，與入川的西北軍區機關一部和第十八兵團合併成立，司令員賀龍，政委鄧小平，軍區領導機關駐重慶，後移駐成都。

九、國軍作戰失利原因

一九四九年十月中共建政，四野逼近廣西後，代總統李宗仁於十一月二十日棄職由桂林飛赴香港，十二月四日偕家人等包機逃美，拒絕來臺。

在國家處於風雨飄搖，動盪不安之際，國府中樞突陷群龍無首，政局岌岌可危。在國人期盼下，蔣介石於一九五〇年三月一日在臺復職視事，才穩定局勢。

國軍在抗戰勝利後，擁有優勢兵力，主力部隊均配備美式武器，戰力強大，但自「濟南戰役」後，一再挫敗，不過年餘，就失去大好江山，純就軍事而言，除前述共諜滲透國軍中樞，國軍將領陣前叛變，以及情報失靈外，至少還有下列因素：

1. 共軍野戰軍只負責作戰，毛澤東指示野戰軍「集中優勢兵力，各個殲滅敵人，以殲滅敵軍有生力量為主要目標，不以保守或奪取地方為主要目標」，故兵力能夠集中運用，而且共軍不論總兵力是否居於優勢，對戰場內國軍無不竭盡所能進行「分割」，切斷國軍各部隊間之聯繫，阻斷增援，「孤立」一部分國軍，以數倍於孤立國軍的絕對優勢兵力，逐一圍殲，並以「全殲」為目標。

2. 國軍猶豫不決，坐失戰機，致一敗再敗。中共歷次作戰，作戰計畫一經確定，即授權指揮官貫徹執行，「機斷專行，不要事事請示」。而國軍在東北對守或撤，猶豫不決，而指揮官又抗命不從，致貽誤軍機；「淮海戰役」時，未能果斷放棄徐州，撤守淮河以南，致坐失戰機。

3. 國軍孤軍作戰，每每陷入共軍「人民戰爭」和「人海戰術」漩渦。共軍歷次作戰除保持絕對優勢兵力的人海戰術外，均大量動員民工擔任後勤支援工作。「淮海戰役」共軍動員民工兩百二十五萬人，運補糧食五・七億斤。國軍始終未動用民工，致長春和徐蚌被圍，官兵糧食斷絕，前線官兵飢寒交迫，紛紛攜械投共，嚴重影響戰局。

4. 軍閥部隊名為國軍，實則擁兵自重，甚至私通共軍。臨戰為保存實力，往往不服從軍令，拖延救援友軍。戰事不利時，甚至叛變投共。而蔣介石屢屢重用軍閥，正因重用軍閥傅作義戍守平津，無心抗共，不戰而降，徐蚌會戰隨之挫敗。

5. 用人不當。東北剿總衛立煌抗戰期間，曾多次私會周恩來、朱德，密赴延安見毛澤東，私撥彈糧援助共軍，國府早已懷疑其忠誠度，但仍獲蔣重用，果不其然，處處配合共軍行動，牽制國軍作戰；徐州剿總劉峙在抗戰期間屢戰屢敗，被譏為「長腿將軍、長敗將軍」，仍備受蔣重用。劉峙出任徐州剿總，國軍將士多不服。邱清泉在戰前就不屑說：「徐州是南京的大門，應派一員虎將（指薛岳）把守。不派一虎，也應派一狗（指顧祝同）看門。今派一隻豬，眼看大門守不住」。

所以三大戰役失敗，實敗於軍閥、親共將領、庸才和共諜。

共軍「分割圍殲」戰術，出自《孫子兵法》〈虛實篇〉：「能使敵人不得至者，害之也」、「出其所不趨，趨其所不意」、「故我欲戰，敵雖高壘深溝，不得不與我戰者，攻其所必救也」、「故形人而我無形，則我專而敵分。我專為一，敵分為十，是以十攻其一也，則我眾而敵寡。能以眾擊寡者，則吾之所與戰者，約矣」。另在〈謀攻篇〉也說：「故用兵之法，十則圍之，五則攻之，倍則分之」。所以毛澤東要求部隊集中數倍於國軍之兵力，圍殲國軍。毛澤東未曾習軍事，也未當過軍人，卻善於作戰，皆學自兵法。

04 武力解放臺灣因韓戰停頓

一、毛指示準備奪臺

一九四九年初，中共勢如破竹，史達林開始擔心共軍繼續南進，可能引起美英國家的干預，更憂慮中共的茁壯，擺脫蘇聯的掌控，故有意調停國共內戰，將中國一分為二，劃江而治。但毛澤東堅持渡長江南下，攻佔京滬杭漢地區，更增加史達林的疑慮。五月二十六日，史達林致電毛澤東：應從主力中抽調兩支優秀部隊，駐守天津和青島，預防美英軍的登陸攻擊。毛澤東回報：已加強天津、青島、上海的防衛部署。並說：「臺灣孤立在海上，那裡有七萬多人的敵軍殘餘。目前暫不考慮佔領它，這個問題可能到明年解決。」

事實上這時毛澤東已指示準備入閩的第十兵團司令葉飛研究攻臺問題：「臺灣是否有可能在較快的時間內奪取，用什麼方法去奪取，有何辦法分化臺灣敵軍，爭取其一部分站在我們方面，實行裡應外合。」

六、七月間，毛澤東指示華東局：「對臺灣要積極進行策反工作，準備內應條件，希望夏秋兩季完成各項準備，冬季佔領臺灣」，「我們必須準備攻臺灣的條件，除陸軍外主要靠內應和空軍」。

（一）中共尋求蘇聯協建海空軍準備攻臺

毛澤東開始計畫犯臺時，臺海的海空優完全掌握在國軍手中，國軍成功封鎖上海港口並巡弋臺灣海峽。

共軍由於缺乏海空軍力量，毛澤東只得求助蘇聯。一九四九年七月，他致電史達林：「攻佔臺灣的軍事行動要在我們建立了空軍部隊後才能進行，這也許要在明年的下半年才有可能」，「在上海，自（國軍）封鎖之日起，嚴重的困難日益加強。所以，為了粉碎這種封鎖，必須佔領臺灣，但是沒有空軍是不可能佔領臺灣的」。

毛派劉少奇赴蘇向史達林報告：中共將在一九五〇年進攻臺灣，請求售予殲擊機、轟炸機、高射砲和高射機槍等，並為中共培訓飛行員和維修人員。史達林除答應中共需求外，並願幫助中共建立艦隊。

但毛澤東更希望蘇聯能派海空軍支援攻臺，他致電史達林，要求蘇聯對臺灣登陸作戰給予空中和海上支援。並指示劉少奇：「如果我們利用蘇聯的援助來攻佔臺灣，也許還不得不請求蘇聯給我們派蘇聯空軍和海軍的專家及飛行員，參加軍事行動。」

劉少奇在莫斯科提出這個問題時，史達林立即拒絕。他說：「蘇聯在軍事方面支援攻打臺灣，意味著將與美國空軍和海軍發生衝突，並為美國發動新的世界大戰製造口實。蘇聯沒有任何理由再冒這個風險」。

（二）中共計劃一九五〇年內攻臺

史達林的回絕，使毛澤東在決定攻臺的時間上，開始猶豫。一九四九年七月，毛澤東指示三野副司令粟裕：對國軍的策反工作十分重要，需積極準備。至於攻臺的時間，如有臺灣「海陸空三方面大量可靠內應，則可以早日舉行，否則必須推遲到我們空海兩軍條件充分具備之時，故具體時間問題目前不能確定」。

十一月時，周恩來還信心滿滿地向蘇聯大使羅申通報說：「一九五〇年春季做好臺灣登陸戰役的準備，夏天實施登陸」。但到十二月，周改口說：「進攻臺灣的戰役將十分艱巨。只有在充分準備好登陸部隊、海軍艦隊和空軍部隊後，才能發動進攻」，「戰役的日期，看來將安排在一九五〇年九至十月間」。

十二月底，中共發表〈告前線將士和全國同胞書〉，提出一九五〇年共軍的任務是「解放臺灣、海南島和西藏」，「完成統一中國的事實」。

（三）中共攻臺內應力量瓦解

毛澤東所指的「內應」力量，即中共「臺灣省工作委員會」，是中共在臺建立的省級地下黨和特務組織。

日據時期，臺灣曾有「臺共」非法組織，但已被日本瓦解。一九四六年八月，中共華東局派遣前「臺共」成員蔡孝乾潛返臺灣，以臺共為基礎成立「臺灣省工作委員會」，並在全省各地建立支部，發行地下報，闢建游擊基地和武力。

一九四九年八月至一九五〇年上半年，「省工委」被國府前「保密局」及時破獲。蔡孝乾被捕後全盤供出中共在臺組織、游擊基地，以及潛伏參謀本部的中將作戰次長吳石、聯勤總部第四兵站中將總監陳寶倉等共諜和山區游擊基地，徹底瓦解中共在臺內應力量。

（四）國軍古寧頭戰役全殲登陸共軍

一九四九年十月一日，中共於建政當日發布〈人民解放軍總部命令〉：「解放一切未解放的國土」。中旬，共軍進佔廈門和鼓浪嶼。

三野第二十八軍於十月二十四日晚對金門發起攻擊，因渡海船隻不足，第一次只運送三個團，佔領古寧頭灘頭陣地後。國軍戰機及時炸毀中共全部運送部隊的船隻，共軍後續部隊無法增援。而登陸之三個團又分屬不同建制，各自為戰，頓時陷於孤軍作戰。剛撤離潮汕的國軍胡璉兵團立即增援金門，經三天激戰，殲敵三千餘人，俘虜七千餘人，重創共軍。此役更激勵了國軍久頹的士氣。

金門戰役是國共內戰以來，共軍失敗最慘痛的一戰。毛澤東在〈關於攻擊金門島失利的教訓〉通報中說：「當此整個解放戰爭結束之期已不在遠的時候，各級領導幹部中，主要是軍以上領導幹部中，容易發生輕敵思想及急躁情緒，必須以金門島事件引為深戒」。

（五）中共登步島戰役再敗，調整攻臺策略

但是共軍並未記取教訓，數日後再次在渡海戰鬥中受挫。古寧頭戰敗後，三野提出《定海作戰方案》，要求「力戒輕敵驕傲，弱敵當作強敵打，充分的戰前準備」。一九四九年十一月三日，共軍發起「登步島戰役」，進攻舟山群島，又因不知風向、潮汐的變化，後續部隊不能及時趕到。而國軍援軍源源不斷，並有海空軍支援。激戰三晝夜，共軍挫敗撤離。

共軍第十兵團司令粟裕總結金門、登步兩戰教訓，認為國軍「有固守沿海島嶼，甚至以臺灣兵力增強舟山、金門諸島的企圖」。他向毛澤東建議先「盡殲沿海諸島的蔣軍，以造成攻臺的更有利條件」，但「蔣軍佔有海空軍優勢，中共軍隊還不懂得對有海陸空軍直接配合而憑島固守之敵的戰法。因此，解放舟山群島的條件尚未成熟，建議推遲」。

這兩次渡海作戰的失利，加上失去島內策應力量，使中共意識到攻臺之不易。粟裕於是再提出〈關於對臺工作的幾點意見〉和〈關於打臺灣的幾個問題〉，建議調整攻臺策略，區分「兩步走」：先奪取沿海島嶼，再談進攻臺灣。

（六）中共奪取沿海諸島，國府遷臺

一九五〇年三月，共軍決定對海南島採取「積極偷渡、分批小渡與最後主力強渡相結合的作

戰方針」，先派遣兩批次小部隊偷渡進瓊。四月十六日晚，發起「海南戰役」，以兩個軍主力強渡瓊州海峽，登陸瓊島北岸。五月一日，國軍放棄海南島，部隊撤臺。

五月十三日，國府決定採取固守臺灣戰略，將舟山國軍撤臺，以佯攻金塘島共軍為掩護，於十六日完成島上國軍十二萬人和居民兩萬多人之撤離。當日蔣介石就海南和舟山的國軍撤退，發表〈告大陸同胞書〉。共軍才驚覺舟山軍民均已撤離，倉促進佔舟山群島。

五月二十五日，共軍續攻珠江口外萬山群島，歷經七個月戰鬥，國軍於十二月七日失守。同日，政府正式宣布中央政府遷臺。

這年六月，韓戰爆發，美國杜魯門總統突拋出《臺灣地位未定論》，宣布臺海中立化，派遣第七艦隊進駐臺灣海峽，防止兩岸軍事衝突。但杜魯門在聲明中只提到臺灣，未包括國軍仍佔領的大陸沿海島嶼，中共認為再攻外島，美國不會插手干預。

（七）共軍突擊大擔島，全軍覆沒

一九五〇年五月，共軍因海南島戰役成功及六月韓戰爆發，謀趁機再奪我外島，提出「保證放響進攻金、臺第一炮，堅決打下大、二擔」口號。

七月二十六日晚，廈門共軍突砲擊大擔島（今大膽島）達兩個小時，三野隨即以一個加強營七百人之兵力趁黑夜渡海，分別從大擔島北山和南山高地登陸，主力在南山。但被我陸軍七十五師少校營長史恆豐僅以兩個連稍強（兩百九十餘人）的兵力，踞有利地形與火力優勢，擊潰共軍攻勢。攻打二擔島的共軍三十人，在登陸後亦被我火力壓制，全部投降。

此役共俘虜包括共軍指揮官（營長）和一位連長在內共兩百五十二人，國軍僅二十死十四傷。次日中午，增援大擔島的共軍也被擊退。史稱「大擔大捷」。

二、毛訪蘇求助，史達林拒派軍攻臺

（一）簽訂中蘇條約

中共建政前，史達林曾兩度拒絕毛澤東請求訪蘇。建政後，毛澤東仍希望蘇聯能直接參戰攻臺，並與蘇結盟，乃藉為史達林祝壽之名，在未獲史同意前，逕於一九四九年十二月初搭乘專列火車赴蘇。周恩來稍後於一九五〇年一月下旬也趕到莫斯科。

毛澤東抵莫斯科後，他向史達林提出：「國民黨人在臺灣島上建立了海軍基地和空軍基地。我們沒有海軍和空軍，使人民解放軍難以佔領臺灣。鑑於這一點，我們的一些將領主張呼籲蘇聯援助。即蘇聯可以派遣志願飛行員或秘密部隊，以便儘快拿下臺灣」。

史達林仍不同意蘇軍直接參戰攻臺，他說：蘇聯「絕不給美國干預的藉口」。

中蘇雙方於二月簽訂《中蘇友好同盟互助條約》、《關於中國長春鐵路、旅順口及大連的協定》（內容：中蘇共管長春鐵路和共用旅順口海軍基地，至遲於一九五二年底，蘇聯需將兩者移交中共，並處理大連港問題），以及《關於蘇聯貸款給中華人民共和國的協定》等三項。

中蘇建立同盟關係後，中共開始了「一邊倒」的親蘇政策。但毛澤東曾一度堅持立即收回長春鐵路和旅大兩港，史達林十分不悅，毛澤東只得讓步。

（二）蘇聯優先軍援朝鮮，攻臺準備被迫推延

史達林因對中共的疑慮難消，加上不滿毛澤東態度，在毛、周離蘇後，即秘密同意軍援朝鮮金日成政權南侵，藉此優先援助朝鮮南侵軍事裝備，以延緩和壓縮對中共的軍售。因此中共向蘇訂購的轟炸機、驅逐機均被推遲至一九五一年交貨，海、空軍裝備亦均分兩年交付。

一九五〇年三至五月間，周恩來連續致電蘇防長布林加寧，催促將中共訂購的海、空軍裝備，準時送達，以利用於預定六月的舟山群島和八月的金門戰役，以及一九五一年夏季以後的臺灣戰役。五月中旬，國軍主動撤離舟山群島，中共因而避免了一場戰役。

因中共頻頻催促蘇聯儘速交貨，史達林於是指示金日成於五月十三日密訪北京，將南侵計劃告知毛澤東。毛始悉向蘇訂購之武器裝備，已優先送補北韓。但毛未因此停止攻臺的準備工作，反而更加緊腳步。

五月十七日，三野下達〈保證攻臺作戰勝利的幾個意見〉要求部隊：自一九五〇年七月至一九五一年三月，各軍兵種部隊分別訓練；一九五一年四、五月，進行陸海空協同登陸進攻合練；然後三軍協同解放臺灣。

六月上旬，粟裕到北京彙報攻臺作戰的基本設想，他建議：統籌建造大量渡海運輸艦艇，並

將華東、華南、華北現有船隻分別編為三個運輸艦隊，一併用於渡海作戰；加強海軍航空隊，為空降兵配備足夠的運輸機，建議傘兵部隊擴編到二十五萬人等等。

隨著國軍從海南島和舟山群島撤臺，臺島防衛武力增強，共軍準備犯臺兵力也隨之不斷增加，從最初的八個軍，增加到十六個軍。而且因蘇聯交貨延遲，空降兵部隊直到一九五〇年九月才正式成立，已使中共犯臺行動必須再向後推遲。

後又因龐大數量的運輸和登陸船艦難以準備，粟裕再提議：「攻臺作戰如無絕對把握，不僅不應輕易發起，而且寧願再推遲一些時間」。事實上，直到韓戰爆發，攻臺運輸船的問題仍未得到解決。

三、從美國棄臺論到臺美協防條約

（一）華府不顧軍方援臺主張，發表棄臺論

早在一九四九年，美國中央情報局已兩度警告華府：假使美國無所作為，臺灣「很可能在一九五〇年底為中共所控制」。美國參謀長聯席會議也主張：增加臺灣的軍援並派遣軍事顧問駐臺，只要中共仍須與臺灣抗爭或奪取臺灣，就不會向東南亞擴張。

當毛澤東於一九四九年十二月啟程訪蘇時，美國擔心中蘇結盟，對美構成威脅。杜魯門總統決定對中共採取懷柔政策，發表〈美國關於亞洲的立場〉談話，宣示：臺灣對美國的「重要性並

不足以採取軍事行動」。意即不阻擾共軍武力犯臺。

一九五〇年一月初杜魯門又發表〈美國不願過問臺灣問題〉的棄臺聲明，表明無意使用武力干預中國局勢，亦不提供臺灣軍事援助或軍事上的意見。

國務卿艾奇遜也表明：「美國太平洋防線」不包括朝鮮半島和臺灣。並指示原駐華大使留在大陸，尋求與中共建立良好關係。

美國的棄臺聲明，並未能討好中共，反促使中共急於向蘇聯表明堅定「反美帝」形象，立即沒收美國駐北平領事館、在華軍事基地等資產，並與蘇聯簽署《中蘇友好同盟互助條約》。

但美國不干涉國共內戰和朝鮮半島事務、不阻擾共黨在亞洲擴張的政策，促使蘇聯決定優先軍援北韓南侵統一朝鮮半島。

（二）韓戰促成美國援臺

隨著共軍於一九五〇年五月先後攻佔海南島並進佔舟山群島，臺海情勢更趨緊張。美國政府認為共軍可能即將攻臺，下令駐臺機構和僑民儘速撤離。

五月二十日，美國遠東戰區總司令麥克阿瑟告訴參謀長聯席會議，如果臺灣被中共控制，就等於落入蘇聯之手，美國在整個太平洋周邊的防線將面臨崩潰。他形容臺灣是「處於蘇聯戰略理想位置上的一艘不沉的航空母艦」。

五月二十五日，美國防部長詹森也向杜魯門表示：臺灣一旦被敵對國家佔領，將會嚴重影響美國在日本、沖繩和菲律賓的地位。臺灣島上有許多現成的機場，從那裡起飛的敵機完全可以接近美國的基地和交通線。

六月，麥克阿瑟致參謀長聯席會議的備忘錄說：臺灣是美國從阿留申群島到菲律賓的遠東防線中極為重要的一環。如果發生戰爭，美國能否守住防線，很大程度上取決於臺灣是否在友好或中立政權手中。美國應採取斷然措施，不讓臺灣落入共產黨手中。麥帥這份備忘錄，被稱為《保臺意見書》。

可能受軍方影響，美國對臺政策開始轉變。杜魯門的外交顧問杜勒斯（後任艾森豪總統國務卿）告訴我駐美顧維鈞大使：國務院對臺態度近來有所好轉，可能重新考慮對臺軍援。

六月二十五日，韓戰爆發。次日，參謀長聯席會議主席布萊德雷向杜魯門總統提出：「韓國、日本、琉球、臺灣、菲律賓和東南亞，都是同一個問題的不同部分」，美國「急需一個互相配合的全面的遠東政策」。終於在美國決定直接干預朝鮮戰爭的同時，軍方原規劃的援臺計畫也獲得落實。

（三）美艦隊進駐臺海，中共推遲攻臺

杜魯門為防止中共趁韓戰的機會攻臺，於是派遣海軍第七艦隊進駐臺灣海峽，以「遏止中共自大陸攻擊臺灣，並請自由中國政府不要從臺灣向中國大陸進攻」。

美國亞洲政策的改變，徹底破滅中共武力犯臺的企圖。中共強烈指責美國「侵略朝鮮、臺

灣，干涉亞洲事務」，「必將萬眾一心為從美國侵略者手中解放臺灣而奮鬥到底」。

但中共瞭解，因美國的介入，武力犯臺已暫不可能。七月，粟裕向攻臺作戰部隊傳達中共中央指示：推遲進攻臺灣。八月，中共撤銷三野攻臺前敵委員會建制。駐閩攻臺部隊調往東北，以志願軍名義入朝作戰。

聯軍統帥麥克阿瑟多次向華府建議讓國軍參戰，國府也提出派遣精銳國軍三萬餘人支援韓戰。十月共軍渡過鴨綠江攻打聯軍後，麥帥更希望動用與共軍有豐富作戰經驗的國軍對付共軍。但均被杜魯門總統以「避免戰爭擴大」為由，堅拒國軍出兵參戰。

一九五一年四月，麥帥被解職，使國軍參與韓戰之計劃完全落空，也失去藉韓戰反攻大陸的機會。

（四）臺美締結共同防禦條約

韓戰期間，美國為對抗中蘇聯盟的威脅，與日、菲、澳、紐和南韓等國先後簽訂共同防禦條約，並成立「東南亞公約組織」應對共黨的威脅，獨缺中華民國。

一九五四年九月三日，中共炮擊金門，爆發第一次臺海危機。六日，「東南亞公約組織」在馬尼拉正式簽約，英、法、菲等國屈服於中共壓力，堅決反對我國加入。

九月九日，美國務卿杜勒斯自菲訪臺，我方因未能加入東約組織，乃要求臺美締結共同防禦條約，被杜勒斯敷衍以對。但美國軍方力主援助國軍堅守金、馬，強勢對付北京。中情局也強調：中共確有奪取國府佔領的大陸沿海島嶼意圖。終於促使艾森豪總統決定，為遏制中共誤判美國亶堵之決心，同意與國府簽訂協防條約。

十二月二日，臺美簽訂《中美共同防禦條約》。但該條約在陸美建交後，已於一九八〇年終止，美國另以《臺灣關係法》取代。

四、牽制援朝共軍，國軍突擊浙閩沿海

一九五〇年十月，共軍入朝作戰後，攻勢凌厲，華府為減緩共軍在朝鮮的壓力，又回過頭來請國軍突擊大陸沿海，進行騷擾作戰，以牽制並減少共軍增援韓戰。

一九五二年，胡宗南上將出任浙江省主席，在大陳島成立江浙反共救國軍總部，並在六、七、八月多次突擊大陸沿海地區和島嶼。但這些軍事行動都旨在牽制共軍，故只突擊而不佔領。此後，國軍將突擊行動南移至福建，由金門防衛部執行，發動了三次較大突擊行動：

（一）南日島戰役

一九五二年九月，在韓國戰場上，聯軍與共軍爆發上甘嶺戰役，美軍被困，求助國軍突擊東南沿海，牽制共軍增兵韓戰。金防部選定南日島（位於福建莆田東南方海上，金門、馬祖中間）為目標，於雙十國慶日凌晨，由第七十五師與福建反共救國軍，分乘三艘戰車登陸艦與十餘艘機帆船，佯駛澎湖，半途轉向南日島，突擊登島。共軍急調兵增援，激戰兩晝夜，國軍克復全島，

殲敵千餘人（含營長三人），俘虜八百餘人，於十二日主動撤出。

（二）湄州島戰役

一九五三年二月十三日，福建反共救國軍游擊部隊三千餘人，突擊湄洲島（南日島西南方），半殲島上共軍，並俘虜九十餘人，次日撤回。

（三）東山島戰役

一九五三年七月初，國軍策定「粉碎計畫」突擊閩南東山島。戰前，空軍已炸斷東山島接大陸的九龍江大橋。

七月十五日夜，國軍一萬餘人從金門料羅灣登船出發。十六日凌晨四時，國軍在艦炮火力支援下，分從東山島蘇峰尖之南北突擊登陸成功，向島內縱深推進，共軍殘部退據島內制高點公雲山四一〇高地頑抗。但國軍錯估金門潮汐，預備隊登船後，遲到午後才能啟航增援。

國軍登陸後，空降部隊由十五架運輸機載運傘兵四百二十五人空降八尺門渡口，但遭到共軍以機槍對空掃射，於是拉高至一千米，進行高空跳傘和空投，致傘兵滯空時間延長，傷亡增加，空降範圍也擴大，著陸後耗費一小時才完成集結投入戰鬥。而共軍據險頑抗，歷時三小時，傘兵仍未能攻佔八尺門。

共軍增援部隊越過搶搭之跨海浮橋抵達八尺門，攻擊國軍傘兵。傘兵且戰且退，改投入增援圍攻四一〇高地共軍之戰鬥，仍未能攻克高地。

十七日，國軍突擊作戰的任務已經達成，開始撤退。十八日凌晨完成撤退任務。此役共擊斃及擊傷共軍兩千餘人，俘虜四十人。國軍損失傘兵兩百五十四人。

共軍因汲取東山島戰役教訓，開始在沿海地區加強構築防禦工事，並增強機動增援作戰能力。此外，中共空軍自一九五〇年起開始獲得「米格-15」噴射戰機，而國軍仍使用二戰期間的螺旋槳戰鬥機，在沿海地區漸失空優，故自東山島戰役後，國軍不再派正規部隊突擊大陸。

五、一九五四、一九五八年兩次臺海危機

（一）第一次臺海危機和臺美防禦條約

共軍自古寧頭、登步島、大擔島三次登陸作戰失敗後，開始研究攻島戰術，並暫停對島嶼登陸作戰。直到一九五三年韓戰停戰前，中共才再將軍事鬥爭重心，重新移回浙閩沿海，自五月起重啟登島作戰，先後攻佔浙江沿海一些小島。

一九五四年五至八月間，國共在浙江沿海頻頻發生軍事衝突：國府空軍擊落共軍「米格-15」一架、炸沉中共軍艦一艘；海軍擊沉共軍艦艇十四艘、兩度在一江山海域擊退共軍艦隊。

八月，中共在東南沿海集結二十八萬軍隊，威脅要解放臺灣。美國艾森豪總統發表聲明：中共若攻擊臺灣，美軍第七艦隊將防衛臺灣周圍島嶼。

毛澤東為測試美國對亞洲多邊防衛的承諾程度，決定砲擊金門、攻佔一江山島，爆發臺海第一次危機。

1.九三砲擊金門

韓戰結束後，中共援朝軍撤返福建，在接近金門之沿岸，填海築堤，堀山置壘，窺視金門。一九五四年九月三日，廈門共軍突以數百門重炮，向大、小金門和大膽島發動猛烈炮擊，在十二個小時內，共發射六千發炮彈，然後轉為零星砲擊。

五日，金防部砲兵展開全面回擊。當時金門缺乏長射程火炮，因此集中火炮，形成局部優勢，以彈幕射擊方式反擊。國府海、空軍也對廈門共軍炮兵陣地和海軍基地進行攻擊。

十五日，國軍增援金門一五五公釐榴彈炮和三個炮兵營，強力炮擊共軍，摧毀共軍野戰炮和高射炮陣地二十二處。

二十二日，共軍又突然發動炮戰以來最強烈的炮擊。次日國軍也集中火力對廈門沿岸共軍炮兵陣地採取毀滅性的炮擊。此後，國共軍炮擊逐漸減少，趨向零星。

2.太平艦事件激起青年從軍熱潮

一九五四年八月，中共威脅要攻臺，實際是策劃攻取大陳島（位於浙江海岸中部椒江東南五十二公里的海上），並決定先奪大陳島門戶一江山島。這時共軍已在浙江黃岩建成路橋機場，並獲得蘇援的海空軍機艦，逐步取得大陳地區海空優勢。

從十一月起到一九五五年一月，中共先後出動轟炸機一百四十餘架次，轟炸大陳島和一江山島。國府空軍因航程遠而無法及時支援；海軍也在大陳島附近海域遭到共軍魚雷快艇偷襲，擊沉國軍「太平號」驅逐艦和「洞庭號」炮艇。

「太平艦」沉沒後，救國團發起建艦復仇運動，激起青年學生三萬餘人志願申請從軍熱潮。

3.一江山島戰役

一九五四年九月，王生明上校臨危受命出任一江山島（位於大陳島北方十一公里）司令，決心死守，令同在部隊中服役的父子、兄弟必須一人撤臺。

十二月，臺美簽署《共同防禦條約》，防禦範圍未包括國軍佔領的大陸沿海外島，中共即決定發起一江山島戰役，測試美國底線。

一九五五年一月十八日晨八時，中共空軍開始對一江山島進行轟炸，中午炮擊。十四時三十分，共軍以近十倍兵力分三路登陸一江山島，突破守軍塹壕。王生明司令率部奮戰至次日十六時許，彈盡援絕，引爆手榴彈，自殺殉國。此役國軍陣亡五百一十九人，被俘百餘人，共軍傷亡更大。

軍事學者認為此役中，國軍在失去制海、制空權，一江山守軍兵力亦居於極度劣勢的態勢下，奮勇作戰，悲壯慘烈，能夠堅守兩天，令人敬佩。司令官王生明（追晉少將）以身殉國，官兵幾乎犧牲殆盡，卻重創共軍，堪稱為國共硫磺島戰役。

4. 大陳撤退

一江山島失守後，一月底共軍空襲炸毀大陳唯一水庫，淡水流盡。國防部長俞大維指示：「大陳已不可守、不能守、不必守，應集中兵力確保金馬」。

二月八日至二十五日，國府主動將大陳島軍民共兩萬八千餘人以及軍事裝備和物資，在美國第七艦隊護航下，撤退來臺。至此，國軍已放棄浙東沿海全部島嶼，結束了第一次臺海危機。

（二）第二次臺海危機：八二三砲戰

1. 中共謀再炮擊金門

毛澤東謀在一九五八年再次炮擊金門，有「三理由，一詭計」：

A. 測試臺美防禦條約範圍

一九五四年臺美《共同防禦條約》規範防禦範圍只及於臺澎地區。但因美國務卿杜勒斯在一九五六年初表示：「美國將於金馬遭受攻擊時，評估對金馬兩島攻擊的重要性，以便決定是否對中美共同防禦條約保障下的臺澎地區發動攻擊的準備」。

中共為瞭解美國究竟有無防衛金馬的意向與決心，因此醞釀再砲擊金門測試美國協防國府的實際範圍。

一九五七年，杜勒斯又先後提出美國對中共三大政策：反對中共進入聯合國；繼續對中共實施禁運；美國絕不可能給予中共外交承認。這些原則更促使中共決意挑釁美國報復。

B. 轉移人民對施政的不滿

一九五七年，毛澤東赴蘇參加「十月革命」四十周年慶。蘇共總書記赫魯雪夫炫耀：「十五年後，蘇聯可以超過美國」。毛澤東早已覬覦共產國際領袖地位，認為赫魯雪夫德不配位。他不甘示弱的說：「十五年後，我們趕上或超過英國」。但他回國後，改口為十五年內趕過蘇聯，還要「超英趕美」。

為此，毛澤東在一九五八年三月提出「三面紅旗」（總路線、大躍進——土法煉鋼和密植深耕、人民公社）之極左激進路線，而且是「五年超英，十五年趕美」。但是「三面紅旗」實施當年就出現嚴重問題，生產力極速衰退，社會發生大饑荒，天怒人怨，危及毛之地位。

毛澤東決定以砲擊金門，轉移國內對他不滿的焦點。

C. 聲援伊拉克牽制美國

一九五八年黎巴嫩爆發政治危機，瀕臨內戰；七月伊拉克共黨推翻皇室，退出巴格達公約組織（中東跨國區域安全軍事合作組織）。美英擔心整個中東發生遽變，派軍進駐黎巴嫩與約旦，中東緊張局勢驟升。

毛澤東在軍委會議上宣布：「世界上有一個地方叫中東，最近那裡很熱鬧，搞得我們遠東也不太平；人家唱大戲，我們不能只做看客，政治局做出了一個決定：砲打金門」，又說「攻打金門、馬祖地區，牽制美軍在遠東的兵力」。

七月二十六日，毛澤東謀略性決定暫停對金門的例行砲擊（九三砲戰後未停過），寫信給軍委副主席彭德懷說：「想了一下：打金門停止若干天似較適宜。目前不打，看一看形勢；彼方換防不打，不換防也不打；等彼方無理進攻，再行反攻……彼方如攻漳、汕、福州、杭州，那就最妙了。這個主意，你看如何？……是不是算得運籌帷幄之中，制敵千里之外。」

D. 一個詭計：嫁禍蘇聯

一九五八年七月三十一日，毛澤東邀請赫魯雪夫「密訪」北京，卻被毛澤東設局於八月三日共同公開發表《聯合公報》，強調雙方就解決國際問題「取得了完全一致的意見」。赫魯雪夫的「密訪」變成了「公開」訪問。

自次（四）日起，福建前線共軍開始對金門心戰喊話：「攻取金門馬祖、武力解放臺灣」。

八月二十三日，共軍開始猛烈炮擊金門，爆發第二次臺海危機。舉世都認為是赫魯雪夫和毛澤東共議的對臺軍事行動。其實毛澤東在會談時隻字未提要炮擊金門，赫魯雪夫始終被蒙在鼓裡。毛澤東狐假虎威，利用了赫魯雪夫。

2. 共軍戰前備戰情形

八月初，中共三軍主力部隊開始南移，內陸交通晝夜向福建運輸，並徵集民船支援軍運；戰鬥機多達八百三十六架進駐沿海機場；東海艦隊也南移到舟山、沙埕港、三都澳附近；南海艦隊砲艇移往東山島，上百艘艦艇集結在金門對岸，另在廈門港內有機帆及木船三百餘艘。

國府於八月六日宣布「臺澎金馬地區進入緊急備戰狀態」。同日，艾森豪總統認為中共意圖把國際注意力自中東引向遠東，為不讓中共得逞，決定派遣航母艦隊巡弋臺海、移交「F-86」戰機給國軍；同時派遣戰機進駐臺灣、提升關島「B-52」轟炸機的警戒，準備轟炸大陸沿海機場及軍事設施。

3.砲戰爆發

一九五八年八月二十三日十八時三十分，廈門、大嶝、小嶝、蓮河、圍頭之共軍共投入三十二個炮兵營和六個海岸炮兵連，合計各型火炮四百三十九門，無預警的以密集猛烈炮火轟向金門島群，直到午夜共發射五萬七千餘發炮彈，掀起震驚中外之「八二三炮戰」。

中共的突然炮擊，猝不及防，時正在金門視導的國防部長俞大維和金防司令胡璉均負傷，副司令章傑、趙家襄將軍中彈陣亡，吉星文將軍重傷不治殉國。金門國軍炮兵自動對中共機場、碼頭和炮兵陣地，展開強烈反炮擊。

共軍持續對國軍在金門灘頭陣地、料羅灣碼頭、尚義機場及炮兵陣地集中火力攻擊，企圖阻止國軍海空運補，達到封鎖金門的目的。

中共海軍魚雷艇則偷襲料羅灣，擊沉國軍租用之商船「臺生」號，並擊傷「中海」號戰車登陸艦，國軍也擊沉共軍一艘魚雷艇。

國軍為維持對金門的海上補給，利用夜晚搶灘運補，並獲得美軍艦隊協助護航，國軍運補作業因而維續補給不斷。

炮戰期間，國共之間共發生空戰十四次，海戰二十餘次。空戰方面：國軍空軍「F-84／F-86」兩型戰機，配備「AIM-9」響尾蛇飛彈，共擊落共軍「米格-17」戰機三十二架，擊傷及可能擊落十三架。海戰方面：國軍海軍共擊沉敵魚雷快艇二十餘艘，擊傷四艘；擊沉擊傷共軍大型炮艇各兩艘。國軍兩艘登陸艦沉沒，戰車登陸艦與巡邏艦各一艘重傷。

4.美國軍事干預，蘇聯警告

炮戰發生後，艾森豪總統表明：「美國不會放棄對臺灣的責任」；國務卿杜勒斯亦發表聲明，承諾美國有防衛臺灣和外島的責任和義務；參謀長聯席會議主席表示如有需要，美軍將介入協助臺灣軍隊防守金、馬這兩個島嶼，防止共軍海上封鎖，「為了有效防禦這些島嶼，將要動用核子武器」，並增派「F-100」戰機及勝利女神飛彈營進駐臺灣。美軍第七艦隊護航國軍運補作業，均不進入中共沿海三海浬的領海範圍內。

蘇聯也於八月底指責美國對中共的威脅，就等同威脅蘇聯，警告美國勿輕舉妄動。並批評美國已非原子彈獨霸國，蘇聯無懼美國的原子彈威脅。

5.美受蠱惑，促我棄金馬和武力攻陸

九月十五日，中美大使級華沙會議上（此為一九五五年中共在「亞非會議」上提出願與美國談判和平解放臺灣問題，雙方開始的會議），中共代表王炳南強調國軍佔據金馬兩島群，直接威

脅廈門、福州兩海口的安全，必須收復。如果國軍願意自動地從金馬撤走，中共將不予追擊，並承諾在一定時期內不進攻臺灣。

王炳南的說詞，與毛澤東炮擊金門原因不符，顯然是毛分化臺美關係手法。華府也確實受到影響，艾森豪總統即以金馬並不在《共同防禦條約》協防義務之內，要求國府放棄金馬，承諾提供五個美國陸軍師標準的裝備作為補償。但被國府斷然拒絕，美國再提出減少金門駐軍和放棄對大陸「使用武力」。

6.八吋炮扭轉局勢，毛澤東搞統戰分化

九月中旬，美軍支援國軍六輛二〇三公釐口徑的「M-55」自走炮（俗稱八吋榴彈炮），分兩梯次由國軍海軍登陸艇運往金門，搶灘上陸。

九月二十六日，「M-55」炮投入戰鬥，摧毀共軍圍頭炮陣地，工事散飛，火炮破碎。共軍急將火炮後撤，仍被「M-55」火力猛烈追擊，共殲滅共軍四十餘處目標，國軍士氣大振。二十九日，再炮擊大嶝及蓮河共軍炮兵陣地和工事，重創敵人陣地。

國軍後續六門「M-2」牽引式八吋榴彈炮，也搶灘運抵金門。因此，金門國軍共有十二門八吋長程重炮，取得炮戰優勢，共軍轉居劣勢。

毛澤東知已無法在炮戰中討到便宜，擔憂戰火蔓延到華南地區。十月五月，毛親撰以國防部長彭德懷名義發表的〈告臺灣同胞書〉進行統戰和分化：「我們都是中國人，三十六計，和為上

計。金門戰鬥，屬於懲罰性質。你們的領導者們過去長時期間太猖狂了，命令飛機向大陸亂鑽，遠及雲、貴、川、康、青海，發傳單，丟特務，炸福州，擾江浙，是可忍，孰不可忍？因此打一些炮」；「你們領導人與美國人訂立軍事協定，是片面的，我們不承認，應予廢除。美國人總有一天肯定要拋棄你們的。你們不信嗎？歷史巨人會要出來作證明的」；「你們與我們之間的戰爭，三十年了，尚未結束，這是不好的。建議舉行談判，實行和平解決」。

7.蔣拒美投擲核彈並調整對陸策略

中共炮擊金門，引起美國強烈不安，艾森豪突改變要我放棄金馬主張，派國務卿杜勒斯於十月二十一日訪臺，向蔣總統表示：要突破中共的炮火封鎖，必須動用相當於投擲廣島原子彈威力之核武。

蔣總統以大陸人民都是血肉同胞而斷然拒絕。但美國甘冒與蘇爆發核戰危險，提出此建議，顯然事前已斷定蔣會拒絕，而其真實目的是促我表態不以武力反攻大陸。所以雙方在二十三日發表的《聯合公報》說：「有鑑於兩國現正履行之條約係屬防衛性質，中華民國政府認為恢復大陸之自由乃其神聖使命，並相信此一使命之基礎，建立在中國之人民，而達成此一使命之主要途徑，為實現孫中山先生之三民主義，而非憑藉武力。」

臺美《聯合公報》之發表，等同宣示國府反攻大陸的策略，將從武力反攻，調整為以爭取大陸民心為主之政治作戰，採取「政治攻勢，軍事守勢」之戰略。

8.炮戰結束

十月二十五日，毛澤東看過臺美《聯合公報》後，放下心中大石，發表〈再告臺灣同胞書〉：「以後共軍碰到雙日就不打金門……單日，臺軍的船隻、飛機不要進來。若是碰到單日我們也不一定會炮擊」。

自此每逢單日，雙方僅有小規模之相互炮擊，逢年過節更是互有默契停止炮擊三日。因此出現「打而不登、封而不死」情形。這種「單打雙不打」的炮擊，持續到一九七八年底陸美建交，中共宣布自一九七九年一月一日起停止炮擊，金門炮戰歷時二十一年，正式結束。

六、國軍國光反攻計劃

(一)三年饑荒和五月大逃亡潮

「八二三砲戰」並未能減輕中共「三面紅旗」失敗造成的民怨。中共地方官員為保權位，浮報生產數字，苛刻人民糧食分配，造成餓殍遍野。天怒亦隨之而來，連續三年乾旱。在天災和人禍三年的肆虐下，到一九六二年，已餓死近三千六百萬人。

一九六二年四月間，大陸突盛傳「香港因英女王誕辰，大赦三天」，全國各地的饑民蜂擁逃往香港，並在五月達到高潮，每天至少有四千到八千餘人逃入香港，引爆「五月大逃亡潮」。

邊界饑民亦紛紛逃亡鄰國：雲南饑民偷渡緬甸，不少人加入國軍滇邊反共救國軍；東北延邊朝鮮族饑民逃往北韓；新疆饑民集體逃往蘇聯。蘇聯趁機支持外逃維吾爾族難民，成立「疆獨」組織，使中蘇關係更加惡化。

由於饑民外逃情形嚴重，中共下令封鎖邊境，強行遣返逃至邊境的饑民，到七月才逐漸平息逃亡潮。

（二）中蘇決裂

一九五九年六月，赫魯雪夫訪美，與艾森豪總統舉行和平會議，以緩和東西方緊張局勢。十月，赫魯雪夫到訪北京，參加中共建政十周年慶。他批評毛澤東的「三面紅旗」政策是左傾機會主義；抨擊中共炮擊金門而不進佔（毛辯解：不奪取金馬，是為了不讓臺灣和大陸脫離關係而走向獨立）；不應為邊界問題與印度打仗；不應讓達賴自西藏逃亡印度等。雙方會談極不愉快。

赫魯雪夫對於曾同意協助中共發展原子彈的承諾，表示：「美蘇正就核武禁試進行談判，不適協助中共研製原子彈，將把派到中國的原子彈專家撤回」。之後一年，蘇聯撤走派到中國的全部專家，撕毀雙邊原有的各項協定和科技合作案，中共的科技與經濟發展頓時陷入困境。

一九六〇年四月，列寧九十歲冥誕，毛澤東藉機發表〈列寧主義萬歲〉等文章，批判赫魯雪夫是「現代修正主義」。十月和次（一九六一）年，赫魯雪夫兩度在國際共黨和蘇共代表大會上批評中共是一個好戰的國家，並藉由批判和中共友好的阿爾巴尼亞勞動黨是教條的史達林主義，號召推翻阿共領袖霍查——實質劍指中共，鼓勵推翻毛澤東。

毛澤東不滿，提出〈革命中心轉移論〉反制。他說：二十世紀下半葉，因一九四九年中共革命成功、一九五三年史達林去世及赫魯雪夫背離共產主義，蘇聯已不足以領導共產國際。中共在毛澤東的領導下，高舉馬列主義，世界的革命中心正轉向中共。

一九六三年七月，赫魯雪夫發表一封蘇共與中共完全決裂的〈公開信〉，對中共進行全面有系統的攻擊。毛澤東則自九月至次年七月止，連續發表九篇批判蘇聯為修正主義的〈公開信〉（簡稱「九評」），號召全世界共產黨人與赫魯雪夫劃清界線。

（三）國軍策定國光反攻大陸計劃

一九六一年，正當中共陷入內外交困之際，國府認為反攻大陸時機來臨。蔣總統決定策訂「國光計劃」，規劃軍事反攻大陸。並成立「反攻行動委員會」及「戰地政務局」，為反攻大陸的軍事行動進行積極的準備。

一九六二年蔣總統在元旦文告中首次透露：「我們已掌握了復國之鑰，要進而打開鐵幕之門的時刻到了」。一九六三年蔣總統的元旦文告，再度指出，中蘇分裂正是反攻復國的良機。

據國軍二〇〇六年出版之《塵封的作戰計劃、國光計劃——口述歷史》一書，透露一九六一年四月一日，國軍在三峽成立「國光作業室」，由作戰次長室負責，動員三軍二〇七位菁英，秘密策劃軍事反攻大陸的作戰計劃。

三軍在「國光作業室」各設有一個辦公室：陸軍為「陸光」作業室，分「光華」（登陸作戰）、「成功」（華南戰區）兩室；海軍「光明」作業室，分「啟明」（六十三特遣隊）、「曙明」（六十四特遣隊）兩室；空軍「擎天」作業室，分「九霄」（作戰司令部）、「大勇」（空降特遣）兩室。

「國光計劃」內含敵前登陸、敵後特戰、敵前襲擊、乘勢反攻、應援抗暴等五類二十六項作戰計劃，所有計劃都策劃到師級任務。

為防止美國偵知我秘密策劃反攻大陸計劃，國防部另在新店碧潭成立「巨光計劃室」，藉研擬與美軍聯合作戰計劃，以混淆美方耳目。

一九六二年初，蔣認為反攻時機已成熟，於是透過美駐華大使莊萊德和中情局臺北站長克來恩向華府反應，期獲得甘迺迪總統的支持。並派蔣經國赴美國說明，表示國軍將空投部隊到兩廣地區，協助美軍截斷共軍對北越的增援。

國府反攻大陸計劃，引起華府鷹鴿兩派的激辯。國務卿魯斯克因受一九六一年美國在古巴豬玀灣登陸失敗的影響，武斷認為國軍反攻大陸方案不可行，並可能會將美國拖進戰爭。但中情局和多數美軍將領都支持國軍反攻行動。

為了解決爭議，美國派國務院情報及研究局局長希斯曼於一九六二年三月來臺瞭解有關詳情。希斯曼本就反對國軍反攻大陸，自然他在返美後向華府強調國軍反攻不可能成功。中旬，美國再派負責遠東事務的助理國務卿哈里曼與希斯曼連袂來臺，明確告知蔣總統反攻軍事行動不可為，以及華府不支持的立場。

美國為阻擾國軍反攻大陸，刻意向國際和中共洩漏國府的軍事準備行動。共軍立即在東南沿海加強戰備，福建前線共軍迅速集結兵力多達四十萬人，海軍艦艇四百三十艘，空軍戰機三百架，較一九五八年的金門八二三砲戰，集結了更多兵力防範國軍的軍事反攻。

中共同時透過華沙會談向美國施壓，阻止國軍反攻。據中共代表王炳南回憶：「這時臺灣趁中國遭受自然災害的危機，開始企圖想反攻中國，福建前線再度戰雲密布，局勢空前緊張。而且得到情報指出，臺灣此次反攻是相當堅決的。但是最關鍵的問題仍是要看美國的態度，因此中共要促使美國來制止這次的反攻行動，所以中共要盡快透過會談來瞭解美國的態度。」

王炳南向美國代表卡伯特表示：「臺灣的反攻準備行動是在美國知情且鼓勵之下進行的，一旦臺灣挑起戰端，其嚴重後果必須要由美國負全責。」卡伯特表示：「美國並不支持臺灣反攻，且臺灣有過承諾，在未經美國同意之下不得逕向中國發動進攻」。

甘迺迪總統特別針對臺海情勢召開記者會表示：「我們的立場，一向反對在臺海使用武力解決問題」，「美國在此地區的目的是和平的和防禦的」，「《中美共同防禦條約》寫的很清楚，每項條約都是防禦性的」。

美國仍害怕國軍堅決自行反攻大陸，於是命令駐臺美軍顧問團嚴密監視國軍戰備情形。蔣總統在瞭解美國立場後說：「我們可以不管美國人對我反攻的態度如何，我們應該主動創造有利形勢，不能坐以待斃，如果等到美國人同意我們反攻，這是不可能的」。

因此，國防部前情報局成為第一個負責執行，也是唯一具體執行「國光計畫」的國軍單位。情報局的責任是在國軍軍事反攻行動開始之前，先期建立敵後內應力量。首先於一九六二年策定「海威」行動計劃，自十一月起開始密集派遣特戰部隊，突擊大陸沿海，同時從海上和空中派遣特戰幹部和情報人員滲透內陸，發展組織，以及建立敵後游擊武力，鼓動大陸人民抗暴。

另在西南滇緬邊區成立大陸情報工作區和光武游擊部隊，自西南地區突擊大陸，並滲透內陸，建立敵後情報與游擊根據地，策應國軍在東南沿海登陸作戰。

一九六五年六月十七日，蔣總統在鳳山陸軍官校召集三軍中層以上幹部，進行反攻行動前的精神講話，所有軍官都預留遺囑。

（四）國光計劃停止實施

但在國軍誓師後，就在當年海軍發生了三件影響「國光計劃」策進的事件：

1. 六月二十四日，國軍在左營外海實施模擬登陸演習，五輛兩棲登陸戰車被浪打翻，數十人傷亡。
2. 八月六日凌晨，海軍「劍門」、「章江」兩艦運送特戰人員兩棲突擊東山島。兩艦在卸下特戰人員後，巡弋於東山島東南十五海浬處海域，遭到中共魚雷艇多艘攻擊，兩艦官兵奮勇應戰，擊沉共軍艦艇五艘，但仍寡不敵眾，相繼被擊沉。
3. 十一月十一日，反共義士李顯斌駕駛「IL-28」轟炸機從筧橋飛臺投誠。十四日共軍砲艇和魚雷艇各六艘，埋伏在烏坵南方海域，襲擊我海軍開赴烏坵執行接運傷患例行任務之「山海」、「臨淮」兩砲艦，作為報復。雙方激戰三小時，國府海軍擊傷一艘共軍快艇，「臨淮」艦被擊沉，「山海」艦安返。

這三件意外，使蔣總統感到海軍跨海實力不足，尤其臺灣海峽海象不穩，仍必須爭取美援，否則登陸作戰將有困難。國府乃再試圖使華府相信中蘇衝突日趨激烈，國軍反攻大陸時機已經成熟。然而幾經與美國交涉都無進展。

尤其一九七一年十月二十五日，聯合國通過排我納共案，國府退出聯合國，國際局勢日益對我不利。一九七二年二月，美國尼克森總統訪問北京，更不可能支持我反攻大陸，且會百般阻擾。因此「國光作業室」逐漸縮小，終於在這年七月二十日撤銷。

一九七五年四月五日蔣總統去世，前情報局只得停止「海威計劃」行動，部署滇邊和深入敵後策應「國光計畫」的光武游擊部隊，也在聯合國和美國政府壓力下，於當年七月裁撤。至此，反攻大陸成為絕響。

中情局前駐臺站長克萊恩回憶說：早在一九六三年，蔣介石就有一個「雄心勃勃」的計劃，準備出動海陸空三軍的全部精銳，共計五十三萬八千人，在廣東沿海實施大規模登陸作戰。

時任陸軍總司令的劉安祺上將回憶說：「我在陸總的頭一兩年（一九六一、六二年），經常和蔣總統在三峽附近的山洞裡進行登陸作業，積極研究作戰登陸地點。那個會議地點很少有人知道，每次只有我和總統及幾個重要幕僚在討論。當時國軍若能夠一股作氣其實是很有機會成功的。因為那時中共正在鬧難民潮，但是美國怕被我們拖下水，因而不願意答應。我們根據沙盤作業在南部地區包括嘉義、臺南、高雄舉行昆陽演習，並企圖利用演習的藉口進攻中國。演習包括有陸、海、空軍，但是以陸軍為主要演習對象，是歷年最大的演習。我在演習中擔任反攻聯軍總司令；這次重要的演習幾乎動員了當時國軍三分之二的軍力。當時計劃在金門對岸的圍頭登陸，此外潮汕、青島也都是登陸的選擇地點。」

「國光計畫」功敗垂成，實因事已不可為，若當年蔣介石一意孤行，堅持自力反攻大陸，勢必遭到美國全力阻擾和出賣。即使未遭美國或國際阻擾，國軍獨力反攻不論成功與否，均將因孤軍作戰，付出極大犧牲，血流成河勢所難免，極可能斷送了臺灣前途，也絕無今日的經濟奇蹟和政治民主化。

（五）王師計劃

國軍規劃反攻大陸除「國光計畫」外，還有一個「王師計劃」。據中時新聞網報導：一九六六年文化大革命爆發後，蔣經國說：「這是我們十八年以來，最重要的關頭，也是反攻大陸的最佳時機」，並擬定三套作戰計畫：

1. 「王師一號計劃」：國軍將對閩浙粵三省沿海地區和閩粵交界處實施空降和兩棲登陸作戰。計劃投入三個空降營和一個炮兵營、一個空軍戰鬥機聯隊和一個運輸機聯隊，外加所需的海軍運輸、巡航艦隻。

2.「王師二號計劃」：用「C-119」運輸機運送一個空降營和二個特種作戰大隊反攻大陸。

3.「王師三號計劃」：準備空降一個連和一個特種作戰大隊偷襲大陸。

「國光計劃」因層次高，策畫到師級任務，時程為一九六一至一九七二年，長達十一年。而「王師計劃」僅及營級作戰層次，且係一九六七年才提出，應是「國光計劃」中的一個子計劃。但因美國政府正陷入越戰泥淖，力阻國府在亞洲另闢戰場，「王師計劃」遂被迫取消。

05 中共四次對外戰爭

研究中共軍事，不能不瞭解中共四次對外用武的動機、時機以及戰略方針和戰術，這些均可作為今後中共對臺軍事威脅的評估研判之參考。

一、援朝作戰

（一）史達林為阻中共攻臺，支持朝鮮南侵

韓戰是中共首次對外用兵，也是美國第一場輸掉的國際戰爭，史家稱為「被遺忘的戰爭」。

一九四五年日本降後，美蘇以朝鮮半島北緯三十八度線為界，分別接管南北韓。一九四八年八月，美國扶植李承晚建立「大韓民國」；九月，蘇聯扶植金日成成立「朝鮮民主主義共和國」。

一九四九年六月，美軍撤出南韓後，金日成看到中共幾乎已席捲整個中國大陸，急於效尤，他向莫斯科表示武力統一半島的時機已到，請准南侵。史達林擔心美國的介入，否決了金日成的請求。

年底，毛澤東訪蘇，強硬要求蘇聯將長春鐵路和旅順、大連兩港在三年內歸還中國，破壞了史達林以旅順港作為遠東進出太平洋港口的戰略規劃。

恰在此時，美國突宣布臺灣和南韓不在美國協防範圍內，釋出放任中共攻臺、北韓南侵之「善意」。

史達林最不樂見就是中國統一，既然美國也棄守南韓，當可支援朝鮮南侵，以牽制中共犯臺，並奪取朝鮮半島元山、仁川、釜山和濟州島等港口，取代旅順港。

所以史達林於一九五〇年一月底電告金日成：「想對南朝鮮採取如此重大的舉措，是需要有充分準備的」，對於「朝鮮人民軍所需裝備、彈藥和技術器材」，決定「完全滿足你的這一請求」。還特別指示金日成：「這個問題應該始終是機密的。不應該把它告訴中國同志」。

金日成稍後於四月密訪蘇聯，史達林正式批准他南侵計畫。蘇聯的武器裝備也開始大規模地避開東北，從海上秘密運往朝鮮半島。

由於中共頻催交付所訂購武器，史達林認為既已批准金日成作戰計劃，就不再需要隱瞞中共。於是指示金日成於五月中密訪北京，向毛澤東面報詳情。史達林也再以電報確認此事。

毛澤東雖不認為此時是朝鮮發動戰爭的時機，但他對史達林已經核准的事也只能接受。毛對金日成說：本來想在佔領臺灣以後，支持朝鮮進攻南方，以便給予充分的援助。既然金日成決定現在就進攻，他表示同意，並願意提供幫助，如果美軍參戰，中共將會派軍隊幫助朝鮮。

金日成表示，美國人並未干涉中國的內戰，也就不會在朝鮮半島採取行動。金日成保證朝軍能夠依靠自己的力量解決朝鮮問題。

毛於是將共軍中的兩個朝鮮師，和其他朝鮮族部隊，連同裝備撥交金日成。這些部隊隨即成為朝軍主力，派駐三十八度線前沿。

一九五〇年六月二十五日，北朝軍以七個師八萬餘人之兵力，突襲南韓，南韓軍不堪一擊，僅三日漢城（今首爾）失守。

韓戰爆發，事前毛澤東毫無所悉，直到戰爭第三天，金日成才派一名低階校官到北京通報，毛十分不悅。

（二）聯軍逼近鴨綠江，毛出兵援朝抗美

漢城失守，美國突然驚醒，任令南韓淪共，將對日本和駐日美軍構成威脅，不符美國利益，下令美軍入韓參戰，並派第七艦隊進入臺灣海峽，遏制國共可能爆發之戰爭。

七月七日，聯合國安理會在蘇聯缺席下，通過成立以美軍為主之聯軍援韓。八月，北朝軍已攻抵朝鮮半島東南端的釜山至洛東江之環形防禦圈，攻勢才受阻。

毛澤東看出北朝軍後繼無力，他在政治局會議上說：「如美帝得勝，就會得意，就會威脅我，對朝不能不幫，必須幫，用志願軍形式」。

聯軍總司令麥克阿瑟於九月十五日從朝鮮半島西岸蜂腰部仁川，奇襲登陸，挺進漢城，切斷朝軍退路，迅速扭轉戰局。被壓縮在洛東江以東的美韓聯軍開始反攻，朝鮮軍腹背受敵潰退。

十月一日，聯軍越過三十八線北進，佔領北韓大部分地區，逼近中朝邊境。金日成已無力抵抗，向中蘇請求援助，蘇聯即施壓中共參戰。史達林承諾出動空軍協助共軍入朝作戰，和援助共

軍四十個師的武器裝備。

但史達林在中共同意參戰後，突然變卦表示：蘇聯空軍準備不及，決定暫時不出動，而且只能裝備共軍二十個師，也不希望中共「暫緩出兵」。

毛澤東雖不滿，但仍決心出兵入朝，重要因素是朝軍敗退，將會撤入中國，戰火也將延燒到東北境內。蘇聯如依同盟條約出兵，爆發美蘇戰爭，無論誰勝，東北勢將被美蘇之一方佔領，故必須將戰爭阻絕於國境外。

（三）聯軍與共軍五次戰役

毛澤東派彭德懷為援朝「志願軍」司令員，集結三十萬大軍（其後陸續增兵，最終達到一百九十萬人），於一九五〇年十月十九日晚，秘密越過鴨綠江入朝。十一月蘇聯空軍仍以中共志願軍名義參戰，米格機塗裝中共軍徽，飛行員穿著共軍軍服，但限定在中朝邊境上空與美軍機作戰，不得進入美軍控制空域和海上作戰，以免飛行員被俘洩露身分。

1. 第一次戰役

十月二十五日至十一月五日，援朝軍以優勢的兵力，攻擊接近鴨綠江的聯軍。因聯軍並無任何共軍渡過鴨綠江參戰的情報，措手不及，全面潰敗。四十萬韓軍在寒冬中撤退，又無給養，八萬韓軍凍死途中。

一九五〇年，朝鮮遭遇五十年來最冷的冬天，中共志願軍第九兵團原為福建準備攻臺部隊，抵東北時仍著夏裝，僅在入朝前發給棉衣棉褲，而無禦寒內衣，常有成建制的士兵凍死在陣地上或行軍途中。

一名美軍下士回憶說：曾在一場戰鬥中，小小的山頭上到處是死亡的中國士兵，大約有一兩百具屍體，很多士兵在美軍的空襲和炮擊前已經被凍死了。他們都是身著薄衣薄褲單鞋，沒有棉大衣，有些屍體三三兩兩抱在一起取暖。

一名中共二十七軍士兵回憶說：在一次戰鬥中，二十七軍第八十師第二四〇團第五衝鋒連全部凍死。另外二十軍大約一個連部隊，戴著大火鍋，拿毛巾把耳朵捂起來，穿著膠鞋和南方的棉衣，蹲在雪坑裡面，槍朝向公路。「我想去拉一拉，結果發現他們一個個都硬了，他們都活活凍死在那個地方了，一個連。」

2.第二次戰役

由於共軍均在夜間調動，又無龐大補給線，美軍空中偵察十分困難；而且共軍缺乏無線通信裝備，美軍也偵聽不到信息。此外，共軍在戰場上的謀略欺敵作為，常使美軍無法掌握志願軍的行動。

聯軍誤判共軍兵力不大，於是發動「聖誕節攻勢」，沿東西兩線向北進攻。志願軍採取「誘敵深入，尋機各個殲敵」的戰法，自十一月七日起分在東西兩線圍殲聯軍。聯軍突圍南撤，於十二月二十四日完全撤出北韓。

此役共軍以近十五萬兵力，包圍美軍兩萬人，卻讓美軍突圍而去，而共軍本身傷亡慘重，損失近九萬人。

3.第三次戰役

一九五〇年十二月三十一日，志願軍發起攻勢，聯軍全線敗退，棄守漢城，退至三十七度線附近。

共軍係以「人海戰術」對付美軍的火海，在奪取漢城時，付出巨大傷亡代價。據美軍文獻描述：共軍「好像對美軍熾烈的火網毫不在意，第一波倒下，第二波就跨過其屍體前進，還有第三、第四波繼續跟進。他們不怕死，堅持戰鬥到最後一個人的姿態，彷彿是殉教者。」

佔領漢城後，彭德懷疑聯軍是有計劃地南撤，企圖誘敵深入，重演仁川登陸故技，命令志願軍停止追擊。

4.第四次戰役

一九五一年一月二十五日，美軍發起「霹靂行動」，向志願軍全線反攻，壓迫共軍撤退到漢江以北。三、四月間，美軍再發動「撕裂者行動」，奪回漢城。

自此，聯軍開始掌握優勢，志願軍由於缺乏空軍掩護，整個戰線曝露於美軍的猛烈空襲之下，只能利用夜戰突擊。嚴苛的環境逼得彭德懷遄返北京報告，毛澤東指示：「朝鮮戰爭能速勝則速勝，不能速勝則緩勝，不要急於求成」。

5.第五次戰役

四月，共軍增援部隊陸續自國內抵達，志願軍總兵力首度超過聯軍。下旬，共軍再次向南攻擊，進抵漢城附近。五月中旬突破聯軍防線，重創韓軍。

這時美軍已掌握共軍的作戰規律，靜待志願軍的「禮拜進攻」（共軍因補給困難，戰前每人發給七天乾糧）糧盡後，利用高度機械化戰力和強大火力等優勢，於五月二十日大舉反攻，迫使共軍因飢餓無法發揮運動戰的特長，迅速堵住志願軍打開之缺口。

志願軍全線潰退，後撤約四十公里，才勉強阻止美軍的推進。最後雙方在三十八度線附近，陷入膠著。此役，共軍一萬七千人被俘，佔韓戰間共軍被俘人員百分之八十以上。

據曾是志願軍的作家劉家駒在《我經歷過的朝鮮戰爭》一書中說：「曾有三十六天軍隊糧彈雙斷，靠吃樹葉為生……還搶光老百姓東西、吃戰友死屍等」。

（四）麥帥被解職，史達林死，韓戰結束

在聯軍開始取得戰場優勢之際，杜魯門總統與聯軍統帥麥克阿瑟之間的矛盾日趨嚴重，麥帥是以軍事求勝為優先，杜魯門則從政治角度思考，避免戰事擴大。

一九五一年三月二十日，美國國務院將準備向中共提出談判之建議聲明通知麥帥，麥帥卻在

二十四日警告中共：「聯軍如果決定放棄努力把戰爭局限於北韓境內，而擴大我們的軍事行動到中國的沿海地區和內地基地，這將使中國遭受軍事上即將崩潰的危機」。

杜魯門認為麥帥「是對我作為總統和最高統帥而發布的命令的公然違抗」，「麥克阿瑟的舉動等於用最後通牒來威脅敵人，等於說盟國的全部優勢力量可以用來攻擊赤色中國」。

四月十日，杜魯門下令免去麥帥駐日聯合國軍、聯合國軍最高、美國遠東軍、遠東地區美陸軍等四個司令官職務，將「指揮權立即移交給李奇威將軍」。

被解職後的麥克阿瑟在全美受到英雄式的歡迎。四月十九日，麥克阿瑟在美國國會發表著名的〈老兵不死〉演講。

五月下旬，毛澤東主持對朝作戰檢討會議。聶榮臻回憶說：「把敵人趕出朝鮮北部的政治目的已經達到，停在三十八度線，也就是恢復戰前狀態，這樣各方面都好接受」。

六月三十日，聯軍提出停火建議，獲得中共的積極回應，雙方開始停戰談判。其後就在邊談邊打的情況下又進行兩場戰役：

1.上甘嶺戰役

一九五二年秋，美軍策劃「攤牌行動」，動用三個師兵力，奪取共軍控制的北韓江原道（今南韓東北部，東臨日本海）五聖山南麓的三角峰（上甘嶺）和「阻擊」棱線，爆發「上甘嶺戰役」（美韓稱：三角高地戰役）。

聯軍自十月十四日發起戰鬥，持續到十一月二十八日止，歷時四十六日，雙方反覆奪取陣地，均付出重大傷亡。截至當年年底，志願軍仍控制上甘嶺的全部區域，聯軍則奪取了「阻擊」棱線中除北部Y高地之外的所有區域。

戰役結束後，志願軍為奪取一處聯軍陣地（A高地），又發動四十多次攻擊，都未能成功，此後轉入守勢，退守五聖山，與聯軍脫離接觸。

2. 金城戰役

「金城戰役」是韓戰最後一場戰役。戰鬥自一九五三年七月十三日起至停戰協定簽字之（二十七）日止，歷時十五天。共軍集結六個軍二十四萬兵力、一千三百六十門火炮，攻擊江原道金城以南的韓軍四個師。

七月十四日凌晨，共軍一個營和一個偵察班的編隊，穿過韓軍炮火封鎖區，摧毀韓軍首都師（猛虎師）一個團的團部，被中共視為經典戰例，稱為「奇襲白虎團」。共軍戰線隨即向南擴張近兩百平方公里。

十六日，聯軍展開反攻，至二十七日止，雙方發生戰鬥一千餘次，聯軍奪回部分地區；共軍仍守住了百分之九十的地區。

3. 韓戰結束

一九五三年三月史達林去世後，停戰談判獲得迅速進展，並於七月二十七日在板門店由中、朝和聯軍三方代表簽訂《停戰協議》。

共軍在韓戰犧牲甚大，承認傷亡三十六萬六千人，其中十八萬三千一百零八名陣亡。被俘共軍兩萬餘人，在戰後遣返過程中，反共和親共戰俘在戰俘營中爆發血腥衝突。中共每天派人對拒絕遣返的戰俘逐一進行規勸返陸，仍有一萬四千兩百三十五人選擇投奔自由，並在一九五四年一月二十三日抵臺，此日後稱「一二三自由日」。而接受遣返大陸的戰俘僅六千六百七十三人，在文革時慘遭批鬥。

中共為韓戰付出了重大傷亡，還喪失攻臺時機，並與美國關係破裂，被國際長期孤立。韓戰也使美國認識到臺灣對牽制中共戰略地位的重要性，將臺灣重新納入其亞洲防禦體系。

事實上，蘇聯是韓戰最大贏家，身為聯合國常任理事國，蘇聯代表有權力完全否決聯軍出兵，但卻在表決關鍵時刻選擇缺席，讓美國得以組織聯軍干預韓戰，扭轉韓戰逆勢。而且北韓節節敗退，又給予蘇聯機會，迫使中共出兵援朝，顯然是藉盟軍強大火力削弱中共實力，以免養虎貽患。尤其，蘇聯成功地將美國的注意力和軍力牽制在東方，趁機在歐洲壯大，因而能在冷戰時期，與美國勢均力敵。

二、中印邊界戰爭

中印國界自古以來僅有傳統的習慣線。一九一四年，英國（印度殖民主）與西藏噶倫政府秘密簽訂《西姆拉條約》，將「麥克馬洪線」劃作印藏邊界線，把藏南九萬多平方公里的土地劃歸印度，但英印軍未敢公然進佔。

中印邊界線共有三段爭議地區。①東段：不丹以東，傳統習慣線以北，到「麥克馬洪線」以南；②西段：西藏阿里區與印度克什米爾邦（疆、藏、印交界）間；③中段：西藏阿里地區與印度間。

一九四七年印度脫離英國獨立，誇大「麥克馬洪線」係沿喜瑪拉雅山脈最高的山脊劃分中印邊界。一九五一年二月，印軍趁中共援朝作戰之機，佔領東段藏南達旺地區。一九五三年，印軍再向北擴張，進佔「麥克馬洪線」以南的西藏領土。即使在中段和西段，印度也進佔不少爭議領土。

一九五九年三月，西藏達賴喇嘛擔心被中共迫害，率家人、噶倫（西藏官府噶廈的長官）和藏軍等六百人趁夜逃離拉薩。月底逃抵印度，成立流亡政府，主張西藏獨立。中共指責印度企圖將西藏「置於印度勢力之下，成為它的保護國」。

中印關係惡化後，邊界緊張情勢隨之升高，中共開始在邊界修築工事。印軍亦增強邊境部署，並把已佔領的中印邊界東段及未佔領的西段阿克賽欽地區劃入印度版圖。

中印邊界地圖

圖片參考自：中央情報局，©
https://commons.wikimedia.org/w/index.php?curid=61370092

一九六〇年四月，周恩來訪印與印度總理尼赫魯會談，雙方同意舉行劃界會議，但多次會談均無結果。印軍反而不斷跨越「麥克馬洪線」，進入西藏山南地區（位於雅魯藏布江幹流中下游），建立哨所。雙方邊境小規模摩擦，愈演愈烈。

中共此時正面臨內外交迫困境：外交上，八二三砲戰後遭受到美國的軍事圍堵和中蘇關係急速惡化；內政上，三年大饑荒造成經濟蕭條，社會動盪不安，同時毛澤東與國家主席劉少奇間的矛盾也日趨嚴重；兩岸關係，國府積極號召大陸同胞揭竿起義，大陸也盛傳國軍即將反攻消息。

因此，毛澤東急於尋找一個出口，宣洩民憤，轉移民怨，遂將中印邊界衝突，抬上檯面。自一九六二年五月起，開始鼓吹民粹仇印，指責印度侵佔中國領土、支持西藏武裝叛亂、干涉中國內政，企圖把西藏從中國分裂出去等等。

九月下旬，《人民日報》發表〈是可忍，孰不可忍〉社論，嚴厲警告印度政府，立即從邊境撤軍，否則中方將使用武力驅逐。這代表中共已決心動武。尼赫魯誤判中共發動戰爭的決心，強硬回應：已下令印軍「解放我們的領土」，等同向中共宣戰。

中共西藏軍區即在錯那（鄰近不丹東北邊界）成立東段「前進指揮部」，南疆軍區也成立西段作戰指揮部。

恰在此時，美蘇爆發「古巴飛彈危機事件」，自十月十六日起至二十八日止，美蘇陷入冷戰以來最接近核戰的一次危機。中共抓住美蘇無暇他顧時機，立即發動中印邊界戰爭。

中印邊界戰爭歷時一個月，中共稱為「中印邊界自衛反擊戰」，印度則稱為「瓦弄之戰」。

（一）第一階段

一九六二年十月二十日黎明，西藏軍區東段指揮部和南疆軍區西段指揮部同時發起攻擊。東段作戰發生在克節朗地區，駐紮當地的印軍一個旅僅戰鬥約三十分鐘即敗退，共軍進佔藏南和達旺地區；西段，共軍驅離三十七處據點的印軍。

十月二十四日，中共提出停止衝突、重開談判、和平解決邊界問題等三建議，提議雙方從戰前邊境線各自後撤二十公里。印度拒絕接受，並在東線的藏南及達旺地區增兵。

但到二十八日，蘇聯從古巴撤除飛彈，美蘇危機解除，中印邊境戰爭也在同日結束。

（二）第二階段

十一月三日，美國緊急軍援的武器彈藥運抵印度，並承認麥克馬洪線為中印界線。印軍遂於十四日在東段瓦弄發動反攻。共軍則自十六日起，同時在東、西段對印軍發起反擊作戰。

東段共軍根據印軍部署，以一部兵力攻擊正面印軍，打其頭部，以一部兵力從兩翼夾擊，襲其腹部；以另一部兵力實施大迂迴，斷其退路。

共軍的迂迴部隊殲滅了印軍一個營，切斷印軍後路。印軍聞訊，全線崩潰。共軍立即發起總攻，右路共軍沿不丹國界進行迂迴穿插作戰，印軍兩個旅全部潰逃。共軍追擊敗逃印軍，直到中印傳統習慣邊界線為止。西段，共軍新疆邊防軍則佔領了印軍在班公錯地區（位於西藏和喀什米爾之間的一座湖泊）的據點。

十一月二十二日，中共軍隊已經擊潰邊界上所有印軍主力部隊，認為懲罰目的已達，主動宣佈停火，全線後撤至一九五九年中印雙方實際控制線（傳統線）以北二十公里處，並將繳獲的印軍武器和軍用物資交還印方。印軍無力反擊，只得接受了停火建議，結束戰爭。

（三）戰爭結束

共軍共殲滅印軍兩個旅，重創三個旅，俘虜和擊斃印軍旅長各一名，擊斃或俘敵八千七百餘人。共軍傷亡兩千四百餘人，無人被俘。

由於戰場位處高海拔地區，氣候惡劣，雙方都有後勤補給困難的問題。最終，中共僅佔領西線阿克賽欽地區。印度雖然敗，卻獲得「麥克馬洪線」以南中國固有的藏南和達旺領土，建立「阿魯納恰爾邦」，是實質的勝利者。

西方一位記者在所著《印度對華戰爭》一書中評論中共：「世界戰爭史上還從沒有過這樣的事情，勝利的一方在失敗者還沒有任何承諾的情況下，就單方面無條件撤軍，讓自己付出巨大代價得之不易的勝利成果化為烏有。」

共軍軍旅作家金輝在《西藏墨脫的誘惑》一書中說：「勝利者除了沒有失敗的名義，卻具備了失敗者的一切；失敗者除了沒有勝利的名義，卻得到了勝利者的一切」。但毛澤東達到了其轉移民怨的政治目的。

三、中蘇邊界衝突，蘇謀聯合臺美攻陸

（一）中蘇關係惡化

毛澤東說：「同蘇聯鬧翻是一九五八年，他們要在軍事上控制中國，我們不幹」。這年，毛澤東要求蘇聯實踐承諾，提供核武和核潛艦。赫魯雪夫則以在中國境內建立軍用長波電臺（用於與潛艇通訊）和合組「聯合艦隊」作為交換條件。毛同意合資共建長波電臺，但所有權屬於中國，被蘇拒絕；毛則認為合組聯合艦隊是蘇聯企圖軍事控制中國而堅拒。

同年八二三金門炮戰爆發後，赫魯雪夫於九月再訪北京，大肆批評中共，雙方關係繼續惡化。一九五九年七月，赫魯雪夫藉批評一九二〇年代列寧在農村推行「公社」的錯誤，諷刺中共人民公社的失敗，激怒毛澤東，使其批判赫魯雪夫為「現代修正主義」，蘇聯為「蘇修」。

一九六〇年五月，蘇聯擊落一架美國「U-2」高空偵察機，美蘇衝突一觸即發。但蘇聯認為如爆發世界大戰，核武會導致人類滅亡，使共產主義的勝利變成毫無意義，和平共處是唯一選項。毛澤東批評蘇聯軟弱，強調美帝侵略本質不改，新的世界大戰不可避免，滅亡的將是帝國主義。周恩來說：即使核武可能消滅三億中國人，仍會有三億人存活，而只會剩下「兩千萬美國人、五百萬英國人，和五千萬俄國人」。

一九六二年，古巴危機結束後，毛澤東批評赫魯雪夫屈服於美國壓力，已「從機會主義蛻變為投降主義」。蘇共則於一九六三年七月發表一封〈公開信〉，聲明中蘇已完全決裂。毛澤東則連發九篇〈九評蘇共〉的文章，兩黨交惡達到頂點。

一九六四年十月，勃列日涅夫發動政變，推翻赫魯雪夫政權，接任蘇共總書記。毛澤東派周恩來率代表團赴蘇祝賀，並瞭解蘇聯政治意向。

十一月七日，蘇國防部長馬利諾夫斯基在接待酒會上失言：「中蘇關係所以不好是因為赫魯雪夫和毛澤東關係不好，我們已經趕走了赫魯雪夫，你們也該趕走毛澤東」。周恩來當場抗議，並率團退席抗議。次日，勃列日涅夫親向周恩來道歉，但中共仍批判蘇聯執行「沒有赫魯雪夫的赫魯雪夫路線」。

隨著中蘇關係的不斷惡化，雙方在國境上的衝突事件也日益增多。到一九六九年止，中蘇邊境發生的各種邊境事件多達四千一百八十件，最嚴重的軍事衝突事件有珍寶島及新疆塔城衝突兩件。

（二）珍寶島軍事衝突

1. 邊界爭議由來

現中俄邊界新疆、外蒙、黑龍江以北的廣大西伯利亞土地，原屬中國領土。清初，俄軍越過烏拉山（裡海東，西伯利亞中部以西，南北向山脈）向東擴張，入侵中國領土。一六八五、一六八六年，清軍（康熙統一臺灣後，調赴西伯利亞防守的鄭軍）兩敗俄軍。俄軍乞降，雙方簽訂《尼布楚條約》，劃定以外興安嶺和額爾古納河（黑龍江北方東西向山脈，和黑龍江省西部中俄界河）為中俄國界，俄國承認黑龍江和烏蘇里江流域包括庫頁島在內的地區屬於中國領土。但戰敗的沙俄卻得到滿清原有的西伯利亞更廣袤的平原。

清末國力衰退，沙俄於一八五八年要挾清廷簽訂《璦琿條約》，劃黑龍江至松花江海口為中俄國界，於是黑龍江以北至外興安嶺，烏蘇里江以東至海之地盡歸俄國。

中蘇交惡後，中共提出中蘇重新談判邊界。但蘇聯不承認《璦琿條約》為不平等條約，堅持沙皇政府所佔領的中國領土「歷來屬於蘇聯」。

2.珍寶島戰役

珍寶島位於烏蘇里江之上，蘇聯以沙皇時期中俄未勘定劃分烏江河面水界，應將國界推到靠近中國的江邊，珍寶島應屬蘇聯所有。中共根據《中俄北京條約》和國際慣例主張，中俄國界線應在烏蘇里江主航道上，該島位在主航道以西靠近中國，應屬中國。

一九六七年至一九六九年初，雙方在珍寶島不斷發生巡邏隊衝突。這時，中共「文革」正陷入嚴重武鬥，社會動盪、經濟停滯，天怒人怨，加上政治上的殘酷鬥爭，政權危殆。因此毛澤東謀藉中蘇邊界衝突，煽起仇蘇民粹意識，轉移民憤，扭轉危機。乃策劃發動「珍寶島戰役」，但限定為「立足於小打」，規模控制在一定範圍內之「局部的邊界衝突」。

一九六九年三月二日蘇軍發現共軍進入珍寶島，以為僅是慣例騷擾行動，只派邊防巡邏隊驅逐，卻被共軍誘入伏擊圈攻擊，傷亡嚴重。

三月十五至十七日，蘇軍出動數十輛坦克、裝甲車和武裝部隊，進入珍寶島，與共軍一個團級部隊發生激烈戰鬥，雙方反覆奪島，八次易手。共軍擊斃蘇軍指揮官，擊毀一輛「T-62」坦克（現陳列北京軍博館）。最後蘇軍撤出珍寶島，退回烏蘇里江的東岸，共軍實際佔領該島。

直到一九九一年，蘇聯瓦解後，俄羅斯才承認珍寶島屬於中國。

（三）新疆塔城軍事衝突

北疆塔城軍分區之裕民縣邊界鐵列克提地區，一條寬數十公里的爭議地帶，中蘇均聲稱為其領土。而雙方邊防部隊巡邏路線幾乎重疊，致常有武裝對峙局面。

一九六九年三月珍寶島事件後，蘇軍決心尋機報復，並選擇在鐵列克提地區進行。八月十三日上午，共軍兩支巡邏隊在鐵列克提邊界分別巡邏，遭遇蘇軍三百餘人在坦克和炮火掩護下之突擊，並遭武裝直升機攻擊，其中一支共軍巡邏分隊二十八人，全員陣亡。

（四）蘇謀聯合臺美攻陸

1. 試圖說服國軍反攻大陸

中蘇交惡後，蘇聯對國府反攻大陸的「國光計劃」產生興趣，於一九六八年十月派遣密使維克多・路易士以英國《倫敦晚報》記者為掩護祕密來臺，向國府轉達蘇聯希望與國府聯合攻擊中國大陸的構想，但無結果。

珍寶島事件後，蘇聯於一九六九年四到六月間，再派路易士兩度來臺，提出：蘇聯急需國軍反攻大陸計劃、所需支援之武器種類和數量清單等。但表示武器不直接運臺，可在國軍反攻時運達登陸地點。同時在國軍登陸作戰期間，蘇軍將會在中蘇邊境製造衝突事件，牽制共軍。

路易士要求國府派人赴歐與蘇聯聯絡。但蘇聯堅持國府必須與蘇共扶植的「新中共」合作，蔣介石認為這將是歷史重演，不符合我光復大陸、重建政權的政策。且出於長期對蘇聯的不信任，拒絕與路易士進一步的談判。八月，路易士希望再與國府接觸，仍未為蔣接受。

2.謀聯美以核滅共，反助中美關係改善

毛澤東針對中蘇可能爆發戰爭，在一九六九年指示軍隊並號召全國「要準備打仗」。蘇聯則策劃對中共進行「外科手術式核打擊」，「一勞永逸地消除中國威脅」，並試圖說服美國共同對中共尚處於初階發展的核力量，予以摧毀性破壞。

但消息為美國《華盛頓郵報》披露。毛澤東說：「原子彈是紙老虎，沒有什麼可怕的，我的辦法是……來而不往非禮也，你想扔，我也準備扔，看誰能嚇住誰」。

美國政府也反對蘇聯對中共採取戰爭報復行動。尼克森總統在國防會議上說：「對於眼前這場中蘇一觸即發的戰爭，我們應當阻止」。如果中、蘇執意要打，美國將會被拖下水。他警告蘇聯：「如果聽任中國在一場中蘇戰爭中被摧毀，那是不符合美國國家利益的」。

不過，尼克森老謀深算，認為這是「聯中制蘇」千載難逢的機會。一九六九年十月，尼克森國家安全顧問季辛吉透過巴基斯坦秘密轉告中共：「美國有意與中共實現關係正常化」。

毛澤東當然樂於「聯美抗蘇」。一九七一年七月，季辛吉途經巴基斯坦，裝病成功密訪北京。十月，中共入聯取代我代表權後，美國也開始調整對臺政策。

一九七二年二月，尼克森訪問北京簽署《上海公報》，美國承諾：將逐步減少在臺美軍設施

和武裝力量。次年，雙方互在北京和華府設立辦事處。一九七九年元旦，美陸建立外交關係。

3. 中蘇邊界談判

中蘇邊界衝突後，蘇聯總理柯西金說：共軍部署重點不在邊界一線，而是縱深配備。如與中共開戰，勢必深入中國，將是一場曠日持久的戰爭。蘇聯的戰略重點在歐洲，與中共作戰，將削弱蘇聯與美國抗衡力量。

一九六九年九月，柯西金赴河內參加越共主席胡志明葬禮，回程時繞道北京，與周恩來在機場密晤，達成邊界暫維現狀，盡力防止武裝衝突。雙方同意舉行副外長級會議，解決邊界問題，並商定於十月二十日在北京舉行首次「邊界談判」。

中共擔心蘇聯藉談判專機飛北京機會，實際搭載突擊隊員突擊或投擲核彈，重演突擊捷克布拉格的戲碼。十月中旬共軍進入一級戰備，全國處於臨戰狀態。

雖然只是虛驚一場，但中蘇副外長邊界談判會議，並無結果，僅獲得蘇方保證不會對中國發動攻擊。此後雙方談判斷斷續續，始終缺乏實質進展。

四、懲越戰爭

（一）中越邊界和南海爭議緣由

中越邊界長達一千三百餘公里，歷史上未曾劃界。一八八七年，越南宗主國法國承認南海諸島不屬於越南（意屬中國）。二戰後，國軍於一九四六年收復南海諸島，並在西沙群島駐軍。一九五〇年國軍撤離西沙，南越政府趁機於一九五六、五八年佔領西沙甘泉島、琛航島。

中共不滿，於一九五八年九月聲明：包括西沙群島在內的南海島礁，均屬中國的領土。同時獲得北越「鄭重」承認中共對南海主權和領海的主張。

一九七三年，美國從越戰撤軍，南越接收部分美軍軍艦，開始在西沙海域驅趕中國漁民。中共海軍於一九七四年一月在西沙永樂群島與南越海軍爆發海戰，擊敗南越海軍，奪回諸島。

（二）懲越原因

中共與北越關係原本密切，曾大力援助北越南侵，但親密戰友最後成為讎敵，主因有：

1. 一九六五年二月，越共襲擊百居里美空軍基地，詹森總統下令參戰，越戰升級。蘇聯又要求中共派軍援越作戰，為中共拒絕，中越自此產生罅隙。
2. 一九七二年，中共邀尼克森總統訪京，越共認為遭到中共背叛，開始疏中傾蘇。一九七五年，越共統一全越後，總書記黎筍訪蘇，感謝戰時曾援助越共的蘇聯等八國，獨無中共。

3. 南越滅後，越共沒收華僑財產，驅離返陸。一九七八年五、六月間，中共兩艘輪船赴越撤僑，被禁靠岸，無功而返，中越關係更形惡化。

4. 一九七七年越共封閉中越鐵路，沿中越邊境部署火砲對準大陸。一九七八年越蘇簽訂《友好合作條約》，越共將中共視為「最直接危險的敵人」和「新的作戰對象」。並同意蘇聯使用金蘭灣海軍基地，中共認為蘇、越意圖形成南北夾擊中國。

5. 中越一九五〇年建交時，雙方同意尊重清、法簽訂的中越邊界線。但越戰結束後，越共入侵雲南文山地區，宣稱凡有木棉樹（越在公元前曾向漢朝進貢木棉樹種，被種在華南一帶繁殖）的地方都是越南領土；又以雲桂兩省壯族與越南京族為同一民族，凡是有壯族的地方都是越南領土，其疆域應北推至洞庭湖畔。此外，越共片面撕毀一九五八年承認南海諸島屬於中國的聲明，將南沙群島劃入版圖，並進佔六個島礁。

6. 越共為建立「印度支那聯邦」，於一九七五年援助寮共推翻皇室，建立共產政權，成為越共附庸；一九七八年十二月入侵柬埔寨，刻意選在一九七九年一月陸美建交當月，擊敗親中之「紅色高棉」政權，成立「柬埔寨人民共和國」。

（三）發動懲越戰爭

1. 戰前整備和向國際吹風

中共在越共侵柬之前曾警告：「忍耐是有限度的，越南當局以為我們軟弱可欺，乃是自欺欺人」。越共入侵柬埔寨後，中共決心對越南進行懲罰戰爭，中央軍委下令：廣州和昆明軍區於一九七九年二月上旬完成戰備；瀋陽、北京、蘭州及新疆四軍區進入臨戰狀態，防止蘇軍在北方可能採取的援越行動。

一九七九年一、二月間，鄧小平藉出訪美日，為懲越戰爭可能引起的國際衝擊預作消毒，並讓國際瞭解蘇聯在亞洲的霸權擴張與越共的代理人角色。

鄧小平在美時，兩度表示要教訓越南，鼓吹美歐日和中共應聯合對抗蘇聯的霸權；他回程途經日本時說：「有必要對越南加以制裁」。

鄧小平選擇戰前訪問美日，是學習毛澤東一九五八年「八二三砲擊金門」前，邀請赫魯雪夫訪北京，製造蘇聯支持炮擊金門之假象，暗示懲越戰爭同樣獲得美日的支持。

鄧小平返京後，中央軍委即於二月十二日下達《中越邊境自衛還擊作戰命令》。中共之所以選擇二月發動懲越戰爭，一因蘇聯正忙於準備三月初的大選，難以他顧；二因越南即將進入雨季，需把握乾季結束前，仍有利行軍作戰之有限時間內，迅速進行懲越戰爭，並及時撤軍。

2.懲越戰爭

一九七九年二月十六月，中共向越駐華大使強烈抗議越南侵犯中共領土；《人民日報》發表〈是可忍？孰不可忍——來自中越邊境的報告〉的社論（中印戰前也發表類似社論）；「新華社」譴責越南當局不斷侵犯領土，宣布共軍在忍無可忍的情況下，被迫奮起還擊。這些動作，代表中共懲越戰爭已成定局。

二月十七日，共軍以九個軍的二十九個步兵師、兩個炮兵師、三個高炮師，和其他各兵種部隊，約二十萬五千人，自西線雲南和東線廣西兩個作戰方向，在長約五百里的戰線上，對越發起攻擊。

越軍以八個步兵師、十餘個地方團、二十餘個獨立營及四個炮兵團應戰，參戰正規軍約在十萬人左右，此外還有武裝民兵配合作戰。

中共雖以二比一的優勢作戰，越軍卻有備而戰，開戰後的前四天，共軍遭到頑強抵抗，並因裝備及後勤補給缺失，攻勢未如預期順遂。

當時蘇軍在南海有巡洋艦、驅逐艦各一艘，和其他戰艦十一艘，並有軍事顧問團駐河內。但在中共發起戰爭後，美軍艦隊迅速向南海北部灣集結，使蘇聯認為中共懲越戰爭獲得美國的支持，並於三月四日宣布：「我們不準備作戰」。表明將不履行《蘇越友好合作條約》的義務，使越共極為震驚失望。

三月五日，共軍肅清諒山西南四一三高地的越軍，河內在望，中共即宣布獲得全面勝利，開始撤軍，結束為期十七日的懲越戰爭。

（四）戰爭曝露共軍缺失

鄧小平曾指責共軍「腫、散、驕、奢、惰」，以及幹部指揮與作戰能力不足的問題。他在懲越戰爭前說：「進行一次自衛反擊戰爭，也是一次練兵」，「出點小醜正可以摸清楚自己的實力，看看真槍真炮的戰場能不能禁得起考驗，需要改進軍事工作的哪個環節」。

懲越戰爭，中共付出昂貴代價，突顯共軍的嚴重缺失有下列狀況：

1. 共軍部隊已長期未打仗，領導幹部普遍軍事知識不足，作戰指揮能力薄弱。
2. 軍隊因無軍階制度，以致在散兵收攏重組隊伍時，無法立即建立領導指揮體系。
3. 缺少裝甲運兵車，步兵只得搭載在坦克車外前進，曝露在敵火中，傷亡頗大。
4. 使用之五十九和六十二式坦克裝甲脆弱，遭越軍火砲攻擊，損失甚大；五十六式半自動步槍在叢林戰和近戰中，火力不如越軍武器強大。

西方學者評論中共懲越戰爭是一次失敗的戰役：「共軍的優勢全因卡車與裝甲人員運輸車的缺乏而遭到抵消，在戰場上的聯絡也極為原始，甚至軍令必須靠傳令兵逐師傳達。因此在這場戰鬥中，解放軍陣亡兩萬六千人，負傷三萬七千人」。

共軍撤出越南後，中越邊境仍持續了十年「老山邊界戰爭」。一九八八年三月，共軍南海艦隊在赤瓜礁海戰中擊敗越共海軍，收復赤瓜、華陽、永暑、東門、渚碧、南薰等島礁。

一九八九年，越共從柬埔寨撤軍，中越邊境的戰事才逐漸減少。同年，中共因血腥鎮壓民運後，被國際孤立，與美國關係降至冰點。一九九一年蘇聯解體，越南失去了靠山。兩個同病相憐的國家，於十一月發表《聯合公報》，宣布中越關係正常化，結束了長達十三年的軍事衝突。

之後，雙方又先後簽署了《陸地邊界條約》和《北部灣海上邊界協定》，勘定兩國的陸地和部分海上邊界。但在西沙和南沙群島的海上領土爭議仍然沒有解決，齟齬不斷。

06 共軍體制改革與軍隊精簡

一、建政初期軍區劃分與調整

（一）六大軍區暨軍政委員會

中共建政後，毛澤東於一九五〇年將全國劃分為「六大軍區」，稱為「一級軍區」。但為「鎮壓」國軍遺留各地部隊和地方反共武力，故將軍區與行政區結合，採取黨政軍一體化的建制：

1. **華北人民政府**：主席董必武，軍區司令聶榮臻。轄河北、山西、平原（中共於一九四九年八月成立的省，轄魯西南、豫北、冀南銜接地區，一九五二年十二月撤銷）、察哈爾、綏遠五省，及北京、天津二市。
2. **東北軍政委員會**：主席兼軍區司令員高崗。轄遼東、遼西、吉林、黑龍江、松江、熱河六省。
3. **華東軍政委員會**：主席兼軍區（三野）司令員饒漱石。轄山東、浙江、福建三省，蘇北、蘇南、皖北、皖南四行政區，和上海、南京二市。

4.中南軍政委員會：主席兼軍區（四野）司令員林彪。轄河南、湖北、湖南、江西、廣東、廣西六省。

5.西北軍政委員會：主席兼軍區（一野）司令員彭德懷、政委習仲勛（習近平父）。轄陝西、甘肅、寧夏、青海、新疆五省。

6.西南軍政委員會：主席劉伯承、政委鄧小平、軍區（二野）司令賀龍。轄西康、雲南、貴州三省、川東、川西、川南、川北四行政區。

（二）毛澤東削藩奪權

毛澤東成立「六大區」後不久，對於各大區的領導人集黨政軍大權於一身，並擁有立法權，對中央的政策指令，未必照單全收，感到不滿。他批評這種中央與地方分權制度，為「分散主義」。毛藉口為充分發揮社會主義制度優越性，就必須加強中央集權，實現「全國一盤棋」。於是，他將各大區領導人調入中央任職，從地方收權。

一九五〇年七月，毛澤東先將西南大區劉伯承調離重慶到北京，籌建軍事學院。韓戰爆發後，毛澤東屬意林彪領軍援朝，林彪託病請辭，毛趁勢送林赴蘇治病，改派彭德懷為志願軍司令員，一舉剝奪中南和西北兩軍區軍頭的黨政軍大權。

一九五二年四月，毛澤東以中央政府已成立，名正言順撤銷「華北人民政府」，司令員聶榮臻出任代總參謀長，剝奪其軍權。

同年九月到一九五三年初春，毛澤東藉口第一個五年（一五）計劃即將施行，亟需人手，將西南局鄧小平、西北局習仲勳、東北局高崗、中南局鄧子恢、華東局饒漱石五人調入中央，削去五人之地方黨軍政大權，時稱「五馬進京」。

一九五三年二月，毛澤東撤銷各大區「軍政委員會」，改為「行政委員會」，徹底剝奪六大區軍權。

毛澤東深諳「帝王之學」，他對黨的副主席劉少奇和政務院總理周恩來，都擁有極大權力深感不安。尤其周恩來主張黨政分離，黨的政策必須交由政府執行，因此政務院各部門只會向周恩來報告，而不向毛請示。毛說：「什麼都是西花廳（周辦公處），哪有頤年堂（毛辦公處）」，「西花廳車水馬龍，頤年堂門可羅雀」。

毛澤東對劉、周的不滿，曾透露給高崗知道，並指示高崗籌建「國家計劃委員會」，位階與政務院平行，權位堪與劉、周抗衡，並由另外四「馬」兼任計委副主席。毛澤東還將劉少奇負責的財經委員會之部分工作和政務院八個工業部門，都劃歸國家計委領導，以壓縮劉、周二人權力，並藉高崗制衡二人。

但高、饒二人卻企圖鬥倒劉、周二人，取而代之，觸怒毛澤東而被鬥，高自殺，饒被關，此即著名的「高饒反黨事件」。

（三）十二大軍區

一九五五年一月，毛澤東在聽取描述美國氫彈巨大威力的簡報時表示：「如果再來一次戰爭，就算中國一國傷亡到第二次世界大戰的全部死傷人數，我們還有五億多人。美國想用恐怖嚇倒我們，但是嚇不倒我們」。

然而，中共仍被美蘇核武實力所震懾，總參謀長粟裕擔心在核威脅下，現有六大軍區轄區過大，縱深過長，戰時指揮不便的問題。他說：「（帝國主義者）可能利用『原子優勢』採取不宣而戰，對我進行閃擊」，因此建議重劃軍區。

二月，中共便將處於邊海防一線、戰略地位重要的省級軍區升格為大軍區，全國重劃為十二個大軍區：

1. 原東北軍區改稱瀋陽軍區。
2. 原軍區一分為二的有三個：華北軍區改稱北京軍區，所屬內蒙軍區升格為大軍區；華東軍區改稱南京軍區，所屬山東軍區升格為濟南軍區，作為戰略總預備隊；西北軍區改稱蘭州軍區，所屬新疆軍區升格為大軍區（一九七九年更名烏魯木齊軍區）。
3. 一分為三的有二個：中南軍區改稱廣州軍區，所屬河南、湖北軍區合併為武漢軍區，江西軍區劃歸南京軍區；西南軍區劃分為成都、昆明和西藏三個軍區。
4. 將原四級軍區體制，改為三級體制：軍區—省軍區—軍分區。

毛澤東把軍區縮小增多，也是為了防止出現「軍閥割據」情況。他說：「小了好聽話」。

（四）六〇年代的軍區增減

到六〇年代後期，又因邊防形勢的需要，再進行了三次小調整，由十二個大軍區增為十三個大軍區，為共軍史上軍區最多時期，然後再減為十一個大軍區：

1. 一九五六年，因華東戰場防禦正面過寬，並為加強福建前線對臺軍事鬥爭，將南京軍區所轄閩贛兩省軍區劃出，併為福州軍區。
2. 一九六七年，因中蘇關係嚴重惡化，為統一華北戰場作戰指揮，將內蒙軍區降為省軍區，劃歸北京軍區建制領導。
3. 一九六九年，為便於對西南邊防的支援，將西藏軍區改為省級軍區，劃歸成都軍區。

二、毛澤東的五次兵力精簡

第一次精簡

中共建政後，為減少軍費開支，毛澤東於一九五〇年四月決定裁軍，進行「第一次精簡」，全軍的總員額計劃從五百六十萬人，減至四百萬人。

但因同年六月韓戰爆發，共軍十月入朝作戰，停止裁軍，並再次擴軍。到一九五一年底，總兵力一度達到六百二十七萬人。

第二次精簡

朝鮮戰場形勢基本穩定後，毛澤東決定進行「第二次精簡」共軍，到一九五二年十月，共精簡十九個軍七十三個師近兩百萬人，員額壓縮到接近四百萬人。

第三次精簡

一九五四年二月至一九五五年底，精簡兵力五十萬人至三百五十萬人。

第四次精簡

一九五七年一月到一九五八年底，裁軍一百一十萬人，減至兩百四十萬人。增建海、空、公安、防空等軍種，及步、炮、裝甲、工程、通信、防化、運輸等兵種，形成五大軍種（含陸軍）和七大兵種。

第五次精簡

自一九六九年中蘇珍寶島之戰後，共軍兵員迅速膨脹，到一九七五年時總員額已達到六百一十萬八千人。毛澤東指示「軍隊要整頓」，鄧小平（軍委副主席兼總參謀長）決定三年內裁軍六十萬人。但因鄧小平著重發展經濟，力圖將文革打亂的社會拉回正軌。引起毛澤東懷疑是在否定「文革」，即於十一月發起「反擊右傾翻案風」政治鬥爭，並於一九七六年四月再次打倒鄧小平

（鄧第三次下臺），由鄧主導的第五次軍隊精簡任務遂告夭折。

三、毛後五次精簡和軍區調整

一九七五年九月，毛澤東過世，華國鋒接班，與軍委副主席葉劍英等聯合逮捕「四人幫」。一九七七年七月鄧小平第三度復出，仍任軍委副主席和總參謀長，恢復裁軍。其後在江澤民和胡錦濤時期，又進行兩次軍隊精簡任務。

（一）鄧小平三次精簡和七大軍區

第六次精簡

一九七七年底，鄧小平說：「我們軍隊的狀況，就是三種狀況：軟、懶、散；五個字：腫、散、驕、奢、惰」，「這麼龐大的指揮機構，指揮戰爭是要打敗仗的」。他指示全軍要繼續完成一九七五年規定的精簡整編任務。

但鄧在一九七九年二月發動「懲越戰爭」，兵力又擴張到六百零二萬四千萬人。戰後，鄧決心恢復軍隊精簡，自一九八〇年三月開始精簡，裁減至四百五十萬人。

第七次精簡

一九八二年，鄧小平再次精簡軍隊。到一九八四年底，全軍人數減少到四百萬人。

一九八三年，中共成立「國家軍委」，與中央軍委成為「一個機構，兩塊牌子」的黨國合一體制；中央軍委下設三大總部（總參謀部、總政治部、總後勤部，作為軍委辦事機構）；將炮兵、裝甲兵、工程兵等兵種司令部改為總參下轄的炮兵部、裝甲兵部、工程兵部；軍區直屬的炮兵、坦克和野戰工兵部隊，劃歸陸軍軍內建制；將鐵道兵併入鐵道部；撤銷基建工程兵；成立人民武裝警察部隊，大量裁減非作戰單位和人員。

第八次精簡

因第五、六、七次精簡整編，共軍都陷入「精簡—增編—再精簡—再增編」惡性循環模式，甚至增編大於精簡。此外，因東西冷戰趨於和緩，資訊化時代來臨，世界強國紛紛進行軍事事務革新。共軍意識到過去靠龐大人海作戰的時代已經過去，軍隊必須再精實。

鄧小平在一九八五年說：要從立足於「準備早打、大打、打核戰爭」的臨戰狀態，轉到和平時期建設的軌道上來，以阻止共軍再藉備戰擴編。並宣佈續裁軍一百萬。

從一九八五年到一九九〇年，軍隊由四百二十三萬八千人精簡至三百二十萬人，共裁減約一百零四萬人。

七大軍區

共軍第八次精簡時，同步對十一大軍區的戰役縱深太淺、獨立作戰能力弱、機構重疊、後方部署重複等缺失，進行軍區體制改革，縮減為七個大軍區。

除瀋陽、北京軍區不動外，福州軍區併回南京軍區；裁撤武漢軍區，分併入濟南和廣州軍區；昆明軍區併入成都軍區；烏魯木齊軍區改稱新疆軍區，併入蘭州軍區。七大軍區與中共建政初期的六大軍區相比，多一個濟南軍區（戰略總預備隊）。

各軍區下轄陸軍集團軍（由軍改編）、各兵種部隊、後勤保障部隊和省軍區、軍事院校等；各軍區內海空軍各軍種部隊受軍區和軍種領導機關的雙重領導；海軍編成北海、東海、南海三個艦隊；邊防部隊撥交武警；強化特種兵部隊，組建陸軍航空兵、海軍陸戰隊、電子對抗部隊等新兵種。

（二）江澤民、胡錦濤的二次精簡

第九次精簡

一九八九年江澤民出任總書記，兼中央軍委主席。次年，蘇聯解體和東歐遽變後，東西冷戰結束，世局走向「一超（美）多強（德英法中俄）」的格局。尤其一九九一年的海灣戰爭，以美軍為首的聯軍使用高科技武器投入實戰，輕易取得決定性勝利，重創伊拉克軍隊。

中共認為「高技術局部戰爭將成為未來局部戰爭的主要樣式」，中央軍委於是在一九九五年十二月提出軍隊建設「兩個根本性轉變」：逐步「由數量規模型向質量效能型、由人力密集型向科技密集型轉變」；把「軍事鬥爭準備上的轉變和軍隊建設上的轉變聯繫起來」。

因此，江澤民宣布在一九九九年底前完成裁軍五十萬人，總兵力目標降至兩百五十萬人（後來實際精減了七十萬人）。陸軍裁減的員額約四十萬人，兵力降為兩百萬人，部分精簡的員額，補充陸軍高技術兵種，如陸航、電子對抗、戰術導彈等部隊。

第十次精簡

二〇〇一和二〇〇三年的阿富汗、伊拉克戰爭，美軍領導的聯軍僅在一個月左右，即完成軍事任務，震驚中共，認識到世界軍事思想隨著資訊化科技發展的突飛猛進，也發生重大變化，戰爭形態已由機械化戰爭開始向資訊化戰爭轉變。

中共中央軍委針對此一情勢，提出新時期的軍事戰略方針為：把「軍事鬥爭準備的基點，放在打贏資訊化條件下的局部戰爭上」，「實現軍隊建設完成機械化和資訊化雙重歷史任務」。因此部隊必須再精實，節約軍費，投入資訊化建設。

二〇〇二年胡錦濤接任中共總書記，但江澤民仍把持軍委主席不放，江在次年九月宣佈再裁軍二十萬人。二〇〇四年九月胡錦濤正式接掌軍委主席，繼續執行裁軍，至二〇〇五年，將共軍員額減至兩百三十萬人。

07 習近平的強軍夢和軍改

一、黨政軍的關係

（一）中共堅持以黨領軍

中共《憲法》雖明訂國家軍委「領導全國武裝力量」，但中共堅持「解放軍是由中國共產黨一手創立的，只有中國共產黨才能指揮調動解放軍，黨中央軍事委員會為實際的最高軍事領導機構」。

中共為解決此一黨政矛盾，將黨與國兩個「中央軍委會」合署辦公，成為「一套人馬、一個機構、兩塊牌子」，統稱「中國共產黨和中華人民共和國中央軍事委員會」，黨在國之上。兩個軍委主席均由黨的總書記擔任。「中共中央軍委」負責軍事指揮；「國家中央軍委」在國務院下設「國防部」負責軍事管理、涉外工作。

因此只有中共黨員才能出任軍隊各級領導幹部，並且禁止其他任何黨派、政治團組在共軍中建立組織和發展成員。

但特殊情況下，非黨員和其他黨派黨員可出任少部分高階幹部，如叛亂期間國軍投共將領。

此舉也是為臺海如爆發戰爭，策反國軍領導幹部投共預留之統戰措施。

共軍各級軍事單位實行軍、黨兩套指揮系統。各級軍事單位均設首長或司令員，負責軍事指揮。團級以上單位設置黨委（政治委員）；營、連級單位黨委分別稱教導員和指導員，負責軍隊的思想和黨務工作。司令員與政委（後者包括營教導員和連指導員）並非上下級關係，而是並列關係，即「雙長制」，但分工不同。

（二）實際都是以軍掌權

中共黨內雖然強調黨的絕對領導權和「以黨領軍」。但毛澤東執迷「槍桿子裡出政權」，深知沒有「軍權」，「黨權」和「政權」都可能被架空。所以毛澤東從延安時期起，終其一生未放棄過軍權和黨權，始終都是以軍權支撐黨權，以黨權指揮政權。

文革結束，鄧小平打倒華國鋒取得軍委主席大權後，實際以軍權控制了黨政大權。為此他取消黨主席，改設總書記，直接「以軍領黨」、「以軍領政」，先後操縱胡耀邦、趙紫陽、江澤民三任總書記。只有在晚年因體弱多病，才將軍權形式上交給江澤民，但鄧在一九九七年二月死前，始終是實權掌握者。

江澤民原為上海市委書記，以地方諸侯入京，與軍隊素無淵源，只得靠大量拔擢將領，培植親信，逐步掌握了軍權。他在二〇〇二年胡錦濤接任總書記後，也來個東施效顰，把持軍權不放，直到二〇〇四年才在退役和部分現役高階將領聯合逼宮下，被迫交出軍委主席職權。

但江澤民老謀深算，在二〇〇二年卸任總書記和二〇〇四年交出軍權前，已精心安排心腹郭伯雄、徐才厚二人出任軍委副主席，有計劃的架空胡錦濤。

二〇一二年初，「新四人幫」（令計劃、周永康、薄熙來、徐才厚）企圖發動政變，阻止習近平接班（即：三一九政變）。十一月中共召開「十八大」，習近平接掌總書記，胡錦濤不願再蹈鄧、江覆轍，選擇「裸退」，一併交出軍權，讓習近平得以推動軍隊改革。

習近平為從江派將領手中奪回軍權，決心藉反腐整治軍隊。當時軍中貪腐成風，已「從根子上爛了」，尤其高層賣官鬻爵（如谷俊山賄賂徐才厚升任總後副部長和中將，任內光貪污的現金即達人民幣兩百多億），蔚然成風，嚴重腐蝕軍隊。

習除逮捕「新四人幫」和郭伯雄等五人（薄熙來是胡錦濤逮捕）外，並整肅了約一百六十名軍級以上貪腐將領，包括七名上將，才逐步鞏固軍權，順利推動「軍改」。

（三）習近平重申以黨領軍

習近平非軍人出身，要掌握軍權，則必須強調「以黨領軍」。所以他在二〇一六年二月成立五大戰區的授旗典禮上，特別要求「戰區要毫不動搖聽黨指揮，堅持黨對軍隊的絕對領導」，「不折不扣執行黨中央和中央軍委命令指示」。他在視導軍委各機關、各軍種和部隊時，也無不重申「黨指揮槍」的重要性。

二〇一七年七月三十日，共軍在內蒙「朱日和基地」舉行「建軍九十周年」和跨軍種聯合作戰大閱兵。這是繼一九八一年鄧小平在華北舉行的大演習閱兵（中共建政後規模最大的軍演，被視為鄧小平第三次復出後在軍中地位無可匹敵的象徵）後，再度於天安門以外的地區舉行閱兵。不但是中共建政後首次在「八一建軍節」進行閱兵，也是象徵習已掌握軍權。

中共歷次大閱兵幾乎都安排在建政日舉行，領導人身著中山服，以彰顯「黨指揮槍」的絕對原則。但習近平在「七三〇」大閱兵，不僅打破中共閱兵慣例，而且選在軍改後和「八一建軍節」前夕舉行，並穿上迷彩軍服檢閱部隊，突顯他是解放軍五軍統帥的身分，手握軍事實權，隱喻「槍桿子裡出政權」。他不忘宣示對「黨指揮槍」原則的堅持，要求軍隊要堅定不移「服從黨的絕對領導」，「永遠聽黨的話、跟黨走，黨指向哪裡、就打到哪裡」。

二〇二一年七月一日，習近平在紀念中共百年黨慶大會上總結「以史為鑑、開創未來」，強調「全面貫徹新時代黨的強軍思想，貫徹新時代軍事戰略方針，堅持黨對人民軍隊的絕對領導」。

同年十一月，中共「十九大」六中全會通過中共黨史上第三份「歷史決議」文件《關於黨的百年奮鬥重大成就和歷史經驗的決議》，以鞏固習近平的領導地位。文件仍強調「建設強大人民軍隊，首要的是毫不動搖堅持黨對人民軍隊絕對領導的根本原則和制度，堅持人民軍隊最高領導權和指揮權屬於黨中央和中央軍委，全面深入貫徹軍委主席負責制」。

該文件還披露：「有一個時期，人民軍隊黨的領導弱化問題突出」。這是指前軍委副主席郭伯雄、徐才厚架空胡錦濤和企圖政變阻止習近平接班事件。因此「如果不徹底解決，不僅影響戰鬥力，而且事關黨指揮槍這一重大政治原則。黨中央和中央軍委狠抓全面從嚴治軍，果斷決策整肅人民軍隊政治綱紀」，而且採取毛式的「以整風精神推進政治整訓，全面加強軍隊黨的領導和黨的建設，深入推進軍隊黨風廉政建設和反腐敗鬥爭，堅決查處郭伯雄、徐才厚、房峰輝、張陽（註：均上將級貪官）等嚴重違紀違法案件並徹底肅清其流毒影響」。

二、深化國防和軍隊改革

習近平上任後就強調「踏石有印，抓鐵有痕」。因此在二〇一三年十一月十八屆三中全會上正式提出「深化軍隊『體制編制』調整改革，推進軍隊『政策制度』調整改革」要求。二〇一四年三月，習近平成立「中央軍委深化國防和軍隊改革領導小組」，親任組長，並於二〇一五年七月提出《深化國防和軍隊改革實施方案》。九月三日，習近平在紀念「抗日戰爭暨世界反法西斯戰爭勝利七十周年大會」上，宣布裁軍三十萬人，正式啟動軍隊改革工作。

促使習近平推動「軍改」的內外因素為：

（一）內在因素

1. 強國、強軍夢

二〇一二年十一月，習近平上任後，首次視導廣州軍區部隊時說：「實現中華民族偉大復興，是中華民族近代以來最偉大的夢想。這個夢想是強國夢，對軍隊來說，也是強軍夢」，「必須堅持富國和強軍相統一，努力建設鞏固國防和強大軍隊」。

2.調整軍區幅員

共軍前七大軍區戰略，偏重區域性防衛固守。但在面對美國圍堵遏制戰略和強大軍事實力之威脅下，中共又感覺到現在軍區幅員變小了，縱深狹短，資源和動員能力不足，已難適應現代高科技戰爭的大寬度、大縱深、高強度的局部性戰爭，必須重劃軍區，進行戰略性的調整。

3.解放軍戰力脆弱

自懲越戰爭後，共軍又已數十年沒打過仗，共軍的實戰能力急遽弱化。中共軍報承認：二〇一四年五月來自七大軍區的七個旅，參與內蒙古「跨越二〇一四——朱日和」演習，與專業藍軍旅實兵對抗，結果藍軍全勝。

二〇一五年，共軍再派出二十九個陸軍旅，與藍軍旅進行實兵對抗，「紅軍」仍然全敗。習近平氣憤地說：「軍隊打不了仗、打不了勝仗」。所以軍改勢所必然。

（二）外在因素

1.面對地區的威脅

中共認為來自海上的威脅，遠大於過去陸地邊界的爭執。此種威脅有：第一島鏈的封鎖；南海島礁主權與各聲索國之間的爭議；美日安保同盟、駐韓日美軍、臺灣問題和美軍可能的干預；美軍在臺海、南海等國際水域的海空域巡弋行動等等，都旨在遏制中共向太平洋擴張。

美國前總統歐巴馬於二〇一一年提出重返亞洲的「再平衡戰略」，把戰略重心轉移到亞太。中共認為「在可預見的未來，世界大戰雖打不起來，但是霸權主義、強權政治和新干涉主義將有新的發展」，並感受到潛在局部戰爭的威脅。

2.保障「一帶一路」戰略成功

二〇一三年，習近平提出建設「陸上絲綢之路經濟帶」和「海上絲綢之路」，即所謂「一帶一路」戰略。為了保障「一帶一路」順利建設拓展，並突破美國的封鎖圍堵，勢須加速「軍改」，增強軍力不可。

3.打贏高科技條件下的現代化戰爭

以美軍為主的聯軍在歷次中東戰爭中，使用高科技武器和新的軍事戰略戰術，都迅速取得勝利，已改變現代戰爭的形態。中共瞭解到，想要打贏高科技條件下的現代化戰爭，就必須進行「軍改」，精簡機構和員額，節約經費，轉用在發展高科技軍武，以「適應國家安全形勢發展要求，不斷創新戰略指導和作戰思想，確保能打仗、打勝仗」。

三、軍改：軍委管總、戰區主戰、軍種主建

共軍《深化國防和軍隊改革方案》，係按照「軍委管總、戰區主戰、軍種主建」原則，強化軍委集中統一領導和戰略指揮、戰略管理功能，打破長期實行的總部、大軍區、大陸軍等體制，

重建新的軍隊領導管理和作戰指揮體制，並分成兩個階段進行：

（一）第一階段：「脖子以上」（領導層）的改革

從二〇一五年底到二〇一六年底，分三步走：

1.成立陸司、火箭軍、戰支部隊

A.成立「陸軍領導機構」，增設陸軍司令員和政委，正式揚棄大陸軍主義。

B.原「二炮部隊」正名為「火箭軍」，成為共軍第四個獨立軍種。

C.將各軍種和軍委機關的戰略支援力量，整編為「戰略支援部隊」，成為共軍第五個獨立軍種。

2.四總部分割為十六個職能部門

中央軍委機關調整為一廳六部四會三室一署一局等共十六個機構（請詳附件「中共中央軍事委員會暨全軍軍事機構組織」）：

A.將原軍委四總部體制改為「軍委機關多部門制」：成立「軍委辦公廳」、「聯合參謀部」（原總參謀部）、「政治工作部」（原總政治部）、「後勤保障部」（原總後勤部）、「裝備發展部」（原總裝備部）、「訓練管理部」、「國防動員部」、「紀律檢查委員會」、「政法委員會」、「科學技術委員會」、「戰略規劃辦公室」、「改革和編制辦公室」、「國際軍事合作辦公室」、「審計署」、「機關事務管理總局」等十五個職能部門，作為軍委集中領導的參謀機關、執行機關、服務機關。

B.二〇一七年，增設「軍事科學研究指導委員會」。

3.七大軍區調整為五大戰區

二〇一六年二月一日，撤銷七大軍區，成立東、南、西、北、中部等五個大戰區，建立「軍委—戰區—部隊」的作戰指揮體制。為求軍種平衡，各軍種將領均可出任戰區司令員及政委。

A.東部戰區：為五大戰區之首，取代原南京軍區，戰區機關（司令部）駐南京，指揮戰區內之陸海空三軍，主管上海、江蘇、浙江、福建、安徽、江西等六省市之兵力。戰略方向應對美日軍事威脅，負有遏制臺灣分離勢力，實現國家統一任務。東部戰區配備了中共二分之一的海軍，三分之一的空軍，四分之一的精銳陸軍之力量。

B.南部戰區：取代原廣州軍區，戰區機關駐廣州，主管雲南、貴州、湖南、廣東、廣西、海南、香港和澳門的兵力。戰略方向應對東南亞和大洋洲，重心在南海。由於美日等多國介入南海爭議，戰爭威脅最高，重要性僅次於東部戰區。

C.西部戰區：取代原成都軍區和蘭州軍區，戰區機關駐成都，主管新疆、西藏、青海、甘肅、寧夏、四川、重慶、雲南、貴州等九個省級地區兵力。戰略方向應對中印邊境之南亞和中亞國家，重心為「東突」與「藏獨」等勢力，並結合「一帶一路」策略，輻射亞歐陸地。

D.北部戰區：取代原瀋陽軍區、原北京軍區的內蒙古軍區，和濟南軍區的山東省軍區等部分，戰區機關駐瀋陽，主管遼寧、吉林、黑龍江、山東和內蒙古等五省的兵力。

戰略方向應對朝鮮半島、俄羅斯、蒙古。但因美軍掌控南韓軍隊，並部署薩德系統飛彈，對中共構成嚴重威脅，故朝鮮半島為北部戰區的重點作戰方向。

E.中部戰區：取代原北京軍區、原濟南軍區河南省軍區，戰區機關駐北京，主管北京、天津、河北、河南、山西、陝西和湖北的兵力。

首要任務是保衛首都安全，並為共軍總預備隊，向東南西北任何方向進行支援。

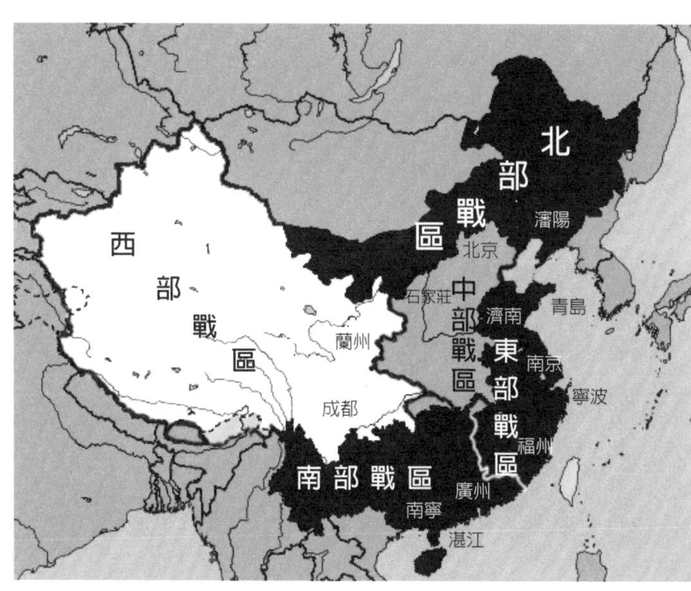

中共人民解放軍
五大戰區規劃
根據維基百科重繪

4.軍區改戰區的差異

A.「戰區」：戰區「聯合作戰指揮機構」，專司「主戰」，只負責對所有擔負戰區作戰任務的部隊之聯合訓練、演習、作戰等任務，完全從原軍區行政工作中抽離出來。戰區內之集團軍的建設管理，由新成立的陸軍領導機構負責領導；建設管理工作，則由各軍種依「軍委—軍種—部隊」之領導管理體系負責。

B.戰區縱深大，能跨兵種聯合作戰：「聯合作戰指揮部」下轄戰區軍種機關（陸、海、空和火箭軍等軍機關，西部戰區無海軍）以及「聯勤保障中心」，成為一個跨區兵種，具有能在戰區內遂行垂直與多相指揮和聯合作戰之功能。形成「平戰一體、常態運行、專司主營、精幹高效」的聯合作戰指揮體系。因而增強軍隊機動和聯合指揮作戰的能力，打贏現代化戰爭。

C.建立「海洋強國」戰略。共軍的「反介入／區域拒止」戰略，主要針對美日等國，故必須面對海洋。軍區改為戰區，並建設航母戰鬥群抗衡外軍，為中共「海洋強國」戰略重要環節。

（二）第二階段：「脖子以下」的改革

從二〇一六年十二月起進行：

1.調整軍隊規模比例

共軍總員額精簡三十萬人，降至兩百萬人。陸軍員額約九十一萬五千人。海軍員額增加為二十九萬餘人，陸軍多個師旅被完整撥交海軍；空軍員額三十九萬八千人；火箭軍員額增加為十五萬人；軍委機關、戰略支援部隊和後勤保障部隊等機構約二十三萬七千人。

2.調整作戰部隊編成

陸軍原十八個集團軍重組為十三個集團軍，番號自七十一至八十三，配置：東、北、中部三戰區各三個集團軍；南、西部二戰區各二個集團軍。

3.全面「師改旅」

各集團軍指揮層級由「軍─師─團─營」四級縮減為「軍─旅─營」三級體制。增加特種作戰、立體攻防、兩棲作戰、遠海防衛、戰略投送等新型作戰力量，從區域防衛型向全域作戰型轉變。

4.戰區海軍和火箭軍基地

北、東、南海三大艦隊分屬北、東、南部三大戰區。

戰區火箭軍基地分布：東部戰區六十一基地、南部戰區六十二、六十三基地、西部戰區六十四、六十七基地、北部戰區六十五基地、中部戰區六十六基地。

08 二〇一九年中共國防白皮書

中共國防白皮書，始自一九九五、一九九八年發表的《中國的軍備控制與裁軍》和《中國的國防》兩本白皮書，其後自二〇〇〇年起，隔年發表一本。但在二〇一二年因中共權力交接，延至二〇一三、二〇一五年各發表一本。二〇一七年又因推動軍隊改革，延期到軍改基本完成後，於二〇一九年七月發表《新時代的中國國防》白皮書，這也是最值得重視的一本白皮書，揭露了共軍新戰略等信息（此後迄二〇二二年止，未再有新的國防白皮書發表）。其重點歸納如下：

一、戰略思考

1. 中共建設同國際地位相稱的國防和軍隊，是共軍現代化建設的戰略任務。
2. 戰爭形態加速向信息化戰爭演變，智能化戰爭初現端倪。太空、網絡安全威脅日益顯現，中共須加快建設與網絡強國相適應的網絡空間防護力量，捍衛國家網絡主權。
3. 中共新時代的戰略目標：到二〇二〇年基本實現機械化，信息化建設取得重大進展，戰略能力有大的提升。力爭到二〇三五年基本實現國防和軍隊現代化，到本世紀中葉把軍隊全面建成世界一流軍隊。（二〇一七年中共十九大時，習近平又提出「讓解放軍成為世界一流軍隊」的軍事戰略目標，要在三個百年「二〇二一年建黨百年、二〇二七年建軍百年、二〇四九年建國百年」內實現）。

4.世界戰略重心向亞太地區轉移。中共按照不衝突、不對抗、相互尊重、合作共贏的原則，穩妥處理同美國的軍事關係，努力使兩軍關係成為兩國關係的穩定器。

5.國土安全存在陸地邊界爭議、島嶼領土和海洋劃界爭端。中共在南海島礁進行基礎設施建設，部署必要的防禦性力量，在東海釣魚島海域進行巡航。中共致力直接同有關的當事國通過談判協商解決爭議。

6.堅持「和平統一、一國兩制」方針，推動兩岸關係和平發展，反對一切分裂的圖謀和行徑，反對任何外國勢力干涉，反對美國售臺武器。不承諾放棄使用武力，保留採取一切必要措施的選項。如果有人要把臺灣從中國分裂出去，中共軍隊將不惜代價，捍衛統一。

二〇二〇年十一月，習近平宣布：中共已實現共軍二〇二〇年「基本機械化」目標；二〇二一年七月，他在建黨百年大會上說：共軍「已經完成了第一個（二〇二一年）百年的偉大事業，要繼續向下一個百年的偉大事業，透過建成社會主義現代化強國來實現中華民族偉大復興」。許多專家認為習的共軍下一個百年（二〇二七年）的「偉大事業」，是「統一臺灣」。

二、國防軍事戰略

（一）奉行防禦性國防政策，維護主權和領土完整

中共的國防建設和發展，著眼於滿足自身安全的需要，決不追逐霸權。堅持結伴不結盟，不參加任何軍事集團，反對侵略擴張，反對使用武力威脅。堅持自衛防禦核戰略，遏制他國對中國使用核武或核威脅。

（二）軍隊新時代的使命任務和戰略方針

1. 軍隊使命任務：鞏固黨的領導和社會主義制度；捍衛國家主權、統一、領土完整；維護國家海外利益；促進世界和平與發展等「四個戰略支撐」。
2. 軍事戰略方針：堅持防禦、自衛、後發制人原則，「人不犯我、我不犯人，人若犯我、我必犯人」、「遏制戰爭與打贏戰爭相統一」、「戰略上防禦與戰役戰鬥上進攻相統一」。

（三）重塑領導指揮體制

1. 建立「軍委—軍種—部隊」的領導管理體系、「軍委—戰區—部隊」的作戰指揮體系，和「需求—規劃—預算—執行—評估」的戰略管理鏈。

2. 思想政治建設放在軍隊建設首位：確立習近平強軍思想的指導地位，實行軍委主席負責制。
3. 建立現代化武器裝備體系。加大淘汰老舊裝備力度，逐步形成以高新技術裝備為主的武器裝備體系。

（四）開展軍事訓練

1. 陸軍實施「跨越」「火力」等實兵實裝實彈演習。
2. 海軍航母編隊在西太平洋海域開展遠海作戰演練，在南海和青島附近海空域組織「機動」系列實兵對抗演習。
3. 空軍加強全疆域訓練，組織南海戰巡、東海警巡、前出西太，常態化進行「紅劍」等系列體系對抗演習。
4. 火箭軍常態化開展「天劍」系列演習。
5. 戰略支援部隊融入聯合作戰體系，開展新型領域對抗演練和應急應戰訓練。
6. 聯勤保障部隊融入聯合作戰體系，組織「聯勤使命」系列演習演練。
7. 武警部隊實施「衛士」系列演習。

三、國防費保持穩定增長

中共國防費總額，自二〇一二至二〇一七年，從六千六百九十一·九二億元，增加到一萬零四百三十二·三七億元人民幣（二〇二二年已達到一兆四千五百萬億元，年增7.1%，是我國軍費的十七倍），規模世界第二，年均增長百分之九·四二。國防費平均佔中共國內生產總值百分之一·二八，佔國家財政支出百分之五·二六。

中共自二〇〇七年起，每年向聯合國提交上一財政年度國防費基本數據，按現役部隊、預備役部隊、民兵等類別，提出人員生活費、訓練維持費、裝備費三大類開支數額和國防費總額。國際長期質疑中共公開的「國防費」，只是國防預算一部分，許多重大經費隱藏在其他部門預算中。學者估計，中共實際國防預算應是公布的兩倍以上。

據中時電子報二〇二一年引述中共官媒報導：改造「遼寧號」航艦，耗資人民幣兩百億以上；自製航母「山東號」超過兩百四十億，艦載機「殲-15」每架四億；護衛艦隊驅逐艦每艘「054-A」十五億、「052-C」二十五億、「052-D」三十五億、「055」六十億；一支航母艦隊打造至少需五百億，兩支艦隊一千億人民幣。中共還正在興建有電磁彈射能力和核動力的新航母。

中共陸軍「99」式坦克造價每輛兩千三百萬人民幣，換裝一個裝甲師要兩百億人民幣；空軍戰機「殲-20」每架約人民幣八億，組建一個航空師至少需要兩百億。其他包括數千枚導彈和核彈頭的研製，正在研發的電磁砲、雷射武器等武器裝備，都需要天價的軍費支撐。這些裝備在後續數十年所必須的後勤補給和維修等經費，往往大幅超過武器本身的造價。

中共藉參加聯合國維和部隊，派遣海軍艦隊到亞丁灣護航，在東非吉布地興建海外基地；在北印度洋沿岸以資助方式修建或新建港口，建立與大陸內陸相通的運輸線，並讓中共艦艇停靠補給，突破美國在西太平洋的封鎖，所在均需龐大經費。

這些造艦造機和三軍換裝，以及導彈研發量產等費用，都十分鉅大，顯非中共公開的「國防費」所能容納。

中共軍制

09 陸軍

一、新時代陸軍戰略

軍改後，二〇一九年中共發布的《新時代的中國國防》白皮書明確了陸軍的戰略指導為：「按照機動作戰、立體攻防的戰略要求，加快實現區域防衛型向全域作戰型轉變，提高精確作戰、立體作戰、全域作戰、多能作戰、持續作戰能力，努力建設一支強大的現代化新型陸軍。」

二、陸軍體制改革

（一）成立陸軍領導機構

「軍改」前，陸軍係接受軍委四總部指揮，令出多門，故改革的重點是成立「陸軍領導機構」（陸軍參謀部），統一指揮。

（二）陸軍建制：戰區—集團軍—合成旅

1.各戰區陸軍集團軍

A.東部戰區陸軍（福建福州）：轄七十一（江蘇徐州）、七十二（浙江湖州）、七十三（福建廈門）三個集團軍。

B.南部戰區陸軍（廣西南寧）：轄七十四（廣東惠州）、七十五（雲南昆明）兩個集團軍，以及駐香港、澳門部隊。

C.西部戰區陸軍（甘肅蘭州）：轄七十六（青海西寧）、七十七（四川成都）兩個集團軍。

D.北部戰區陸軍（山東濟南）：轄七十八（哈爾濱）、七十九（遼寧遼陽）、八十（山東濰坊）三個集團軍。

E.中部戰區陸軍（河北石家莊）：轄八十一（河北張家口）、八十二（河北保定）、八十三（河南新鄉）三個集團軍。

2.直屬戰略省級軍區

新疆、西藏軍區和北京衛戍區因戰略地位特殊，由陸軍領導機構直接領導、管理。

A.新疆軍區（副戰區級）：駐地烏魯木齊，管轄新疆維吾爾族自治區和西藏西部阿里地區的軍務，下轄南疆軍區、北疆軍分區、烏魯木齊警備區和新疆生產建設兵團軍事部。

B.西藏軍區（副戰區級）：駐地拉薩，負責西藏自治區（不含阿里地區）防務。

C.北京衛戍區（正軍級）：屬省級軍區，隸屬陸軍領導機構，但受中央軍委直接指揮。平時拱衛首都安全；戰時負責北京國防動員、防禦外敵、反恐、鎮暴，和掩護中央機關轉移或撤離等任務。

（三）師改旅和犯臺主力部隊

共軍雖放棄大陸軍主義，但陸軍基本上仍是共軍的主力，由步、砲、裝甲、陸軍防空、陸航、工程、防化、通信等兵種和各種專業勤務部隊組成。部隊包括機動作戰部隊、警衛警備部隊、邊海防部隊和預備役部隊等。

共軍自一九七九年懲越戰役後，開始將一些乙級師改編為旅。一九九八年加快「師改旅」的腳步，將裝甲師全部改為裝甲旅，大量出現的機步旅、摩步旅。軍改後，共軍已將大部分的師改編為旅，僅保留少數的師。

共軍現有十三個集團軍，共編有十五個師、一百二十個旅（合成旅佔七十八個）。中共自稱：「陸軍集團軍已初步形成了地面突擊力量、火力打擊力量、作戰保障力量和後勤技術保障力量四個部分。」

共軍犯臺主力部隊為東部戰區七十二、七十三和南部戰區七十四等三個集團軍，各編裝有兩個重裝兩棲合成旅。

中部戰區第八十三集團軍第一六一旅和南部戰區第七十五集團軍第一二一旅為共軍兩支「空中突擊旅」。中共強調：以後戰爭首先是從空中突擊開始，一二一空突旅能在一個小時橫渡臺灣海峽，快速投送執行作戰任務，被稱為立體作戰的「尖刀」。

媒體報導：空突旅發動攻擊的典型戰法是：先由陸航十架「直-10」武裝直升機開道，掃清敵軍直升機、坦克裝甲車、堡壘等障礙，然後十八架「直-8B」運輸直升機在八架武裝直升機的掩護下，將兩個連兵力投入戰場。

一個空突旅下轄十個營，其中一、二、三營為突擊步兵營，一個偵察直升機營，兩個武裝直升機營，三個運輸直升機營，一個支援保障營。

一個空突「連」至少需要四架大型運輸直升機，一個空突「營」四連共需十六架，一個空突「旅」三營需四十八架大型運輸直升機，外加突擊車輛和火砲等裝備，以及武裝直升機，一個完整的空突「旅」，約需一百架（一說七十二架）各型直升機，亦即需要配屬二個陸航旅的直升機支援。

據二〇一八年媒體報導，中共陸軍目前共有約一千架直升機，大型運輸直升機約三百架。且因中共軍用直升機的產量低，「直-8」的年產量約僅二十五架，已造成共軍陸航發展的瓶頸，致使「空中突擊旅」迄今無法普及各戰區。但已列為陸軍的改革重點之一，計劃在東、西、北各戰區，能各組建一支空中突擊旅。

美國《防務博客》二〇二〇年十一月曾報導：中共向俄訂購一二一架「米-171」和安薩特直升

機，可能用於空突旅。其中「米-171」每架能載運一個排（「直-8B」為二十七名），「米-171E」可運載四噸重大型貨物；「米-171 Sh」除可用於空運突擊部隊外，並能執行對地攻擊和火力支援等任務。

三、師改旅以合成營為基礎戰術單位

共軍為實現軍隊「指揮扁平化、結構模塊化、裝備信息化」的作戰體系，以發揮部隊強大火力和突擊能力，因此全面推動數字化（即數位化）「合成旅」的建設。

每個集團軍有十二個旅，其中六個為「合成旅」，其他為炮兵旅、防空旅、特戰旅、工化旅、陸航旅、勤務支援旅各一個。但在二〇一八年有五個集團軍的「工化旅」分拆為「工兵旅」和「防化旅」，如中部戰區八十二軍。

「合成旅」分為重型、中型和輕型三種，每旅有九個營，其中四個為「合成營」，其他為炮兵營、防空營、作戰支援營、勤務保障營、偵察營各一個。

1. 「重型合成旅」裝備主戰坦克和履帶式步兵戰車，包括八十輛「99A」式主戰坦克、一百二十輛「04A」式步兵戰車。
2. 「中型合成旅」以六或八輪步戰車裝備為主。
3. 「輕型合成旅」以「猛士三」突擊車（高機動越野車）裝備為主，包括輕型高機動旅（猛士旅，如八十集團軍）、山地步兵旅（如七十七集團軍）和空中突擊旅等三個亞種。

據中共二〇一九年《國防白皮書》稱：「數字化『合成旅』」是新型陸軍建設成果的一個縮影。中共計劃「在不久的將來，一支高效精幹、反應快速、攻防兼備的數字化陸軍，將成為國防安全堅不可摧的重要屏障」之「旅—營—連」三級體制。

共軍稱重型「合成旅」的軟體，配備有高效「先進」的指揮自動化系統、野戰地域網通信系統、數位化通信裝備，以及無人偵察機、雷達電子偵察車等新型偵察設備，能大幅提升戰場實時感知的範圍，將戰場態勢直接標註在數位作戰地圖上，即時分享到每一個終端，作戰指令可直達單車、單兵。指揮員在指揮車內對每個戰鬥單元在整個戰場上的分布情況和運動情況能夠一目了然。每個戰鬥單元之間，也能夠互聯互通、共享信息。全旅所有戰鬥單元的火力、機動力、防護力、保障力因而得以提高。

「師改旅」後，以「營」作為陸軍基礎戰術單位、陸上聯合作戰的基本合成單位、陸上獨立作戰基本戰術分隊，和模組化作戰編組的標準元件。

每旅所屬砲、防、戰支、勤保、偵察等五個營，每營下轄五到七個連。

共軍認為現代陸戰的關鍵之一是「步坦協同」，步兵與坦克通過有效協同形成一個有機整體，相互掩護支援，以解決以往單一兵種的營，在臨戰時增加配屬其它兵種分隊時，經常出現指揮協調不暢的問題。

四、合成營增設參謀組和潛存兩大問題

每個「合成營」有六個連的作戰單位，其編裝如次：

1. 重型合成營：戰車連和裝步連各兩個，火力連和支援保障連各一個，轄修理、運輸、工化、醫護等排。
2. 中型兩棲合成營：裝步連三個，突擊車連、火力連、支援保障連各一個。
3. 輕型合成營：裝步連三個，輕型突擊車連、火力連、支援保障連各一個。
4. 合成營下另有偵察排和營警衛班。

「合成營」幾乎囊括了陸軍的所有基礎兵種，在營級就解決了步坦協同、步炮協同、破障開路等問題，形成多兵種協同作戰格局。中共計劃再增加指揮車、雷達偵查車、光學偵查車等車輛，以強化偵搜情報及抗干擾能力。

「合成營」還加強與陸航、空軍、特戰部隊、電子對抗部隊的聯繫。通過北斗終端、數位化行動網路設備的裝備，可以及時呼叫陸航武裝直升機、空軍戰轟機對敵發動空襲，電子對抗部隊對敵方地域實施通訊干擾壓制。

以往共軍步兵營、坦克營（戰車營）的營部只有營長、教導員、副營長、軍醫、文書、通信員等數人，無法指揮新型「合成營」十多個兵種聯合作戰，故增設參謀組（設參謀長一人，和情報、作戰、火力、戰勤等四個參謀），協助營長指揮作戰。

但中共「合成營」潛存有兩大問題：

1. **指揮人才不足**。「合成營」領導幹部，需要掌握步、坦克（戰車）、砲、工、防化、電子、偵察等十餘個兵種專業知識和技能。目前這種熟悉多兵種知識和戰術的人才嚴重不足，但一旦培養完成，合成營戰力將可發揮。

2. **兵種間磨合不夠**。各大戰區的「合成營」目前仍處於探索階段，各兵種之間如平時磨合不夠，演習時更容易出現種種不協調問題，暴露基層指揮員聯合作戰意識不強、新型作戰力量之間協同不夠等問題。

10 海軍

一、新時代海軍戰略

中共二〇一九年《新時代的中國國防》白皮書，將海軍戰略明確訂定：「按照近海防禦、遠海防衛的戰略要求，加快推進近海防禦型向遠海防衛型轉變，提高戰略威懾與反擊、海上機動作戰、海上聯合作戰、綜合防禦作戰和綜合保障能力，努力建設一支強大的現代化海軍」。

二、海軍建制改革

（一）參謀部五大兵種三大艦隊

原海軍司令部於二〇一六年撤銷，改組為海軍參謀部。平時實行作戰指揮與建設管理合一的領導體制。

海軍五大兵種為水面艦艇部隊、潛艦部隊、航空兵、陸戰隊、岸防部隊，約二十九萬餘人。

海軍下轄南、東、北部三戰區海軍，但提到海上戰役力量時仍維持南海、東海、北海三大艦隊稱呼。戰區海軍下轄基地、潛艦支隊、水面艦艇支隊、航空兵旅等部隊。

水面艦艇部隊分戰鬥艦艇部隊和勤務艦船部隊，主要船艦為航母、驅逐艦、護衛艦、導彈艦、掃雷艦、登陸艦和勤務艦船等，擔負海上反艦、反潛、防空、水雷戰和對岸攻擊等任務。

潛艦部隊裝備分戰略導彈核潛艦、攻擊核潛艦和常規動力潛艦等，配置潛艦基地、潛艦支隊，擔負水下攻擊和核反擊任務。

負責戰略核反擊任務的核潛艦部隊，直接由中央軍委指揮。

海軍航空兵部隊編有航空兵旅，主要由轟炸、殲轟、強擊、殲擊、反潛、偵察等航空兵部隊和警戒、電子對抗、運輸、救護、空中加油等保障部（分）隊組成，裝備轟炸機、殲轟機、殲擊機、偵察機、巡邏機和直升機等，編制序列為：航空兵部、艦隊航空兵、航空兵旅、團。

海軍陸戰隊編有陸戰旅，由陸戰步兵、兩棲裝甲兵、砲兵、工程兵、兩棲偵察兵及防化、通信等部（分）隊組成，是實施兩棲作戰的快速突擊力量。中共海軍陸戰隊共有七個旅（六個陸戰隊旅，一個陸戰隊特種作戰旅），總兵力四萬餘人。

海軍岸防部隊主要由岸艦導彈兵、高射砲兵、海岸砲兵等組成，編有岸導團、高砲團等。

（二）海軍實力評估

中共海軍研製艦艇政策是「建造一代、研製一代、預研一代」，為積極擴張海軍兵力，在二〇一〇年代幾乎每個月都有新艦下水，陸媒稱之為「下餃子」。

二〇二一年六月美國防部公布之《中共軍力報告》稱：中共海軍擁有大約三百五十艘戰艦，

包括兩艘航母、075型兩棲艦（三艘）、六艘核動力彈道導彈潛艦（現實有七艘）、六艘核動力攻擊潛艦（現實有九艘）、四十六艘柴油動力攻擊潛艦（中共資料五十六艘），和052D型驅逐艦和054A型護衛艦，能進行區域防空和反艦作戰，其它較小的戰鬥艦如056型護衛艦，僅在海岸附近作戰。

但據美國海軍情報局（ONI）推估：到二〇四〇年，中共至少將新增四艘航母、六艘彈道導彈潛艦、十艘核動力潛艦，只有傳統柴電型潛艦會減少一艘。在海面上，巡洋艦（指「055」型導驅艦）和驅逐艦合計增加三十九艘，巡防艦和巡邏艦新增三十八艘，各型兩棲攻擊艦增加十三艘。

據ONI分析：美軍驅逐艦、巡洋艦噸位數仍大於中共，並有超過九千個艦載垂直導彈發射筒，中共僅有約一千個，代表美國的艦射導彈能力大幅領先。而且美國的五十艘攻擊潛艦全是核動力，中共僅有七艘為核動力。美國還擁有由十一艘核動力航空母艦組成的戰鬥群，中共目前僅有兩艘航艦。

（三）三大艦隊

中共將海軍三大艦隊機關改組為南、東、北部三戰區海軍領導機關，至於中部戰區雖也瀕臨渤海，但不設海軍領導機關，不配屬海軍部隊，僅派駐海軍幹部。另在北京、天津、河北、山西、陝西、河南和湖北等地設有海軍單位。

1.南部戰區海軍

機關駐湛江。防區：北至臺灣海峽（廣東南澳島至臺灣貓鼻頭連線），南至曾母暗沙包括西、中、南等三沙群島，東至第一島鏈之海域。為三大艦隊之中，防禦海域最大、實力最強的艦隊。

南海艦隊主要作戰任務：重點針對南海、西印度洋，實行壓制和反偵查任務。為配合向南太平洋的發展，相信已將大洋洲納在任務內。

2.東部戰區海軍

機關駐寧波。防區：自臺灣海峽南端（銜接南艦防區）以北、連雲港以南的東海和黃海海域。

作戰任務按優先級分為：（一）重點針對美軍駐沖繩的海軍空軍基地，平時實行壓制和反偵察任務，戰時摧毀其作戰裝備；（二）針對日本海上自衛隊，對東海，尤其是對釣魚島及其附屬島嶼的主權維護；（三）對臺灣警戒和作戰。

3.北部戰區海軍

機關駐青島。防區：連雲港以北黃海和渤海灣水域。

任務：保衛首都地區的安全，警戒周邊地區對大陸的海上威脅。負責監視美日佐世保和沖繩海空軍基地，監偵美日海軍在北緯二十度到三十度的西太平洋上進行的所有軍事演習，並在臺海發生戰爭時，策應東海艦隊，阻止美日海軍的介入和干預。

（四）海軍航空兵

海航共有九個航空兵師，現有人員約兩萬五千人和各種飛機七百餘架。並因航母艦載機之需要，又成立海軍艦載航空兵第一、二聯隊，分別配屬遼寧艦和山東艦，第三聯隊估計將在二〇二四年以前成立，配屬福建艦。

1. 北部戰區海軍航空兵，青島市，轄海航二、七師、海航五旅、艦載航空兵第一聯隊。
2. 東部戰區海軍航空兵，寧波市，轄海航一師、海航四、六旅。
3. 南部戰區海軍航空兵，海口市，下轄海航三師、海航八、九旅、海航二十三團、艦載航空兵第二聯隊。

（五）海軍陸戰隊

中共在二〇一六年軍改前，海軍陸戰隊僅有第一和一六四兩個旅，各約四千五百人，均隸屬於南海艦隊。軍改後，共軍成立海軍陸戰隊領導機構，駐廣東潮州，歸海軍參謀部直接指揮。為擴建海陸部隊，中共已撥調陸軍部隊增編四個海軍陸戰旅，分別配屬東海和北海艦隊。目前中共海軍陸戰隊兵力，估計在四到五萬人。

1. 南海艦隊：陸戰第一旅、第二旅（原一六四旅），駐廣東湛江。兩旅各有一個兩棲偵察隊，屬特戰部隊。

2.東海艦隊：陸戰第三旅（駐福建晉江，原福建省軍區海防一三師）、第四旅（駐廣東揭陽，原上海警備區海防二旅）。

3.北海艦隊：陸戰第五旅（駐山東嶗山，原青島警備區海防第八團）、第六旅（駐山東海陽，原陸軍二十六集團軍摩步七十七旅）。

4.特種作戰旅（蛟龍突擊隊）：駐海南三亞，前身為海軍特戰團，兵員三千餘人，下轄：三個作戰營、一個特種偵察營、無人機大隊、特種技術隊、旅部直屬保障分隊和火力支援分隊。

5.陸戰隊直屬部隊：航空兵旅、工程防化旅、砲兵旅、勤務支援旅。

軍改後，陸戰旅也轉化為聯兵旅，各旅員額增加為六千餘人，下轄：三個陸戰合成營（每營轄三個陸戰連，和突擊砲車連、砲兵連各一個），和空中突擊營、砲兵營、防空營、作戰支援營、勤務保障營、偵察營（非每個陸戰旅均配屬）各一個。旅直屬連有直升機分隊、教導隊、汽車連、衛生隊各一個。

配屬東部和南部戰區的各兩個海軍陸戰隊旅，據中共軍事專家透露，將是未來在攻臺作戰的開路先鋒，為陸軍登陸部隊掃除沿海及灘岸障礙。這四個旅曾以分隊編組方式，分批參與亞丁灣護航任務，已有數十批次具有與海盜戰鬥、執行營救任務之經歷。

三、中共海軍戰略演變

（一）近岸防禦

一九四九年四月，中共成立海軍，因原國軍投共和遺留之軍艦，多為江河型或近海海防艦艇，故中共海軍初期戰略只能「近岸防禦」。

自兩岸分治後，國軍掌握臺海優勢，曾封鎖臺灣海峽長達三十年之久。中共在北方造船廠所造之軍艦，無法撥交南海艦隊。直到一九七〇年代末，才以繞行太平洋方式，建立遠距南北航線，並在廣州建廠（現「廣船國際」）造艦，解決此一困境。

此時期中共的安全威脅主要來自北方，如韓戰、中蘇關係惡化等。海軍建設也因此而重北輕南，艦艇優先配置北海艦隊，形成北強南弱的局面。

（二）近海防禦

一九七九年中共因「懲越戰爭」的慘勝，促使建軍思想發生變化。鄧小平認為：與鄰國為了疆界、領土、領海爭議而發生區域性有限戰爭機率仍高，必須發展在離開國土和遠離海岸的海域上戰勝敵軍的戰略和高科技武器。並強調：「我們在太平洋應該有發言權」。

因此，劉華清於一九八二年八月出任海軍司令員後，將海軍的戰略從「近岸防禦」向「近海防禦」修改，並規劃海軍戰略遠景，採取「三步走」的策略：

1. 在二十一世紀初，將海軍的防禦範圍，從兩百海浬擴展到臺灣東部、太平洋東北部、南沙等第一島鏈以外。
2. 逐步將海軍建設為一支噸位更大、能在近海活動的水面艦艇部隊，以維護黃、東、南海水域的安全，以嚇阻現代化的敵人介入區域衝突。
3. 到二〇二〇年前後，由第一島鏈外擴到太平洋北部群島，控制第二島鏈；到二〇五〇年左右能夠「全球行走」。

這三步到二〇二一年止，已基本達成第一、二步。而且自二〇〇八年起的亞丁灣護航，開始派軍艦進入印度洋，並沿路建立珍珠鏈港口，以突破麻六甲困境。同時，自二〇一三年起，突破第一島鏈，進入西太平洋進行遠航訓練。二〇二一年起開始在日本南部、臺灣東部的菲律賓海域進行海空聯合軍事演習。

（三）遠海防衛

二〇一二年十一月，中共在「十八大」會議上，提出建立「海洋強國」戰略目標，中共海洋戰略再次出現改變。次年三月，習近平在「人大」闡述「中國夢」就是「海洋強國夢」。十一月，中共三中全會確立陸權與海權並重的戰略方針。

二〇一四年，習近平再提出「一帶一路」戰略佈局，建立海上絲路，並在南海島礁積極填海造陸，興建軍事基地，以及取得北印度洋重要港口之使用權，串聯成「珍珠鏈」戰略佈署，曝露中共積極經略印度洋之企圖。

此一戰略佈局，除經海上向南向西拓展海洋戰略空間外，也同時建立經由陸路南下，通過東南亞、南亞各國進入印度洋，打破美國在太平洋第一島鏈和麻六甲海峽困境的封鎖格局。

中共二〇一五年的《中國的軍事戰略》國防白皮書指出：中共必須拋棄「重陸地輕海洋」的思維，「積極防禦戰略思想是中共軍事戰略思想的基本點，做好海上軍事鬥爭和軍事鬥爭準備」。

故到二〇一九年時，將海軍戰略確定為：「按照近海防禦、遠海防衛的戰略要求，加快推進近海防禦型向遠海防衛型轉變」。

(四)大洋存在、兩極拓展

二〇一七年中共突自稱為「近北極國家」，將北極海路納入其「一帶一路」戰略布局。二〇一八年，大連海軍學院證實中共海軍的戰略已調整為：「近海防禦，遠海防衛，大洋存在，兩極拓展」。

中共國防大學同年出版《極地戰略問題研究》一書稱：「北極通道將日益成為中國海軍作業的重要領域。一旦中國軍隊在該地區的存在正常化，將可與美國和俄羅斯抗爭。」

中共「中國船舶工業總公司」七〇一研究所也於二〇一九年討論計劃中的核動力破冰船時透

露：「我們的國家戰略：一方面是兩極的戰略地位；另一方面是拓展到兩極」。

美國海軍戰爭學院中國海事研究所引據中共資訊，指出中共海軍進入北極的任務為：

1.保護中共在北冰洋的海洋權益。中共國防大學二〇一五年版的《軍事戰略科學》稱：「兩極已經成為中國國家利益向海外擴展，向新的和遙遠的邊疆發展的重要方向」。並修入《國安法》：堅持「維護國家在外空間、國際海床領域和極地地區的活動、資產和其它利益的安全」。

2.進行核威懾巡邏，確保二次打擊能力。中共《軍事戰略科學》描述北極為「戰略核潛艦的理想藏身之處」，北極惡劣的天氣和厚冰層，可提供彈道導彈潛艦隱身作戰、提高生存和二次攻擊能力、提高進攻的突然性，將「增加對手的戰略預警難度」，「減輕美國導彈防禦系統帶來的戰略壓力。」

二〇一九年五月，美國國務院否認中共是「近北極國家」，表示「只有北極國家和非北極國家，沒有第三種」。同月，美國防部發表《中共軍力報告》即警示：中共「可能把包括潛艦等部署到北極地區，以嚇阻對手的核攻擊」。

中共曾在二〇一四年發表〈北極水下聲學：海洋聲學中一個具有吸引力的新課題〉一文表示：進行北極聲學研究「是確保我國海軍在未來的北極移動作戰中，獲得信息優勢的主要能力要求，也是潛艦進行核威懾巡邏並確保我們的戰船航行安全的重要基礎研究要求」。

美國海軍部二〇二一年一月發表《藍色北極》戰略文件指出：北冰洋融冰加速，導致區域航道逐漸成形，將可連結歐、美、亞三大洲近全球百分之七十五人口。北極將成為未來兵家必爭之地。所以，中共海軍未來向北極積極發展是必然趨勢。

四、海軍戰略規劃

（一）突穿第一島鏈，繞臺巡航威懾

1. 美國太平洋多重鎖鏈圍堵政策

韓戰爆發後，美國為封鎖中、蘇共向太平洋擴張，決定利用西太平洋海域中各島群的戰略地理位置，建立起「多重鎖鏈」的圍堵網。這是美國「拒敵境外」戰略一環，共分三層島鏈。

「第一島鏈」一般指北起日本群島、琉球群島，中接臺灣，南至菲律賓、大巽他群島的一條鏈帶島嶼和海域。南韓偶爾亦被視為島鏈的一部份。

但美國國防部的定義，則是北起千島群島，往南經臺灣，到婆羅洲島，包括黃海、東海、與南海的西太平洋海域形成「第一島鏈」，將中國大陸和沿海，封鎖如同內陸和內海國家。

臺灣居於第一島鏈的中央關鍵戰略位置，中共四大外貿航線中有三條（上海、青島、大連往南航線）需經過臺灣海峽，故能有效地遏制東海與南海間的戰略通道，向北則能與日本阻斷宮古海峽，向南與菲律賓扼守巴士海峽，被譽為「不沉的航空母艦」。

「第二島鏈」指北起伊豆群島，經小笠原諸島、火山列島、馬里亞納群島、帛琉群島之一線。

「第三島鏈」指北起阿拉斯加，經夏威夷群島，往南延伸到澳大利亞、紐西蘭之一線。

2.海峽中線

國軍在封鎖臺灣海峽期間，僅在一九七四年一月因中共與南越爆發西沙海戰，共軍東海艦隊為能迅速增援南海艦隊，擬通過臺灣海峽，國府基於共禦外侮之民族道義，曾在默契下允許中共軍艦通過臺海一次。

一九七九年陸美建交，同年國府廢止《戡亂時期截斷匪區海上交通辦法》，結束臺灣海峽長達三十年的「關閉政策」。

「臺海中線」是臺灣海峽的一條無形界線，從北緯二十六・三〇度、東經一二一・二三度，經北緯二十四・五〇度、東經一一九・五九度，往南到北緯二十三・一七

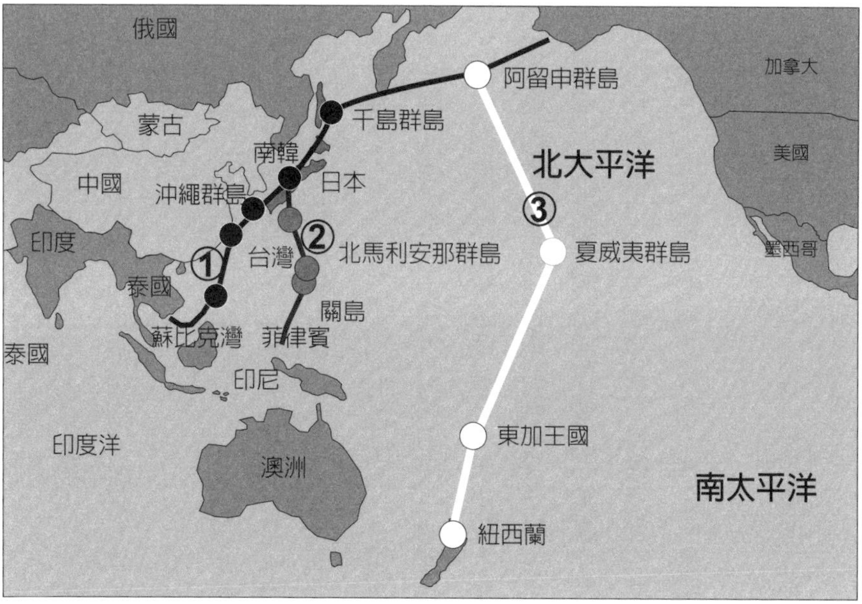

太平洋第一島鏈、第二島鏈、第三島鏈示意圖

度、東經一一七・五一度，呈東北朝西南走向的圓弧形條狀海域，全線多位於公海。

這條海峽中線的來源有兩種說法，一是時任國府空軍作戰司令陳有維上將所劃定；一是駐臺美軍第十三航空特遣隊司令戴維斯准將於一九五四年依據《中美共同防禦條約》所劃。故又稱「陳有維線」或「戴維斯線」。

早期國軍空軍巡航大陸沿海，始終是在海峽中線以西，貼近大陸沿岸飛行。中共則禁止其空軍出海超過十海浬，並禁止客貨輪進入海峽中線以東海域，和國府實控之外島島嶼十海浬以內的海域。直到一九九六年臺海導彈危機後，國軍戰機巡航才退到海峽中線以東。

二〇二〇年臺海危機期間，中共突於九月二十一日宣布：「不存在所謂的海峽中線」。美軍一架「MC-130J」特種飛機即於十月八日沿「海峽中線」由北向南飛行，宣示「海峽中線」的存在。此後，美軍艦開始密集通過臺海，甚至有加、澳和西歐國家海軍軍艦通過。美軍第七艦隊稱：美艦航行通過臺灣海峽的國際水域，是展現美軍維護印太地區開放自由的承諾。

中共也打破過去由東部戰區回應美艦航行臺海慣例，提升由其國防部抨擊：「美艦穿航臺灣海峽，炫耀武力，挑釁攪局……嚴重危害臺海地區和平穩定」。美國導彈驅逐艦通過臺灣海峽，中共艦艇已從「全程跟監」改為「全程抵近跟監」。中共警告階層的升高，代表已是跨戰區的戒備。

二〇二二年八月，中共為報復美國眾議院議長裴洛西（Nancy Pelosi）訪臺，在臺灣四周海域實施「封鎖」，機艦紛紛越過海峽中線，中共退將王雲飛稱即在毀掉「海峽中線」。

3.臺海非國際水域

二〇二二年六月，中共外交部宣稱：中共對臺灣海峽享有「主權、主權權利和管轄權」。並稱：國際海洋法沒有國際水域一說，關於臺灣海峽是國際水域的說法，是有國家在干涉臺灣問題，是威脅中共的主權。

我外交部反駁稱：臺灣海峽不但是「國際水域」，也是「國際空域」（International Airspace），各國可以自由進出通過及飛越。

美國國務院也表示：依照一九八二年《海洋法公約》規範，臺灣海峽中線位在領海範圍以外的專屬經濟區，屬於國際水域（International Waters），「有國際法保障的公海自由，包括海空自由航行及飛航權」。美國將繼續在國際法允許的區域飛行、航行和工作，包括美軍艦艇將繼續穿越臺灣海峽。

中共一向視外國軍艦、軍機航行和飛越臺灣海峽具有軍事挑釁和干涉兩岸問題意味。未來一旦再爆發臺海危機或武力犯臺時，中共將依據其制訂的《領海法與毗連區法》、《海警法》和《海上交通安全法》，以臺灣海峽為內海，進行封鎖，拒阻外國機、艦進入。

4.突破第一島鏈，繞巡臺島武嚇

二〇一三年，共軍艦隊首次穿越第一島鏈進入西太平洋海域，舉行遠海實兵對抗演習。二〇一四年十二月，共軍艦隊再次進入西太平洋，在沖之鳥礁（日本在北回歸線以南的領土）海域實施演習。二〇一五年，中共軍機也開始飛越巴士和宮古海峽進入西太平洋。這些遠海、遠航演訓都是在兩岸情勢和緩之下進行，也是實踐劉華清海軍戰略規劃遠景「三步走」的策略。

但自二〇一六年起兩岸關係惡化後，同年十二月到二〇二一年四月，中共航母「遼寧艦」戰鬥群自宮古海峽曾三度穿越第一島鏈繞行臺灣東部菲律賓海，實施跨海區遠航訓練，經巴士海峽，前往南海。二〇二一年十二月，「遼寧號」航母戰鬥群第四度經宮古海峽進入西太平洋後，曾出現在沖繩北大東島以東約三百公里和沖大東島東南方約三百一十五公里外海演習，然後折返東海，應是針對美軍演練「反介入／區域拒止」的戰法。

二〇二二年五月和十二月初，「遼寧號」航母戰鬥群共八艘軍艦，再兩度（第五、六度）自宮古海峽駛入太平洋，分別出現在日本八重山群島以南約八十五海浬、臺灣以東菲律賓海一百六十海浬處，以及在沖繩南方西太平洋進行模擬攻島海空演習。

六月下旬，兩艘中共軍艦罕見地穿越宜蘭東方海面，而非宮古海峽，進入菲律賓海。顯然是表示中共不懼美日在宮古海峽的封鎖，仍有通道突破第一島鏈，威脅臺灣東部和日本在海上通道安全的能力。

習近平說：「仗在哪裡打，兵就到哪裡練」。中共央視更威脅說：「共軍繞島，顯示臺灣在東部的軍事建設並非後方，一樣曝露在共軍的攻擊範圍之內」。這意味著中共武力犯臺時，臺灣東岸將遭受共軍來自太平洋的襲擊。

中共視完成統一臺灣是打破美國第一島鏈封鎖、進入太平洋最重要的戰略目標。統一臺灣，不但將使中共海防向東擴增三百到五百海浬的戰略縱深，並保障大陸沿海航線的暢通，有利解決釣魚臺和南海之爭議。將來一旦將南海通過麻六甲海峽與印度洋串成一線，中共海洋強權即可建立，向東與美國分享太平洋；向南建立北印度洋霸權。

（二）中共南海填礁造島

1. 擾我西南空域，謀奪東沙島

東沙島位於南海最北境，香港與汕頭連線垂直的東南海上。東北距高雄港二百四十浬（四四四公里），北距汕頭一百四十浬（兩百五十九公里）。北控臺灣海峽，東扼巴士海峽，戰略地位十分重要。

由於美軍偵察機經常抵近廣東和海南偵察，以及海軍艦艇進入路線多經由巴士海峽，並穿越東沙附近海空域；故中共如奪取東沙島可將雷達監控前緣向東推進三百餘公里，能提早發現美軍機艦動態。

二〇二〇年媒體曾報導：中共南部戰區在海南島進行大型兩棲軍演，模擬奪取東沙島。臺灣戰略學者亦多認為中共如武力犯臺，東沙島為共軍必攻之地。但中共海軍專家表示：東沙島戰略價值對中美都微乎其微，並不構成對共軍在南海艦機的威脅，該島也無作為武力犯臺前線基地的價值，共軍定然直奔本島。

正因中共海軍專家的否認，反而透露中共欲蓋彌彰心態。只要國軍固守東沙島，對共軍機艦進出臺海、南海和巴士海峽，始終存在威脅。中共如決心犯臺，或中美在南海爆發軍事衝突，中共都極可能奪取東沙島，去除心患，不但可進而控制臺海和巴士海峽之海空通道，結合東海軍事部署，封鎖並淨空臺灣海峽，以利犯臺，並可阻截美軍和盟軍機艦自南海增援，更能威脅美國「印太戰略」之完整。

同（二〇二〇）年七月中共公布《國內航行海船法定檢驗技術規則》，將臺灣海峽和「南海之臺灣島東海岸」距岸五十浬內的海域，設定為「近海航區」；將臺灣東海岸、臺灣海峽東西海岸距岸十浬內的海域，劃設為「沿海航區」。

中共將臺島地理位置劃歸「南海」，並將臺海和臺灣東海岸設定為「近海」或「沿海」航區，除宣示對臺主權外，也有未來對臺灣南部（含東沙島）進犯時，將屬南部戰區任務，並負責對美軍機艦進行「反介入／區域拒止」作戰的規劃。

而且自同年九月起，共機突增加進出臺灣西南防空識別區（ＡＤＩＺ）頻率，而減少繞行臺灣東部空域。共機甚至曾抵近東沙只有四十海浬遠。由於該空域正位於臺島與東沙島之中間，只要東沙島在國軍手中，對中共而言就如魚鯁在喉，必欲得而快之。所以共機的進擾，具有阻斷臺灣與東沙之間聯繫之戰略企圖，以利爾後的奪取。

巴士海峽為連通太平洋與南海的重要國際水道。海峽平均寬度約一百八十五公里，水深兩千至五千公尺之間，具有重要戰略意義。共媒稱：南海如同一個「寶瓶」，巴士海峽為「瓶口」，而臺灣西南空域則是「瓶頸」，所以中共軍機需在該空域常態化巡航和出動「運-8」反潛機，以利第一時間掌握經由巴士海峽進入南海的外軍艦機動態，為後續的跟蹤監視警告驅離提供第一手信息。

媒體二〇一九年十月曾報導：中共在南部戰區部署「東風-21D」和「東風-26」反艦彈道導彈；在東部戰區部署「東風-21D」和攜帶反艦彈道導彈的「轟-6N」長程轟炸機，以警告美軍機艦勿侵犯中共領海。

二〇二〇年四月下旬，中共官媒《中國青年報》曾發表〈鷹擊-12B岸艦導彈，近海防禦超級殺手〉的報導稱：中共海軍「如果」在東部沿海地區和南海西沙、南沙群島部署「鷹擊-12B」長程岸艦導彈，最大射程四百五十至六百公里，就可重點覆蓋中國東部主要海域，並有效防衛南海周邊數百公里的海域，成為近海防禦作戰的「超級殺手」，專門打擊中大型水面艦艇。

2. 填礁造島，覬覦太平島

南沙群島位處南海最南端，扼守印、太兩洋間海上交通之咽喉。由於南海蘊藏豐富資源，受到周邊國家的覬覦。除國軍佔領太平島和北邊的中洲礁外，中共、菲律賓、越南、馬來西亞等國，都宣稱擁有南沙群島的主權，各自佔有島礁。

太平島是南沙群島中唯一的天然島嶼，位居南沙北部中央，戰略地位重要，目前隸屬高雄市，距高雄一千六百公里。日降後，一九四六年底國軍「太平艦」前往接收，故命名「太平島」。

一九八七年，中共受聯合國委託，派遣軍艦到南沙群島永暑礁建立海洋觀測站，遭到越共海軍強行阻止，兩軍於一九八八年三月爆發「赤瓜礁海戰」，中共海軍大勝，一舉奪下包括永暑礁在內的六個南沙群島重要島礁，一九九五年再奪菲律賓佔領的美濟礁。

中共自二〇一四年起，開始在圍繞太平島之美濟、永暑、渚碧、南薰、西門、赤瓜和華陽等七個礁進行「填礁造島」，覬覦太平島意圖，至為明顯。

中共在美濟礁（太平島東南方，已填成南沙第一大島，可停泊航母）、永暑礁（太平島西南方，已填成第三大島）和渚碧礁（太平島北方）上，分別建造長約三公里不等的跑道以及港口。南薰礁位處南沙中心位置，北距太平島僅二十二公里。該四個島礁已對太平島完成包圍態勢，負責監控太平島，並可能在必要時奪取太平島。

赤瓜礁位於美濟與永暑兩礁之間，三礁連成一線，向東北連結已填海造陸完成的黃岩島（屬中沙，位於南沙東北與菲律賓之中間），向西北連結西沙形成南海新三角。

據二〇一六年八月的衛星照片發現，共軍在南海七個人工島礁至少已建造了二十四座可供轟炸機和空中加油機使用的混凝土機庫。但因南海氣候溫熱潮濕，濃鹽霧氣，並不適戰機長期進駐。

美國國防部前部長卡特（Ashton Carter）稱：「中共在短短十八個月內，在南海七個島礁，總共擴建出約八百公頃的陸地面積」，「包括港口擴建、設置雷達站、機場跑道等設施。部分島礁甚至駐防戰機、快速登陸艇和快艇部隊，或部署防空導彈和反艦導彈，無疑對於亞洲各國構成巨大的安全威脅，也衝擊美國在亞太地區所強調的自由航行利益」。

二〇一九年五月，時任美軍參謀首長聯席會主席鄧福德（Joseph Dunford）上將表示：「二〇一六年秋，習近平主席曾向歐巴馬總統承諾，他們不會將南海島礁軍事化。結果我們今天在南海看到一萬呎長的跑道、彈藥貯存設施，以及常規部署的導彈防禦和航空能力」，「中共明顯違背了那項承諾」。

負責印太安全事務的前美國防助理部長薛瑞福也針對中共南海軍事化現象說：「美國國防部將南海發生的一切看作是中國國家主席習近平對其所承諾的違背」，「美軍在南海的自由航行和與其他國家在使南海展示存在的行

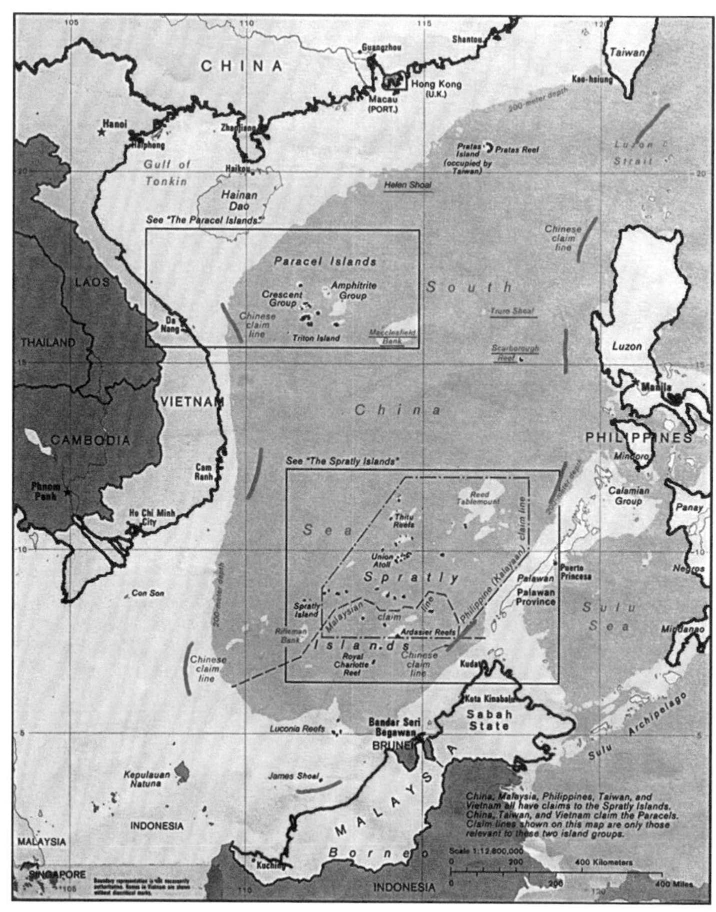

圖為中共主張的南海九段線範圍，南海聲索國控制島礁示意圖可另參中央社：

左圖圖片來源：wikimedia commons ©

動……就是要告訴中國，任何國家都不可以改變《國際法》，而且那片海域依然是國際海域」。

3. 中共設置西、南沙區

二〇一二年，中共在西沙群島的永興島成立海南省「三沙市」，並改善島上機場，同時擴建海港，能容五千噸位船艦停靠，成為通往南沙群島的重要中繼站。

二〇二〇年四月中共宣布：三沙市在南海設立「西沙區」和「南沙區」。西沙區政府駐永興島、南沙區政府駐永暑島。

針對中共將南海劃分行政區的「領土化」作為，美軍表示：中共「在南海非法及全面的海事聲索，已對這片海域構成前所未見的威脅，包括航行和飛越領空自由，以及所有船隻無害通過的權利」，美艦的航行是為尋求維護「在國際法認可下對這片海域的權利、自由及合法使用」。

共軍則指控美軍的「挑釁行為」，已「嚴重違反國際法及中國的主權與安全利益，增加地區安全風險，極易引發不測事件」。

（三）美陸南海對峙

1. 美陸南海爭議和南海仲裁

前蘇聯瓦解後，中共來自三北（東北、華北與西北）的外部安全威脅解除，而來自海上和南亞陸上的威脅日增，促使中共的戰略重點開始轉向三南（東南、華南與南亞），重心置於海上，故海軍近海防禦和遠海防衛戰略更顯重要。

二〇〇一年四月，美國海軍「EP-3」偵察機在海南島東南方空域執行偵搜任務，與中共海航一架「殲-8」監視戰機擦撞，共機機毀人亡，美機迫降海南陵水機場。

中共指責美機降落中共機場，侵犯了領空領土。美國為取回人、機，承認「侵犯了」中國領空，表達「抱歉」，美軍機組人員才獲得釋放，和歸還「EP-3」機。但共軍已自「EP-3」機中蒐獲大量美軍重要電子裝備情報，並發展出「運-8」電子偵察機。

撞機事件後，中共檢討美機在南海抵近偵察，和一九九六年臺海危機時，從波斯灣馳援的美國海軍「尼米茲號」航母，係經南海到達臺海周邊，都因共軍實力薄弱，無力抗衡。中共認為必須加強南海軍事實力，戰時才能在南海拒阻來自印度洋的美軍艦隊介入臺海戰場，故醞釀出「反介入／區域拒止」（A2/AD）戰略。

中共為此在二〇一三年劃定「東海防空識別區」，並積極在南海填礁造島，建立軍事基地，可能是為劃設「南海防空識別區」做準備。

據美國戰略學者指出，美國自二〇〇一年南海撞機事件後，也意識到南海周邊諸國均無力抗拒中共，並可能受中共的威脅利誘，削弱美國與該等國家的關係，因而有「印太戰略」之產生，並增強在南海自由航行之巡弋。

二〇一三年三月，美國唆使菲律賓要求國際法庭仲裁南海島礁的所有權。引起中共不滿，當年十二月五日，一艘共軍登陸艦突駛到在南海巡弋的美軍導彈巡洋艦「考本斯號」前方停車不動，企圖強行攔截，美艦被迫緊急轉向避開。

因這兩事件，兩國於二〇一四年底簽署《中美海空相遇安全行為準則諒解備忘錄》和兩國《國防部關於建立重大軍事行動相互通報信任措施機制的諒解備忘錄》。

習近平在二〇一五年十二月底發表《新年賀辭》時，針對南海仲裁結果即將在次年七月十二日公布表示：關於南海領土和海洋權益，「中國人民絕不接受任何強加的條件和要求」。

二〇一六年六月底，共軍三大艦隊在三亞軍港集結，自七月五日至十一日在南海舉行大規模的聯合演習，並選擇在南海仲裁案公佈前一日結束。表明不接受任何不利中共的裁決。

二〇二〇年七月美國前國務卿蓬佩奧在南海仲裁案四周年時發表《美國對於南海海權主張的立場》聲明稱：中共提出的南海「九段線」主張，已被依據《聯合國海洋法公約》組成的仲裁庭於二〇一六年駁回。北京聲稱擁有南海大部分地區的近海資源是「完全非法」。

他說：仲裁庭裁定美濟礁與仁愛礁主權屬於菲律賓；美國拒絕接受中共在南沙群島島嶼十二海浬以外海域、萬安灘、北康暗沙、大納土納島，以及汶萊專屬經濟海域附近水域的權利主張；北京宣稱「最南端領土」的曾母暗沙完全淹沒在水下，依據國際法任何國家不得提出主權聲索，「世界不會允許北京將南海當成自家海上帝國」。

中共批評美國「自己未批准《聯合國海洋法公約》，卻拿該法說事；打著『維護航行與飛越自由』的幌子……插手南海問題，打著維護南海穩定的幌子，在地區炫耀武力、渲染緊張、鼓動對抗」，「中國與東盟國家在全面有效落實《南海各方行為宣言》框架下，積極推進『南海行為準則』磋商，並不斷取得重要進展」。

二〇二一年一月下旬，美國拜登新政府的首任國務卿布林肯也表示：美國反對中共在南海逾越《聯合國海洋法公約》所允許的任何海洋主權主張，並保證會與面對中共壓力的東南亞主權聲索國站在一起。

二〇二二年一月，美國「海洋與國際環境暨科學事務局」稱：中共所聲稱擁有的四處「島嶼群」，超過百處都會在漲潮時淹沒，逾越了領海的合法界線，不符合聯合國公約的基線標準，嚴重破壞這片水域的法治。

2.美陸南海對峙

自二〇一八年起，美國海軍定期派遣軍艦在南海有主權爭議的島嶼附近行使「自由航行權」。美國軍事家稱：美軍「不會在中國壓力之下退縮」，否則將「嚴重損害（美國）信譽，並鼓勵中國人更加獨斷與大膽」。

二〇一九年四月，習近平在海南三亞舉行中共建政以來規模最大的海上閱艦式，也是「軍改」後的首次海上閱兵。共有四十八艘軍艦、七十六架戰機、一萬多名官兵受閱。受閱的軍艦均為最近五年內下水的新艦，目的在向美國示威。

同年九月底，美國海軍導彈驅逐艦「迪凱特號」駛入南沙群島南薰礁、赤瓜礁十二海浬範圍內，中共不顧《中美海空相遇安全行為準則》，出動導彈驅逐艦強制驅離，雙方最近只相距四十一公尺，迫使美艦緊急轉向，避免兩艦相撞。

南海自由航行權關係著美國「印太戰略」成敗，也是美中爭議重大事項，同樣引起周邊國家的不安。東協十國十一月在曼谷舉行「國防部長會議」，希望南海非軍事化，開放自由航行，確保通行安全，積極推動南海行為準則磋商的實質進展。

美、中雙方防長艾斯培、魏鳳和也在與會期間舉行閉門會議，美方指責中共在南海「以強制、威嚇的手段遂行其戰略目標」；中方則針鋒相對，希望美方「停止在南海秀肌肉，避免引發和加劇局勢緊張」。

二〇二〇年八月，由於美中在南海關係日益緊張，雙方防長依據《重大軍事行動相互通報信任措施機制》通電話。艾斯培對中共在臺灣與南海附近「破壞穩定」的危險活動表示擔憂，要求兩軍保持對話磋商，管控危機，降低風險。魏鳳和則要求「美方停止錯誤言行，加強海上風險管控，避免採取可能使局勢升溫的危險舉動」。

據美國海軍陸戰隊《二〇二〇—二〇三〇年十年建軍綱領》透露：美海軍陸戰隊為因應南海情勢，將轉型為有利於兩棲立體投送的輕裝部隊，增編高機動長程火箭炮營、獨立導彈發射營，裝備有人或無人導彈發射車，用於區域拒止和島礁奪控，加強偵察和無人打擊系統，強化陸戰隊的遠征部署能力，到二〇三〇年代時能夠「對抗中共」。美軍海陸的轉型，顯示美國正積極進行南海島礁作戰之準備，應還包括釣魚臺在內。

（四）中共在印度洋的珍珠鏈戰略

1. 麻六甲困境

麻六甲海峽位於馬來半島與印尼之間，西北為安達曼海，東南接南海，全長一千零八十公里，最窄處二・八公里，是印太兩洋間最重要的海上通道，每年有五至八萬艘大型船隻經過，中共即占六成，已成為中共「海上生命線」。

由於麻六甲海峽為美國海軍巡弋範圍。中共認為如中美發生軍事衝突，美國可完全封鎖該海峽，結合第一島鏈，將會切斷中共海上運輸線，即所謂的中共「麻六甲困境」。

中共為保護這條航道的安全，並藉海洋擴大國防戰略縱深。從二〇〇二年起在海南島三亞港附近的亞龍灣興建一座大型的海軍基地，可容納二十（一說十六）艘導彈核潛艦和多艘航空母艦。由於基地周邊水域極深，潛艦在水下出入可輕易避開監視追蹤，負有突破「麻六甲困境」的重要任務。

此外，中共也正在尋找南向航線。二〇二〇年十二月，印尼的漁民曾打撈到中共的無人潛水載具，研判是中共核潛艦正試圖穿過印尼群島，開闢南部航道前往南半球，以及繞道進入印太兩洋之水下航道。

2. 珍珠鏈戰略

中共為擺脫「麻六甲困境」，維護船艦在印度洋上航運，特別是石油運輸的安全，因此沿著北印度洋從中東到南海的海洋航線建立一系列的軍事與航運據點。美國將其稱之為「珍珠鏈」戰略。目前中共已建立七顆珍珠港口，但第八顆珍珠——挖掘「克拉克運河」未能成功：

第一顆珍珠 **吉布地港（Djibouti）**。二〇一七年，中共以共同打擊東非海盜之名，首先在東非吉布地建立第一個海外軍事基地（中共稱為保障基地）。吉布地位於非洲東部的紅海與亞丁灣交界處，扼控曼德海峽與亞丁灣，可控制紅海之南方入海口，地緣戰略位置重要。

第二顆珍珠 **瓜達爾港（Gwadar）**。位於巴基斯坦西南海岸之深水港，鄰近荷姆茲海峽（僅約四百公里）。中共自中東購進的石油須經過美軍所控制的荷姆茲海峽，故中共藉在瓜達爾港建立據點，以監視波斯灣的美軍和阿拉伯海上印度海軍的行動。

二〇一五年，中巴簽約由中共租用該港土地興建碼頭，租期四十三年，已於二〇一七年完工啟用。中共並在「中巴經濟走廊」陸上自瓜達爾港興建中巴鐵路、高速公路和石油與天然氣管道，連接新疆喀什，將中國西部和阿拉伯海之間的貿易聯結一線，直接將能源和物資運入新疆轉入內陸。中巴陸路運輸線僅三千公里，由新疆運到內地亦僅三千五百公里，但若從中東經過麻六甲海峽到達東南沿海，運輸線長達一萬兩千公里。

第三顆珍珠 **漢班托塔港（Hambantota）**。位於斯里蘭卡南端，斯國位居北印度洋的中央位置，北控安達曼海。漢班托塔港由中共於二〇一一年投資擴建完成，但因斯國政府無力償還中共的債務，於二〇一八年將該港租予中共使用，為期九十九年（期滿可續約九十九年），換取債務的減免。

中共另投資斯國西南岸可倫坡港，其興建的國際集裝箱碼頭於二〇一三年正式啟用。中方已取得為期三十五年的港口營運權。

二〇二二年七月，斯里蘭卡政府宣告破產，總統外逃。斯國所欠中共債務，被批評是導致該國破產原因之一。中共目前在斯里蘭卡仍有一些未完工之建設，如今成了「爛尾」項目，《富比士》（*Forbes*）評論是「中國的鬼城外交」（China's Ghost City Diplomacy）。

第四顆珍珠 **吉大港（Chittagong）**。位於孟加拉東南部，臨孟加拉灣，為該國重要交通樞紐和工業、經濟中心。習近平曾於二〇一六年到訪孟加拉，將兩國關係提升至戰略合作夥伴關係，並由中共在吉大港興建煉油廠，修築一條海上輸油管線，連接停泊外海的油輪。

第五顆珍珠 **皎漂港（Kyaukpyu）**。緬甸是中共「一帶一路」戰略沿線重要國家，皎漂位於緬甸西海岸，為一深水港，濱孟加拉灣。中共於二〇一四年取得皎漂港的工業園和深水港兩項興建工程。深水港工程包含兩個港區，共十個泊位，總工期預定二十年，中方將取得皎漂港百分之七十至八十五的股權。

中共從中東進口的部分能源，自二〇一七年起已從該港直接連結中緬油、氣管道，經緬北南坎進入雲南瑞麗，輸入內陸，年輸入原油兩千兩百萬噸（每日四十萬桶）；天然氣管年輸量一百二十億立方米。

中緬另達成由中共興建昆明經仰光至皎漂港之中緬鐵路，長約二千公里。建成後由中共營運五十年。但據外媒二〇一四年報導：由於緬甸反對黨及地方部落擔心，鐵路建設可能引起中共干預內政，危害國家安全，以及增加地方負擔等因素，該計劃已被擱置。

二〇二一年二月緬甸軍方發動政變，成立軍政府，因中緬軍方有良好歷史淵源，且中共是緬甸軍火最大供應國，故中共在緬甸的利益，並未受影響。二〇二二年七月，中共外長王毅曾訪緬甸，表達中緬關係「堅若磐石」。

第六顆珍珠　皇京港（Melaka Gateway）。位於麻六甲海峽中段，介於馬來西亞吉隆坡和新加坡之間麻六甲島。二〇一七年中馬簽約合建麻六甲海峽最大港口皇京港，以麻六甲島為基礎，填海造陸，增建三個人造島，成為占地一千三百六十六英畝、海岸線長十五公里的大型綜合經濟區。

皇京港深水港已於二〇一九年建成，其他工程預計二〇二五年完工。新加坡《海峽時報》二〇一六年評論中共在麻六甲港口的戰略意圖肯定「跟軍事有關，並非商業利益」。

同一時期中共在馬來西亞進行「東海岸鐵路」的重大建設，為北接中泰鐵路，往西貫穿馬來半島東西岸的一條戰略鐵路，是中共在馬國推動「一帶一路」基礎設施建設的核心項目，通車後，中共貨物可通過陸路運輸，直達印度洋邊，避開麻六甲海峽。

但馬國在二〇一八年以「避免國家破產」之名，暫停該鐵路興建計畫。中共為挽救此項關鍵工

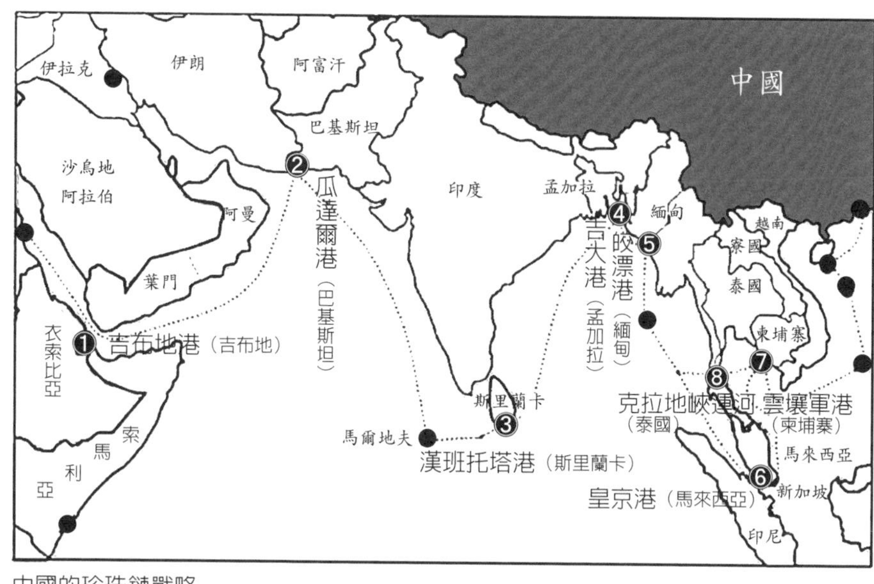

中國的珍珠鏈戰略
（參考 *Khmer times* 後重繪）

程，於二〇一九年與馬國重新談判復工，將預算縮減三分之一，以減輕馬國負債，並與馬國合組公司，共同營運與維修該鐵路等。

而中泰鐵路北接中老（昆明至老撾首都萬象，二〇二一年十二月已通車）鐵路，南經泰南接馬來西亞東海岸鐵路，原訂二〇二二年通車。但進入二〇二〇年後因新型冠狀病毒疫情重創東南亞經濟，各國將部分資金投入防疫及紓困，中共在該地區的「一帶一路」大型建設計畫進度已受到影響。

第七顆珍珠 **雲壤和七星海**。雲壤（Ream）軍港位於柬埔寨南部海岸，內控泰國灣，出泰國灣即為南海，位居戰略要衝。二〇一九年八月，美國印太司令部證實：共軍與柬埔寨已簽約租借雲壤軍港三十年，但柬政府堅決否認。

二〇二〇年，柬埔寨突將雲壤軍港基

地內，原由美國出資建造的「國家海事安全委員會戰術總部」和一座維修設施拆除，並在舊址上新建兩座建築。美方認為與該港出租中共軍用有關。

同年九月，美國再指控中共正在柬埔寨西南海岸的七星海北岸建設的度假村，有證據顯示「可用於存放（中共）軍事物資」。但仍被柬埔寨政府否認。

二〇二二年六月，美國《華盛頓郵報》報導稱：柬埔寨雲壤海軍基地正規劃出一塊區域專供中共軍隊使用，這將是中共在印太地區的第一個外國海軍基地。但中柬雙方都對外界否認此事，卻有一位北京官員向《華郵》透露，新基地部分區域將由「中國軍方」使用，而非「專供」軍事使用。

中共另正計劃在柬埔寨建設一條長達四百公里的鐵路線，與中老和中泰鐵路連接。一旦完工，中共即完成在東南亞的鐵路網建設，以及自西南地區經中南半島進出南海的戰略部署。

第八顆珍珠　挖掘克拉運河（破局）。中共興建中巴經濟走廊、中緬油氣管線、中緬鐵路等「一帶一路」重要項目的發展，顯見中共積極擺脫「麻六甲困境」，讓能源與各種重要物資，能不經「不受自己控制」的海路，透過友好國家的陸運路線進入中國大陸。

但從巴基斯坦和緬甸港口與陸路運輸能源和物質，能量有限，並不能完全擺脫「麻六甲海峽困境」，因此中共希望能挖掘克拉運河（Kra Canal），縮短航運路程。

克拉地峽位於泰國南部，連接馬來半島，東臨泰國灣，西瀕安達曼海，最窄處約五十六公里。開鑿克拉運河，中共中東海運線將不必取道麻六甲海峽，航程至少縮短約一千兩百公里，節省航程二到五天，如以十萬噸油輪為例，單程能省下三十五萬美元的運費。

中共新華社曾於二〇一五年報導中泰已正式簽署合作備忘錄，挖掘克拉運河。但新、馬兩國基於維護麻六甲海峽利益，都反對興建該運河。二〇二〇年九月，泰國在反對黨強烈杯葛下，放棄了中共提出的運河建築計劃。

3. 藉亞丁灣護航，拓展遠海防衛戰略

中共海軍為「加快推進近海防禦型向遠海防衛型轉變」之戰略，藉聯合國允許各國派遣軍艦赴東非索馬利亞海域，打擊海盜，維護海上通道安全之機會，發展遠洋海軍。

自二〇〇八年十二月至二〇二二年六月，中共已派遣四十一批次艦隊至亞丁灣護航。艦隊由三大艦隊輪流派遣三艘軍艦組成，艦種包括兩艘主力戰艦（驅逐艦、護衛艦，或船塢登陸艦）；一艘綜合補給艦。但自第三十批起，改由三大艦隊驅逐艦支隊負責執行護航任務。

中共護航任務目前已常態化，並獲得國際之認同，建立起強國形象，而且艦隊活動區域和航線，正是荷姆茲海峽之南的北印度洋，以及「珍珠鏈」連結之航線。中共海軍的護航任務，實質上具維護其中東能源和貨運航線安全之重大戰略意義，代表中共「遠海防衛」戰略逐步成型，巡弋印度洋策略基本成功。

共軍曾經派出之軍艦，均為中共海軍現役主力戰艦，藉遠航鍛鍊長航技能和戰技，有助中共遠洋戰略之發展，未來勢將續向太平洋深處甚至大西洋拓展實力。

中共海軍自進入印度洋之後，即被印度視為威脅，認為中共的珍珠鏈戰略和在中印邊境的重

兵部署，對印度形成了南北夾擊的戰略包圍。

據印媒稱：二〇一四年日本促成美日澳印成立「四國聯盟」後，印度有可能使用日本吉布地基地，日本也可使用印度安達曼和尼古巴群島基地（位於孟加拉灣東部海域，扼麻六甲海峽西部出口），監視中共艦隻在麻六甲海峽和亞丁灣的活動。

五、航母和突擊艦部署戰略

中共北京大學「海洋戰略研究中心」研究員胡波所著《二〇四九的中國海上權力：海洋強國崛起之路》一書預估，中共海軍未來將有五艘航空母艦，包括常規動力及核動力。兩支航艦編隊將分別在印太兩洋戰鬥執勤，另一支編隊保持隨時出擊狀態，其他航艦則在本土輪換修整。

但西方媒體和中共退役將領則預測中共在二〇三五年前至少會有六艘含核動力在內的航艦，將編組三個戰鬥群，部署在：

1. 南海航艦戰鬥群：藉獲得陸基火力支援，保護南海領域，並維護至麻六甲海峽之海域安全。
2. 太平洋航艦戰鬥群：其中至少有一個核動力航艦戰鬥群，保護黃海與東海安全，並突破第一島鏈的封鎖。但為建立在西太平洋的前進基地，將以奪取臺灣為優先。
3. 印度洋航艦戰鬥群：將以核動力航艦組成，執行印度洋海上交通線的保護任務，維護各珍珠鏈港口之安全，並牽制美、印海軍的行動。

英文媒體《外交家》報導則稱，如果加上被視為「準航母」的兩棲突擊艦，中共有可能在二

○二五年之前至少擁有四個，甚至上看七個（三艘航母、四艘兩棲突擊艦）航母艦隊。該刊認為因中共在南海、東海要面對實力一流的美日艦隊，不敢放鬆造艦速度，包括至少六萬噸級的航空母艦、四萬噸級的「075」型兩棲突擊艦、萬噸級的「055」型導彈驅逐艦都在持續生產中。「075」為大型兩棲攻擊戰艦，第一、二號艦「海南號」（舷號三十一）、「廣西號」（舷號三十二），已先後於二○二一年四月和十二月撥交南艦和東艦服役。三號艦「安徽號」（舷號三十三）於二○二二年夏撥交南艦。另有五艘計劃興建中。

中共現役航母有001號「遼寧艦」、002號「山東艦」兩艘，均為常規動力，滑耀甲板，分駐青島和三亞海軍基地。003號「福建艦」已於二○二二年六月下水，常規動力，但已改用直通甲板，電磁彈射系統，預計二○二四年正式服役。至於004號航母傳聞可能採用核動力推進系統，並裝配雷射武器和磁軌炮，估計將在二○三○年前後服役。

因此中共在二○三五年之前，可能擁有四（由航母組成）至七（加三艘075兩棲艦）個航母戰鬥群，部署在南、東、黃海，並巡弋印太兩洋，但中共以此實力，尚不足以與美國在三大洋爭霸。

另中共海軍預定將以一艘「075」兩棲攻擊艦、兩艘「071」綜合登陸艦，組建兩棲打擊群。中共未來將有八艘「075」艦，而「071」艦現僅有八艘，故後者至少應再增建八艘，才能組建八個兩棲打擊群。

每個兩棲打擊群將能搭載重裝合成營、空中突擊營、直升機合成營各一個。登陸部隊將擁有輕型坦克、兩棲突擊車、兩棲步兵戰車、自走炮、武裝直升機等重火力。

11 空軍

一、新時代空軍戰略

中共於一九四九年十一月成立空軍。一九五七年，將防空軍併入空軍，實行空防合一體制，成為國土防空型的空軍。

一九九六年後，中共空軍在「反介入／區域拒止」的戰略發展要求下，逐步加快新一代戰機與防空、預警系統的整合更新，朝「遠距打擊、精確作戰」的「攻防兼備」方向發展，企圖爭奪第一島鏈以西海域的制空優勢。

習近平於二〇一四年四月視察空軍，強調「空軍是戰略性軍種」，要求「加快建設一支空天一體、攻防兼備的強大人民空軍」，「必須加速戰略轉型，加強戰略預警、戰略打擊、戰略投送和戰略威懾能力建設，這樣才能使空軍由國土防空型向攻防兼備型轉變、由數量規模型向質量效能型轉變、由傳統空軍向空天一體力量轉變」。

二〇一五年一月，中共藉「紓緩空中航路擁擠」為由，增設四條通過臺海的新航路，分別為縱向的「M-503」航路，和由陸地橫向連接的「W-121、122、123」等三條航路，新航路距海峽中線最近處僅七・八公里，旨在管控臺海。

同年三月，共機開始穿越第一島鏈，由「運-9」電戰機和「轟-6」機各一架飛越巴士海峽前往西太平洋；五月，再由「轟-6K」穿越宮古海峽。二〇一六年九月，曾一次由共機四十多架包括「轟-6K」、「蘇-30」、加油機等，飛越宮古海峽進入西太平洋，繞飛臺灣東部外海。到年底止，已八次跨越第一島鏈遠海航訓。二〇一七年起，中共由多機種混編，進行遠航訓練一度成常態。

「轟-6K」航程遠，可攜帶配載核彈頭之「長劍-20」空射巡航導彈六枚，能威脅臺灣東岸我空軍基地和第二島鏈，使中共空軍開始從戰術空軍向戰略空軍轉型。

中共空軍宣稱「空軍活動範圍由陸地向遠海遠洋延伸……前出第一島鏈、飛越多個海峽、展翅西太平洋，戰機航跡不斷遠伸」，「釣魚島空中維權、東海防空識別區管控、南海常態化戰巡」。

同年中共空軍建軍六十七周年，提出「飛越島鏈、管控東海、戰巡南海、礪劍高原，同時加快成體系發展高新武器裝備，推進空軍戰略轉型由量變積累向質變跨越」，當前空軍「趨向的是倚天制空、倚天制海、倚天制地的未來優勢，拓展的是高邊疆、遠邊疆、新邊疆的制勝空間」。

二〇一九年七月中共發表的《新時代的中國國防》白皮書再次強調：「空軍按照空天一體、攻防兼備的戰略要求，加快實現國土防空型向攻防兼備型轉變，提高戰略預警、空中打擊、防空反導、信息對抗、空降作戰、戰略投送和綜合保障能力，努力建設一支強大的現代化空軍」。

中共空軍依據習近平的「國防和軍隊現代化建設」的三個時間點，提出空軍「三步走」目標：

1. 第一步，構建全新空軍軍事力量體系，推進空軍戰略能力大幅提升，跨入戰略空軍門檻。

2. 第二步，到二〇三五年全面實現空軍軍事理論、組織形態、軍事人員、武器裝備現代化，基本完成空軍戰略轉型，初步建成現代化戰略空軍，具備更高層次的戰略能力。

3. 第三步，到本世紀中葉全面建成世界一流戰略空軍，成為總體實力能夠支撐大國地位的強大空天力量。

另據二〇二一年六月美國公布之《中共軍力報告》稱：中共空軍已從領土防空型，轉向為遠離邊界攻防型，主要方向是東南。

二、空軍體制改革

（一）空軍組建方式

據《濟南日報》二〇一七年七月披露：「軍改中，空軍有三個變動，一是建立五大戰區空軍；二是組建基地，保留部分指揮所。新的空軍基地為副軍級，司令員與政委可授少將，基地下面為旅、團等單位；三是師改旅」。組建方式為：

1. 沿革原來的基地：比如大連基地、上海基地。
2. 由指揮所改編：如福州指揮所改為福州基地，烏魯木齊指揮所改為烏魯木齊基地。
3. 新組建：如濟南基地。山東省境內過去沒有設置過空軍軍或軍級指揮所，卻有航空兵師、防空旅、雷達旅、場站以及通信、倉庫等等很多部隊。軍改後已分別撥隸三個（北、中、東）

戰區。未撥出部隊由新組建的濟南基地統一領導。

4. 航空兵師改旅，目前是將一個師屬的航空兵團與一個場站合併，或兩個團級單位合組建一個旅，旅的作戰飛機數量約為一點五個團，四個大隊。

5. 場站目前隸屬到旅，場站與航空兵分開，不管A團、B團都可以去C場站保障。

空軍場站是軍改重點工作之一。據二〇一七年五月《解放軍報》發表〈剪尾巴，是怎樣一場保障進化〉一文透露：空軍在「基地化改革前一段很長的時間裡，空軍都無法進行遠距離快速部署，根本原因是地面保障體制的落後。因為空軍各部隊場站都是只負責保障本場站所屬部隊的作戰和訓練，並不對外單位負責」，「產生的惡果就是一旦空軍部隊離開自己所屬的場站，就無法進行作戰。即便是同型號戰機，有時不同場站配備的物資也沒有多餘供外單位使用。因此，空軍一旦要異地部署，就必須要自帶物資和裝備，但由於空軍沒有強大的空中運輸力量，所以各保障部隊只能通過陸地機動，這樣就是失去了快速性。因此此次基地化改革就是要解決這一困境」。

中共空軍場站改革是將飛行部隊與場站分開，兩者不再以一對一配對，而是增強各場站的功能和保障能力。軍改後的場站能夠保障空軍所有機型，空軍各類型飛機都能在不同場站獲得所需的保障物資，實現「全疆域快速機動作戰能力」。

（二）空軍改革內容

1. 撤銷空軍司令部，改設參謀部，在瀋陽、北京、西安、上海、成都、貴陽等六地設駐地區空軍軍事代表局。

2.空軍包括航空兵、空降兵、地面防空兵、雷達兵、電子對抗部隊、信息通信部隊等。

3.下轄五個戰區空軍、一個空降兵軍，以及各類院校、科研試驗機構等。

中共空軍軍改後「實行作戰指揮與建設管理合一的領導體制，由空軍機關、戰區空軍、師（旅）、團構成（團以下為大隊和中隊）。空軍機關負責建設管理，作戰指揮由戰區負責」。

戰區空軍：下轄航空兵基地（西部戰區三個，其餘四戰區各二個）、航空兵旅（師）、地空導彈旅（師）、高炮旅、雷達旅、電子對抗旅以及其他專業勤務部隊。空軍戰鬥序列和機種裝備請詳附錄空軍部份。

航空兵：由殲擊、殲轟、轟炸、預警、偵察、電戰、運輸航空兵和作戰保障部隊組成，通常按基地、旅（團）體制編成。

航空兵基地：一般下轄二到三個航空兵旅（團）和駐地場站；航空兵旅（團）是基本戰術單位。由於武器裝備和擔負的任務不同，各類航空兵旅（團）編制的飛機數量，通常在二十到四十架之間不等；飛機和飛行員（機組）之比，通常是一比一・二。

地面防空兵：通常按旅、營、連體制編成。

空降兵：已經升格為空軍「空降兵軍」，原空十五軍番號撤銷。空降兵部隊按軍、旅、營、連體制編成。

（三）共軍軍機數量評估

根據維基百科和美國二〇二一年《中共軍力報告》評估中共軍機數如下：

1. 維基百科：中共約一千五百四十七架殲擊機，其中「殲-10」六百架、「殲-11」四百五十架、「殲-16」兩百架、「殲-20」一百五十架（但軍事家多認為應只有二十五至四十架之間）、「蘇-27」五十架、「蘇-30」七十三架、「蘇-35」二十四架。

2. 美國《中共軍力報告》：中共約有八百架第四代戰鬥機，包括「殲-10／11／16」等。比維基百科少四百五十架，判斷可能是該報告未列計四百五十架殲轟機。

3. 此外，維基百科統計中共有四百餘架轟炸機、四百五十餘架殲轟機、四百五十餘架運輸機和空中加油機、各型電子戰機，和帶有攻擊力的教練機。但美國評估：中共約有四百五十架轟炸機或攻擊機，包括「轟-6K」，可攜帶六枚對地巡航導彈，還有「運-20」運輸機和俄製「伊爾-78」加油機。

4. 中共約有四千架的自製無人機（包括由「殲-6／7／8」改裝之無人機）。

5. 另英國航空雜誌《國際航空》二〇二一年初公布的「世界空軍」報告，中共戰機數量以一千五百七十一架排名全球第二名。比維基百科多二十四架。

中時新聞網曾在二〇一八年引據美國《大未來》網站評估：到二〇二五年，中共可能擁有一千一百架四代戰機和約六十到一百二十架五代戰機。到二〇三〇年，可能擁有一千兩百到一千六百架四代戰機和兩百到五百架五代戰機。

三、空降兵軍

（一）空降十五軍

一九五〇年，中共空軍為犯臺在河南開封成立空降兵部隊，稱為空軍陸戰第一旅，再擴編為師。一九六一年，中共將陸軍第十五軍軍部和所屬第四十四、四十五師，與空降兵師（改稱四十三師）合併為空軍空降兵第十五軍，軍部設在湖北孝感。

據二〇〇〇年中共「中國新聞網」透露：「空軍空降兵擁有引導兵、防化兵、汽車兵、工兵、炮兵、偵察兵、通信兵、步兵等八個技術兵種的攻擊型快速反應部隊」，「一九九一年引入十架大型伊爾（IL-76MD）運輸機（每架可載全副武裝士兵一百二十五人）的空軍第十三運輸師（現屬中部戰區），專門配合該軍各項作戰行動使用」，「向美國購進C-130H民用型運輸機改裝成軍用型（可載全副武裝士兵七十四人），並聘請德、俄軍退役傘兵協助訓練」。

該新聞網還透露：「第四十四師的三個加強團專責攻臺作戰，以湖北一座仿臺灣清泉崗空軍機場的假想敵特訓中心為基地，苦練敵後破襲的各項技戰術」。

「一九九三年底，總參作訓部還把安徽三界地區的山地戰基地，改建為一座三軍聯合立體登陸作戰基地，類比臺灣中部山區地形，供三軍特種部隊熟悉和發展『垂直包圍』、『立體突擊』

等新型合成作戰方式」。

三界位於安徽明光市南約四十公里，南與南京訓練靶場為鄰，地處江淮分水嶺地帶，屬低山丘陵地形。空降兵另在湖北廣水市（毗鄰河南信陽市）郝店鎮有一座共軍唯一的空降兵綜合訓練場，占地一萬餘畝。

（二）空軍空降兵軍

鄧小平在一九九一年時曾指示：培訓七個空降兵師的兵力，能在八十個小時內直接拿下臺灣全島守備。

軍改後，中共於二〇一七年四月將空降十五軍提升為空軍新兵種「空降兵軍」，納編桂林空降兵學院，並從多個戰區接收陸軍部隊轉入空降兵軍，總兵力三萬五千人。

共軍因鑑於美軍空降部隊在一九九〇年波斯灣戰爭時，以旅為單位緊急空運，能夠迅速集中，展開空降作戰。故學習美軍，由師團體制改為旅營體制，計有六個空降旅，和直屬特種作戰旅（雷神突擊隊）、支援旅（通信、工兵、防化）、運輸航空兵旅（航運團、直升機大隊）各一個；教導大隊、司機訓練大隊等共九個旅、兩個大隊。

二〇一七年六月，中共軍網曾刊出共軍空降兵軍搭乘「直-10」武裝直升機，在吉林省公主嶺市空軍基地訓練的照片。央視稱係「北部戰區空軍空降兵某旅」。

公主嶺市直線距美國部署南韓的薩德（THAAD）終端高空防衛系統陣地不到九百公里。媒體稱：共軍空降部隊部署在此地，是為了加強應對朝鮮半島可能的突發情況。此一消息也說明：中共空降兵軍有可能已部署在各戰區，以因應各戰略方向戰備需要。

二〇一九年，中共央視曾報導：第十五空降軍過去只配備十架俄製「伊爾-76」運輸機，但因美軍一個空降軍就有百架以上大型運輸機，故中共空降部隊迫切需要裝備「運-20」大型運輸機，希望能有兩百架左右。

軍事專家分析：原空降十五軍只是傘降部隊，擴編後使空降兵軍具有全域（包括在山地、高原和海上）的作戰能力，並能使用各種機種投送士兵或戰車。因此空降兵軍已是一個集團軍，並向多兵種合成化發展，除傘兵外，還會有空降裝甲兵、砲兵，和全直升機化之空中打擊旅。

據「澎湃網」二〇一七年透露：空降兵運輸航空兵旅為「改變以往飛行指揮組通知場站機關，場站機關指揮值班員，值班指揮員傳達一線的模式，現「實施『指揮一體化』的保障」，由飛行指揮組統一指揮人員、物資和裝備，減少命令傳遞程序、嚴格規定保障到位時間」。

二〇一七年夏，中共空軍為縮短空降兵滯空曝露時間，並快速集結，要求傘降高度降低至約五百呎，滯空時間限在九十秒內。一個旅傘降著陸後在一小時內完成集結，務求也能一小時內攻佔目標。國軍突擊東山島，傘兵即因拉高空降高度跳傘，導致滯空時間太長，造成重大傷亡。

國軍《青年日報》曾報導：共軍在福建建造了一個「福建村」，演練機降突襲作戰，由通閩南語的福建人擔任交通引導人員，作為機降部隊滲透臺灣後，能立即融入當地，馬上指揮交通。

共軍將空降兵軍、軍委會或戰區直屬的快速反應部隊、戰區直屬特戰兵營、海軍陸戰隊等四大「鐵拳部隊」作為快速應變武力，針對臺海週邊可能爆發的武裝衝突，進行各式訓練，據傳其總兵力已超過二十五萬人。

12 火箭軍

一、兩彈一星建立低嚇阻戰略

中共「導彈之父」錢學森於一九五五年自美返陸後，毛澤東興奮地說：「我們不但要有更多的飛機和大炮，而且還要有原子彈。在今天的世界上，我們要不受人家欺負，就不能沒有這個東西」。因此確定了「研製導彈、原子彈，創建戰略核力量、打破核壟斷」政策。

一九五八年毛澤東又表示：「我們也要搞人造衛星！搞原子彈、氫彈、導彈」。自此，「兩彈一星」（核彈、導彈和人造衛星）便成了中共發展科技實力的標誌。

一九六六年，共軍秘密成立「導彈部隊」，基於保密，命名「第二炮兵」，簡稱「二炮」，為直屬中央軍委的戰略部隊。直到一九八四年，中共建政三十五周年閱兵式上，才首次將「二炮部隊」暨裝備公開亮相。

中共戰略核武發展，初期是先求有，只求達到最低「嚇阻戰略」為目標，目的在警告美蘇兩國「你有核武，我也有核武」，以嚇阻美蘇勿輕易對中共實施「第一擊」的企圖。但中共開發核武的最終目標，仍是要具有能對美、蘇本土直接攻擊，精準打擊的能力。

二、導彈和核武發展四個時期

（一）導彈急速發展時期（一九五六至六五年）

一九五六年，中共成立「航空工業委員會」，領導航空和火箭的發展；在國防部成立「第五研究院」（現為「國家航天局」），錢學森任院長，負責導彈研發；在哈爾濱「解放軍軍事工程學院」（哈軍工，現「國防科學技術大學」）內設立「導彈工程系」。

中共於一九六〇年仿製蘇聯短程「SS-2」地地導彈成功，命名「東風-1」號短程彈道導彈，將彈頭射進太空軌道後再回到大氣層，擊中兩百九十公里外的地面目標。

一九六四年六月，中共試射成功自製第一枚「東風-2」導彈；十月十六日，第一枚原子彈在新疆羅布泊試爆成功；一九六五年五月，中共完成首次空投核武試爆。

（二）文革發展遲緩時期（一九六五至七六年）

十年「文革」期間，「兩彈一星」計畫受到中共嚴密保護，所受衝擊較小。

一九六六年十月，中共將萬餘噸級核彈裝入「東風-2A」導彈，首次以「兩彈結合」射向八九四公里外的核爆場，成功在低空引爆；十二月，完成「東風-3」中程彈道導彈試射，擊中兩千六百五十公里外的目標；一九六七年六月十七日，第一枚氫彈試爆成功；一九七〇年一月試射中遠程「東風-4」號彈道導彈，擊中四千七百五十公里外的目標。

一九七〇年四月，中共以「長征-1」號運載火箭裝載「東方紅-1」號人造衛星發射成功，成為繼美蘇法日四國之後，第五個能夠獨立發射人造地球衛星的國家；一九七五年十一月，又將第一枚返回式衛星由「長征-2」號運載火箭發射，在軌道運行三天後，順利返回地面。

（三）導彈研究恢復時期（一九七六至八六年）

文革結束後，戰略導彈研發逐步恢復正常，成功試射項目有：一九八〇年五月的「東風-5」洲際導彈；一九八一年九月以一枚「風暴-1號」運載火箭，發射三顆人造衛星；一九八二年十月水下發射「巨浪-1」潛射導彈；一九八四年四月以「長征-3號」火箭發射地球同步通信衛星；一九八五年五月以機動方式，試射「東風-21」固體燃料導彈。

這時中共的二砲兵力已由最初的一個導彈營，擴充到六個軍級單位，逐步達成最低嚇阻的戰略目標。但隨著美蘇第二代戰略導彈在一九八〇年代中期完成部署，中共第一代導彈之嚇阻能力明顯不足。

這時中共導彈僅「東風-21」使用固體燃料，其餘各型導彈均採用液體燃料，首先，平時需冷藏，發射前才灌注，十分耗時，作戰反應慢，生存力顯著降低；其次，液體燃料導彈因需自地面塔架發射，平時儲存在發射井內，抗核強度較薄弱，如遭受第一擊攻擊，極易被摧毀；其三，導彈均為單彈頭，且射程有限，威懾範圍僅止於美、蘇西太平洋的基地；尤其在一九七〇年代，美蘇開始發展反導彈系統，一九八三年美國又啟動「星球大戰計劃」，研發在太空部署雷射武器，在敵之核導彈進入太空重返大氣層前即加以摧毀，使中共導彈發展面臨極大的威脅。

鄧小平說：「我們的核武器只是體現你有我也有，你要毀滅我們，你也要受點報復」。他指示必須大幅提高導彈性能，以保證能有第二擊反擊能力。

（四）體制改革躍進時期（一九八六年～）

一九八六年三月，中共制定《高技術研究發展計劃》（八六三計劃）研發第二代導彈。中共新戰略核武導彈發展有四個重點：一，小型化、使用固體燃料、機動式導彈；二，提高導彈之精準度，由攻擊面的目標向點的目標邁進；三，多彈頭化，能同時攻擊多個目標；四，洲際導彈進入亞軌道（大氣層外沿之橢圓軌道）飛行後重返大氣層時，增強飛行安全性，和穿透敵人防禦網能力。

自一九九〇年代起，中共戰略核武發展，計有地面車載機動「東風-25」中程導彈、「東風-31」洲際導彈（「東風-31A」配備核彈頭）、「東風-41」洲際導彈及「巨浪-2」潛射導彈之研製成功，逐步成為中共戰略導彈主要打擊力量。

一九九一年波灣戰爭中，伊拉克曾以俄製飛毛腿地地戰術導彈，攻擊沙、以兩國。中共發現戰術導彈不僅具有在局部戰役中攻擊敵人軍事目標的軍事價值，同時也能以低強度方式，如以外海、無人地區為目標射擊，來展現其威懾和瓦解敵人抵抗意圖的政治效果。

故在一九九五、九六年臺海危機時，中共曾以「東風-15」短程導彈對臺灣外海進行武嚇，也威脅以核導彈攻擊洛杉磯，意圖阻止美國航母戰鬥群進入臺海干預，顯示中共戰略思想也由「最低嚇阻」向「實戰嚇阻」轉變。

三、新時代核戰略

（一）火箭軍暨核戰略

二〇一五年十二月底，中共「軍改」將「第二炮兵」正名為「火箭軍」，成為共軍第四個獨立軍種，實行「中央軍委—火箭軍—導彈基地—導彈旅」的指揮體制。

習近平說：「火箭軍是中國戰略威懾的核心力量」；要「按照核常兼備、全域懾戰的戰略要求，增強可信可靠的核威懾和核反擊能力，加強中遠程精確打擊力量建設，增強戰略制衡能力，努力建設一支強大的現代化火箭軍」。

中共在火箭軍成立後，宣稱其核政策和核戰略仍維持不變，但在二〇一九年公布的《新時代的中國國防》白皮書，對核武戰略進行了調整，綜整如下：

1. 堅持自衛防禦核戰略，目的是遏制他國對中國使用或威脅使用核武器，確保國家戰略安全（原為：貫徹自衛防禦核戰略，以保證國家免受外來核攻擊為基本使命。顯示中共核戰略已從被動化為主動）。

2.奉行在任何時候和任何情況下都不首先使用核武器政策、無條件不對無核武器國家和無核武器區使用或威脅使用核武器的核政策（原為：導彈核武器，平時不瞄準任何國家。調整目的應是在化解鄰近國家，可能包括臺灣在內，對中共核威懾之疑慮）。

3.保持核武器戒備狀態（原為：在國家受到核威脅時，核導彈部隊將提升戒備狀態。調整目的在化被動為主動），提高戰略威懾能力，做好核反擊準備，懾止敵人對中共使用核武器；在國家遭受核襲擊時，使用導彈核武器，獨立或聯合其他軍種核力量，對敵實施堅決反擊。

4.主張最終全面禁止和徹底銷毀核武器，不會與任何國家進行核軍備競賽，始終把自身核力量維持在國家安全需要的最低水平（新增：是因應國際裁減軍備會議要求中共參與削減核武而提出）。

5.常規導彈部隊主要擔負對敵戰略戰役重要目標實施中遠程精確打擊任務。

另據「央視」報導：中共戰略導彈部隊之戰略指導為「戰略制衡、戰略攝控、戰略決勝」，而作戰指導是「指揮控制、快速反應、導彈突防、生存防護」。

分析家認為火箭軍的成立，是仿效前蘇聯在一九六〇年成立的戰略火箭軍，配備洲際導彈和中程導彈，是冷戰期間對抗美國的主要力量。因此，中共火箭軍可能將專責中遠程戰略核打擊任務。至於短程戰術導彈打擊任務，將由各戰區或授權各集團軍負責。

（二）拒參加美俄限武談判

美俄曾在二〇一〇年簽署《新削減戰略武器條約》，規定雙方核彈頭的數量不得超過一千五百五十枚，並限制攜帶核彈頭的戰略導彈數量。該約在二〇二一年二月五日到期前，俄國建議將效期延長五年。美國則要求中共也參加戰略核武談判，另簽署新的核武控制協定。但中共以「中國的核武總量是國家安全所需的最低限度，完全無法與美俄核武總量相比」，拒絕參與談判。

二〇二〇年二月中旬，五核國（P5，即中俄美英法五國）合作機制年會在倫敦召開。中共代表強調：「中方核力量與美俄完全不在一個量級，要求中方參與三邊軍控談判既不公平也不合理。美俄是擁有最大核武庫的國家，應切實履行核裁軍特殊責任，實現《新削減戰略武器條約》延期，並進一步大幅削減核武器，為其他核武器國家加入核裁軍談判創造條件。如美國真有誠意討論戰略安全問題，完全可利用五核國機制展開討論」。

《新削減戰略武器條約》直到二〇二一年一月美國新總統拜登上任後，才與俄羅斯總統普丁達成共識，延長該約五年至二〇二六年二月五日止。

美國裁軍大使伍德隨即在二月舉行的裁減軍備會議上提出：中共應加入核武管制和降低風險行列，減少核武儲備。中共裁軍代表表示：中共只願「與包括美、俄在內的核武國家就戰略安全問題開展雙邊對話」。

中共慣例在核武、軍備或南海問題上未居優勢時，不參與多國會議，只同意雙邊會談。但在對自身有利的問題上則不同，中共外長王毅在六月參與日內瓦裁軍談判視訊會議時建議：推動五核國締結《互不首先使用核武器條約》，立即啟動「對無核武器國家安全保證」國際法律文書談判；推進《不擴散核武器條約》核裁軍、核不擴散、和平利用核能三大目標，各方應支持《全面禁核試條約》；啟動防止外空軍備競賽的條約談判。

但據美國國務院二〇二〇年四月公布的《新軍備控制報告》稱：中共在新疆羅布泊核試基地正進行大量挖掘，興建特殊密室以控制爆炸規模，可能正秘密進行低爆炸威力的核試驗。並指責中共違反一九九六年聯合國《全面禁核試條約》（美國未批准該約，也因實際批准的國家數未達標，迄未生效）中關於「零當量」的核武測試禁令。

美國核武戰略司令理查德上將也披露：中共正在興建「快中子增殖反應堆」，預計二〇二三年投產，生產核武器級的鈈，用以製造核武；可能在二〇三〇年之前建造進行廢核燃料再處理工廠生產鈈。

聯合國《禁止核子武器擴散條約》的五擁核國（中美俄英法，均為常任理事國）突於二〇二二年一月發表《關於防止核戰爭與避免軍備競賽的聯合聲明》，強調「核戰爭打不贏也打不得」，五國的首要責任是避免核武國家間爆發戰爭和減少戰略風險。

早在一九八七年美、蘇簽署《中程飛彈條約》時，雙方就曾一致表示「不可能打勝核武戰爭，而核武戰爭也不應該發生」。但在二〇二二年二月十八日，俄羅斯軍事入侵烏克蘭態勢已明之際，俄軍方突然進行大規模「戰略核武演習」，示警歐美國家，勿試圖干預俄國軍事行動。

二月二十四日，俄烏戰爭爆發，普丁總統又警告若有他國介入，他將使用核武，並指示戰略核武部隊進入最高層級的特別警戒狀態。三月，俄發射一枚空射高超音速之「匕首」（Kinzhal）彈道導彈，擊中烏克蘭一處地下導彈庫。四月，俄國試射成功號稱「世上最強，破壞目標距離最遠」的新一代薩爾馬特（Sarmat）洲際彈道導彈，揚言這款能夠搭載核彈頭的超級武器，將使試圖威脅俄國的敵人慎思慎行。俄外交部也威脅說：核戰爭的風險「是真實的」，不能低估。但俄國的立場仍舊是「不接受核戰爭」，正在「努力降低核戰爭的風險」。俄羅斯的威嚇，已嚇得西方各國除軍援烏克蘭外，無一國敢軍事介入，媒體和學者更擔心第三次世界大戰的爆發。

俄羅斯是世界上在真實戰爭中，首次祭出「核威脅」謀略作為的國家，並有實效。將可能是中共一旦武力犯臺時，學習仿傚採取之措施，以警告阻止美歐亞各國之干預。

四、火箭軍體制改革

中共火箭軍主體是由戰略核導彈部隊、戰役戰術常規導彈部隊、作戰保障部隊和科研機構組成，約有十五萬兵員。

（一）火箭軍基地

1. 九個軍級基地

A. 第六十一基地（安徽黃山）：轄六一一至六一八等八個旅，負責對臺導彈威脅和攻擊。

B.第六十二基地（雲南昆明）：轄六二一至六二七等七個旅。

C.第六十三基地（湖南懷化）：轄六三一至六三七等七個旅。

D.第六十四基地（青海西寧）：轄六四一至六四七等七個旅。

E.第六十五基地（遼寧瀋陽）：轄六五一至六五七等七個旅。

F.第六十六基地（河南洛陽）：轄六六一至六六七等七個旅。

G.第六十七基地（陝西寶雞）：轄六個旅，為火箭軍裝備部基地，核武器地下綜合儲存、處理中心。

H.第六十八基地（河南洛陽）：轄六個旅，負責導彈陣地、地下指揮所工程施工。

I.第六十九基地（吉林白城）：轄六個旅，為合同戰術訓練基地。

2.導彈旅

導彈旅為火箭軍之「基本作戰單位」；每旅轄四至六個導彈發射營，屬基本火力單位；每營編配六輛導彈發射車（全名「運輸—起豎—發射車」，TEL），每車編制四枚導彈；每營轄二至三個發射連，連轄兩個排。

火箭軍年度常態旅級對抗系列演習代號為「天劍」，與陸軍「跨越—朱日和」、空軍「紅箭」兩系列旅級體系對抗演習，並列為共軍三大演習。

（二）導彈核彈數量

一九五七年，毛澤東說：「世界上現在有兩股風：東風、西風。中國有句成語：不是東風壓倒西風，就是西風壓倒東風。我認為目前形勢的特點是東風壓倒西風」。

中共發展導彈既然是為了對抗西方強國，理所當然命名為「東風」，英文縮寫為「ＤＦ」（DONG FENG），外銷導彈則稱為「Ｍ族導彈」，西方則稱為ＣＳＳ（CHINA SURFACE TO SURFACE）。

「東風」系列導彈有常規導彈和核導彈兩大類；依射程分為短程（射程一千公里以內）、中程（一千至三千公里）、遠程（三千至八千公里）和洲際（八千公里以上）等四種導彈（與美國分類稍有出入）。因導彈射速快也被稱為「東風快遞」，中程及以上級別的彈道導彈，才歸入「核常兼備」型，或只是「核導彈」。

美蘇一九八七年簽署的《中程導彈條約》，約定雙方均各自銷毀所有之中程彈道導彈，因此中共一度曾是世界上唯一擁有中程導彈的國家。但美俄在二〇一九年二月宣布暫停履行《中導條約》後，兩國已恢復發展中程導彈，中共獨霸優勢已失去。

據共青團微博二〇一六年十一月透露：火箭軍裝備之短程彈道導彈（東風-11／15／16）共一千一百五十枚，中程彈道導彈（東風-21／26）三百枚，遠程和洲際彈道導彈（東風-5／31／41）兩百枚，共計一六五〇枚。內容可能有浮誇之嫌，而且是多年前的報導數量，僅能作參考。

日本防衛廳二〇二〇年七月公布之年度《防衛白皮書》評估中共中程以上導彈數為：「東風-4」十枚；「東風-5」二十枚；「東風-17」十到二十枚之間；「東風-21A／B／C／D／E」共一百三十四枚；「東風-26」七十二枚；「東風-31」五十枚；「東風-41」十八枚，總計三百一十四到三百二十四枚，核彈頭約兩百九十枚。

但美國科學家聯合會同年底公布的《中共核武器》報告，評估中共中程以上導彈數量為：

1. 液體燃料彈道導彈：多部署在發射井內，射擊準備時間長，難以迅速發起攻擊，易被摧毀：

A.「東風-4」六十三枚（日本稱十枚，差五十三枚），單彈頭，實際部署核彈頭六個。

B.「東風-5A」十枚，單彈頭，核彈頭十個。

C.「東風-5B」十枚，五彈頭，核彈頭五十個。（東風-5A／5B共二十枚，與日本評估相同）

2. 固體燃料的彈道導彈：機動部署，生存力高，為中共最倚重的戰略核導彈：

A.「東風-31」六枚，單彈頭，核彈頭六個。

B.「東風-31A／B」各三十六枚，單彈頭，核彈頭七十二個（比日本評估的東風-31／A／B之五十枚，多出二十八枚）。

C.「東風-41」可能有十八枚，三彈頭，核彈頭五十四個（同日本評估）。

3. 可攜帶核彈頭的中程導彈：

A.「東風-15」可能配備單彈頭，數量不詳。但美國國防部評估有三百一十五到三百五十五枚。

B.「東風-17」十八枚，可能配備單彈頭（日本評估為十到二十枚，相近）。

C.「東風-21A／E」四十枚，單彈頭，核彈頭四十個（日本評估包括21B／C／D共一百三十四枚，差距達九十六枚）。

D.「東風-26」一百枚，單彈頭，核彈頭可能二十個（日本評估為七十二枚，相差二十八枚）。

美國國防部二〇二一年六月公布的《中共軍力報告》評估中共有約六百枚或更多短程彈道導彈、超過一百五十枚中短程彈道導彈、超過兩百枚中程彈道導彈（與過去評估「東風-15」三百一十五到三百五十五枚，自相矛盾）、約一百枚洲際彈道導彈（數量顯著偏低），則顯得籠統。

從陸、日、美三國資料分析，共青團發布的中共東風系列短程導彈多達一千一百五十枚，與美國國防部的六百枚相差甚鉅，應是誇大不實。至於中程以上導彈，共青團為三百加上兩百共五百枚，與美國國防部的四百五十枚，較為接近。但與日本防衛廳的三一四到三二四枚和美國科學家聯合會的三百零一枚（不含東風-15）仍存差距。由於中共對導彈數量和核彈頭，一向列為最高機密，美日評估都只能做為參考。

美國防部二〇二一年《中共軍力報告》稱：目前火箭軍的導彈旅中有一半的導彈發射車具有發射核武的能力。該報告評估中共核彈頭數量三百五十個，與美國科學家聯合會的《中共核武器》報告最多的三百五十枚，和《原子科學家公報》二〇二〇年十二月估算的三百五十枚核彈頭相同。但日本評估為兩百九十枚核彈頭，出入達六十枚，經查證是二〇一九年初之舊資料，這說明中共核彈頭生產速度頗快。

二〇一九年六月，瑞典斯德哥爾摩國際和平研究所公布評估中共的核彈頭數量，在二〇一九年一月為兩百九十枚，二〇二〇年一月為三百二十枚，到二〇二一年一月已增加到三百五十枚，與美國評估相同。

中共亟欲在二〇三〇年前將核彈頭數量倍增。美軍評估中共即使在沒有生產新的核裂變物質情況下，仍有足夠原料可以倍增核武儲備。中共已具從陸上和海上以彈道導彈發射核彈，並正研發從空中發射彈道導彈的能力。

但到二〇二二年十一月，美國國防部發表的《中國軍事和安全發展報告》稱：中共目前擁有四百多枚核彈頭，研判到二〇二七年可達到七百枚，二〇三五年達到一千五百枚核彈頭，而且中共已具核三位一體能力，能從空中、地面、海上發射核彈。

五、導彈威脅、預警

（一）導彈對臺美威脅

目前共軍的短程地對地導彈，多集中部署於東部戰區，約占所有導彈兵力的四成。而部署在臺海當面的導彈，多為搭載傳統彈頭的短程彈道導彈。

媒體曾報導，「東風-16」導彈與「東風-21C／D」導彈將是打擊臺灣的主要力量。但專家認為「東風-11／15」才是攻臺導彈，而「東風-16／21」射程遠，是以美軍在亞洲基地和艦隻為目標。

中共因汲取美國介入一九九五、九六年臺海導彈危機的教訓，發展出以導彈拒止美軍介入臺海衝突的戰法。並以關島以西、第一島鏈以東的廣闊海空域，作為拒阻美國馳援臺灣的主戰場，規劃以「東風-16／17／26」三彈結為「反介入／拒止」的武器。認為臺海一旦發生戰事，美軍快速反應部隊固可從日本及關島迅速支援，但是來自美國本土和印度洋的後繼武力，因「時空劣勢」，已難阻止共軍侵臺。

二〇一五年九月，央視曾以專題介紹「東風-21D」和「東風-26」搭配使用，能構成中、遠程兩道反艦網。二〇二〇年八月二十六日，中共針對美軍「雷根號」航母群進入南海東沙島海域演訓，自青海和浙江分別發射「東風-26B」和「東風-21D」導彈各一枚落入海南島與西沙群島之間的海域，以為威嚇。

「東風-41」、「東風-31B」與「東風-5B」被稱為中共陸基遠程核導彈的三大利劍。美軍在南韓部署THAAD反導防衛系統，以防禦類似「東風-31」型這類導彈。軍事學者分析：在戰時，「東風-21」可完全負起對THAAD的飽和打擊任務，以保證「東風-31／41」能夠突破反導阻礙，直擊美洲大陸。

（二）導彈預警與惑敵

英國「ＢＢＣ」電臺曾在二〇二〇年十一月報導：中俄合作，在俄羅斯的「苔原」（Tundra）預警衛星和在中共境內建立的「沃羅涅日」遠程導彈預警高頻雷達站的基礎上所建造的導彈早期預警系統接近完成。預警雷達將提供來襲導彈軌跡、速度、擊中目標前的飛行時間以及其他攔截所必須的數據。

美國《國家利益雜誌》對此評論說：「這是俄羅斯給中共一個強有力的工具，能夠避免成為美國第一次核打擊的受害者。」

共軍原有十八到二十座「東風-5」地下導彈發射井。二〇二〇年底中共在內蒙古自治區烏海以西的吉蘭泰基地、興建了十六座「東風-41」和「東風-31Ｂ」地下導彈發射井，基地內有兩條直通式隧道，以容納移動式導彈發射器。媒體也曾報導，中共地下導彈基地非常堅固，需要十幾萬噸的鑽地導彈才能打穿。

二〇二一年六月，美國衛星圖像發現共軍在距甘肅「酒泉衛星發射中心」僅數小時車程的玉門沙漠地帶正建造一百一十九個密集型新的洲際導彈發射井。七月，再發現新疆哈密沙漠上也在建造一百一十個導彈發射井。兩地區發射井區面積各有八百平方公里。

美國國防部認為，中共將導彈移至地下發射井，係為因應美國的核攻擊威脅，「解放軍的核武政策是優先考慮能夠在遭到第一擊後保證一支核打擊力量倖存，並以足夠的力量做出回應，給敵人造成不可承受的傷害」。

有媒體懷疑這些發射井是風力發電設施，也有專家認為不合發射井分散隱蔽原則，如此暴露極易被敵摧毀，疑為假井，或僅少數為真，使敵無從正確判斷真實導彈發射井，如欲盡毀將耗費大量導彈，可藉以消耗敵之實力，並能隱匿在其他地區核導彈發射井，保有核反擊能力。

13 戰略支援部隊

中共於二〇一五年十二月三十一日成立戰略支援部隊，成為共軍第五大軍種。下設「網絡」和「航天」兩大系統部。

中共稱：戰支部隊是將「戰略性、基礎性、支撐性都很強的各類保障力量進行功能整合後組建而成」。習近平在二〇一六年稱：「戰略支援部隊是維護國家安全的新型作戰力量，是我軍新質作戰能力的重要增長點」。

央視報導說：戰支部隊是集「天電網」於一體，將太空、天空、電磁、網路等空間的力量，支援其他傳統作戰力量的軍種，起到戰略層面支援的作用。

據共軍軍事專家稱：「戰支部隊主要的使命任務是支援戰場作戰，使我軍在航天、太空、網絡和電磁空間戰場能取得局部優勢，保證作戰的順利進行。具體地說，戰支部隊的任務包括：對目標的探測、偵察和目標信息的回傳；承擔日常的導航行動，以及北斗衛星和太空偵察手段的管理工作；承擔電磁空間和網絡空間的防禦任務」，「戰支部隊將為各軍兵種的聯合作戰行動提供有力的戰場支持，以實現打贏信息化條件下局部戰爭的目標」。

二〇一六年中共發表的《中國的軍事戰略》白皮書透露：「太空是國際戰略競爭制高點。有關國家發展太空力量和手段，太空武器化初顯端倪。中國……應對太空安全威脅與挑戰，保衛太空資產安全」，「網絡空間國際戰略競爭日趨激烈……加快網絡空間力量建設，提高網絡空間態勢感知、網絡防禦、支援國家網絡空間鬥爭和參與國際合作的能力，遏控網絡空間重大危機，保障國家網絡與信息安全」。共軍文書喜用艱澀繞口難懂文字，從以上共軍資料，甚難瞭解戰支部隊實質內容。

但據中共網路「軍校報考指南」稱，戰略支援部隊主要任務包括情報偵察、衛星管理、電子對抗、網絡攻防、心理戰五大領域，這就簡單易懂了。

一、網絡系統部隊

二〇一七年七月，戰支部隊正式成立「網絡系統部」，位於北京海淀區。包括下列兩部分：

（一）網軍

前身為總參技術偵察部（三部），現稱「網路空間作戰部隊」，簡稱「戰支三部」，為從事電訊偵蒐、網路攻防的駭客部隊，對境外軍、政、經、科技目標進行網路情蒐與攻防；各軍兵種均有網路作戰指揮機構；各戰區設有相關部門，進行資通作戰模擬對抗研究任務。

「戰支三部」類似美國「國家安全局」，負責監控、蒐集、分析電子（信號）情報，包括對各種無線電、電磁等信號的偵搜、密碼破譯、電話監聽、傳真截收，也涵蓋對互聯網、各國駐陸使領館、中外企業、網路之電話電郵電訊之監聽偵錄、網路攻防、衛星偵察，以及情報分析等任務。「三部」還負責遴派譯電和報務員擔任駐外使領館的資訊傳輸，以及反竊聽工作等。

據媒體報導，該部擁有五到十萬名的駭客、語言專家和分析師，以及相應的技術軍官，承擔監控分析全球通訊任務。

「三部」總部設在北京海淀區岳家花園，在上海、青島、武漢、三亞、珠海、哈爾濱、成都、廣州等地都設有分部。

在「總參三部」時期下轄十二個局級組織，併入戰支部隊後基本架構變化不大。「戰支三部」也在境外友好合作之寮、柬、緬和古巴等國家內設立秘密「偵聽站」。據該部人員透露：「三部」的密碼分析能力，對周邊小國（如泰、蒙、越等）的密碼，基本上都能破解。

三部「六局」位於武漢，專責臺灣的技術情報蒐集和研析，情蒐來源包括對臺灣的衛星和高空偵照、電訊截聽，以及從臺灣國際長途電話、傳真、行動電話、網路數據所截收到的情資。有部分單位以研究中心和通訊實驗室為名義掩護，隱藏在武漢大學國家網路安全學院內。

中共在福建省至少部署三個以上巨型訊號情報監聽站，專門監聽臺灣無線電訊號。在監聽臺灣電話的設備中，預置關鍵辭彙，當設備感應到這些辭彙時，立即警示監聽人員監聽。位於南京的「信息戰情報研究中心」，負責對臺資、通訊打擊目標的辨識與選定，並過濾研析所竊取之情報。

共軍曾提及以「資訊封鎖」對敵作戰的可能性，將這種作戰稱為「有系統的阻止敵方進行資訊的收集和交換」，並提到在未來對臺灣發生戰爭時，如何對付美軍的後勤補給、指揮和管制、以及其他情報、監視、偵察設施，藉此強化整體「反介入和區域拒止」的能力。

共軍也以臺灣為其「網軍」攻擊的試驗場，測試、累積網攻技術與經驗後，轉而攻擊歐美等西方國家。二〇二二年八月，共軍對臺實施「封鎖」軍演時，演習首日即網攻我國防部、外交部、警政署等單位之網路系統，乃至包括地方政府網站，如高雄市環保局都成了攻擊對象。

（二）電子戰部隊

軍改前，為前總參「電子對抗雷達部」，二〇一七年併入戰支部隊，負責作戰指管通情、欺敵以及干擾雷達和通信系統等任務。中共迄今未透露其實質內容。

但在二〇一七年朱日和大閱兵時，受閱部隊中出現的戰支部隊「信息作戰群」，包括有「信息支援」、「電子偵察」、「電子對抗」、「無人機」等四個方隊。代表「電子戰部隊」至少有這四類部隊。中共軍媒在介紹這四個方隊時透露：

1. 信息支援部隊：是隻新型作戰力量，正加快融入全軍聯合作戰體系，在關鍵領域實現跨越發展。
2. 電子偵察部隊：電子偵察車組，具有多手段集成、部署靈活、機動性強等特點，能夠為掌握複雜電磁環境下戰場主動權提供有效支撐。
3. 電子對抗部隊：由雷達干擾車和通信偵察干擾車組成。新型電子裝備列裝部隊，使我軍電子對抗能力獲得長足發展。

4.無人機部隊：由通信干擾無人機、雷達干擾無人機和反輻射無人機組成，能夠對敵方的預警探測和指揮通信體系進行壓制。

共軍在東南沿海已加大陸基電子偵蒐與對抗設施的部署，針對臺海的超視距雷達、偵察預警雷達的部署密度超過東海防空識別區，將臺灣全境納入實質防空識別區監偵範圍。

據美國陸軍東京情報單位「亞洲研究特遣隊」二〇一七年的報告透露：中共戰支部隊負責電子戰的部門原「總參三部」的秘密指揮中心，可能隱身於同位於北京市海淀區北三環花園路的「漢庭全季酒店」與「金唐酒店」。據北京的「飛利信科技」網路公司稱，該址為後勤保障部所有；但訂房網頁皆回應「本飯店已結束營業」。「三部」使用該大樓作為「網軍」秘密基地，虛設「酒店」為掩護，是中共「網軍」慣用手法。

二、航天系統部隊

（一）空天一體、攻防兼備戰略

中共真正把太空視為戰場，起自一九九六年的臺海危機。共軍發現從第一次波灣戰爭起，美軍軍事行動都極為依賴衛星的通訊、監視和監聽，由此提供美軍戰場的即時資訊情報與通訊，而取得戰場優勢和主導權。認為如能癱瘓或降低美國衛星對戰場偵測能力，勢將削弱美軍未來介入臺海戰場的能力，甚至意願。

因此，奪取太空軍事「制天權」和提升太作戰能力，便成了中共太空戰略發展重點。二〇〇四年，中央軍委即在新時期軍事戰略方針中提出「空天一體，攻防兼備」的新戰略。共軍將領稱：「誰得到太空，誰就佔領了地球的制高點；誰佔領了制高點，誰就能取得戰爭的主動權」。

據美國防部《二〇一二年中共軍力評估報告》指出，中共在太空武器的發展，已能在較低的軌道運用反衛星武器，並正進行中、高軌道的反衛星武器試驗，威脅到美國距離地表兩萬公里軌道的GPS衛星，以及位於赤道上空三萬六千公里軌道的軍事通訊和導彈預警衛星，「可在發生衝突時限制或阻止對手使用太空設備」，將會對美軍的「閃擊全球」作戰計劃，構成「致命打擊」。

二〇〇六年九月，中共曾使用陸基雷射照射飛經中國大陸上空的美國間諜衛星；二〇〇七年一月，中共曾用導彈獵殺運行於低空軌道的氣象衛星。由於美軍多數衛星也在相同高度運行，中共此舉無疑是針對美國衛星採取的威脅行動。

美軍「閃擊全球」作戰計劃，是指美軍導彈、戰機或部隊能在「一小時內精準打擊全球任何目標」。但「閃擊全球」作戰系統必須依賴位在中、高軌道的軍事通訊與間諜衛星，一旦這些制導衛星被中共干擾或破壞，美軍的導彈、巡弋導彈、特種部隊，以及太空無人戰機等，都將失去指引攻擊目標的衛星制導訊號，使「閃擊全球」戰力遭受嚴重削弱。

二〇一六年中共在《中國的航太》白皮書中，開始提出「航太強國」的願景，表示要在二〇二一年前啟動重型運載火箭工程，構建形成衛星遙感、衛星通信廣播、衛星導航定位三大系統，建設天地一體化資訊網路。推動一體（空間技術）、兩翼（太空科學、空間應用）全面發展。目標是二〇三〇年躋身航太強國「三鼎甲」之列。

二〇一九年二月美國國防情報機構提出《對太空安全的挑戰》報告稱，中共表面上在聯合國倡導和平利用太空，推動限制太空武器化的協議，但實際上卻持續大力發展反制太空武器，給太空帶來了安全威脅。並通過「軍改」，將網絡空間、太空和電子戰整合到聯合軍事行動中。

報告說，中共軍隊擁有的可運作地基反衛星導彈可以攻擊近地軌道衛星，中共還可能正在尋求開發額外的能夠破壞地球同步軌道反衛星的能力。

（二）成立天軍和反太空軍備競賽

聯合國日內瓦裁軍談判會議（裁談會）自一九八二年起，歷年都把「防止外太空軍備競賽」列為議程之一。中共在發展太空武器同時，曾與俄羅斯在二〇〇八年共同提出《防止在外太空放置武器、對外太空物體使用或威脅使用武力條約》草案；二〇一五年提出《不首先在外層空間放置武器》案。

二〇一八年，美國宣布「新國家安全戰略」：「承認太空是一個作戰領域，就像陸地、空中和海上一樣」。矢言美國將在未來任何太空競賽中保持主導地位，並成立「太空司令部」，作為美軍第十一個作戰司令部。二〇二〇年二月，正式成立「太空軍」，成為美軍第六軍種。

其實到二〇二一年七月止，法、英、德三國也相繼成立「太空司令部」。日本也成立「宇宙作戰部隊」（將更名為「航空宇宙自衛隊」），具備空軍及「太空軍」雙重功能。此外，美、加、英、德、法、紐、澳等七國共同提出《聯合太空作戰倡議》，強化盟邦太空合作，確保可靠、穩定與安全的太空領域。

中共忘了自己已經成立「天軍」，痛批各國成立「太空軍」的行為悖離聯合國號稱「太空憲法」的《外太空條約》宣示之「外太空探索和利用屬於全人類，不得據為己有」之精神。中共《國防報》稱：「美國等國競相將軍事觸角伸向太空，將使太空軍備競賽走向公開化、激烈化和戰場化」。

（三）航天作戰部隊

中共在《二〇一五年國防白皮書》中強調「太空是國際戰略競爭的制高點」，同年底即成立「航天作戰部隊」（天軍），成為「戰支部隊」新軍種下的一個兵科。也說明中共「天軍」的實力目前尚不足以成為一支獨立軍種，但將來勢必也會成為新的軍種。

據參與共軍太空發展的哈爾濱工業大學航太學院（隸屬國科委）的學者透露：「天軍」包括五支部隊：

1. 「太空艦隊」：太空空間作戰部隊。
2. 「地基部隊」：天軍的地面部隊和戰略基地。

3.「航太和空天飛機部隊」：天軍的戰略預備隊。

4.「火箭部隊」：天軍的運輸隊，擔負衛星發射、航太飛機、宇宙飛船、軌道站和其他太空飛行器，為太空艦隊、太空工廠補充武器裝備和各種作戰、生活物資等。

5.「C4I部隊」：天軍的大腦和神經系統，任務是及時準確地搜集、處理、傳遞各種軍事資訊，保障「天軍」指揮員的正確決策和對「天軍」各部隊實施有效的控制和及時正確的指揮。

美國智庫「蘭德公司」在二〇一七年十二月的調查報告也披露：「共軍戰支部隊承擔太空作戰任務，主要是發射和遙控衛星，為解放軍其他軍種提供C4ISR支撐，還有可能通過定向能武器致盲、在軌衛星撞擊等手段干擾和摧毀敵方衛星」。

（四）「北斗衛星」導航系統

由於全球衛星定位系統（GPS）係美國所有，中共為防止戰時被美國封鎖使用GPS系統，自二〇〇〇年開始建構「北斗衛星導航系統」（BDS），並採取「先區域、後全球」的「三步走」戰略：

1.「北斗-1」號試驗系統：一九九四至二〇〇七年共發射四顆導航衛星，提供境內和周邊地區定位服務。二〇一二年十二月，停止運作。

2.「北斗-2」號亞太系統：二〇〇四至二〇一二年共發射導航衛星十六顆（其中地球靜止

軌道衛星和傾斜地球同步軌道衛星各六顆、中地球軌道衛星四顆），二〇一二年十一月正式啟用，提供亞太地區區域定位服務。

3.「北斗-3」號全球系統：二〇一五、二〇一六年先發射五顆試驗衛星，二〇一七至二〇二〇年六月止，共發射三十顆衛星，其中三顆GEO靜止（同步）軌道衛星（覆蓋中國大陸）、三顆IGSO傾斜同步軌道衛星（覆蓋亞太大部分地區）、二十四顆MEO中地球軌道衛星（覆蓋全球）。

習近平於二〇二〇年七月宣布全球衛星導航系統正式開通，他強調：「強國必須強軍，軍強才能國安」。此話，證實中共「北斗衛星導航系統」是以軍事為主。

中共中科院也透露：「北斗」系統的建成，中共軍事衛星導航系統完全不受制於人，徹底擺脫對美國GPS的依賴，並能做到美國GPS「外科手術式精準打擊、定點清除、斬首行動」等同樣功能。據維基百科稱：中共將在二〇三五年建成以「北斗」為核心的綜合定位、導航、授時體系。

北斗衛星導航系統全球性定位精度為十公尺，測速精度每秒〇．二公尺，授時精度為五十奈秒（一奈米為一秒的十億分之一），可增強共軍彈道導彈和巡弋導彈的攻擊能力及精準度。

據參與北斗衛星設計的中科院院士范本堯透露：地球軌道上兩顆北斗衛星的位置，可以定格在幾公分的誤差範圍內，有助於未來建構完整可靠的衛星網路。北斗衛星的優勢在於，方便控制站對各種交通工具實際情況的掌握，以及人員軍隊的調度和部署的實現。共軍將因此擁有獨立的全球定位能力，並把這種科技廣泛應用在武器精確攻擊之上。

目前中共的北斗衛星導航（BDS）、美國的全球定位（GPS）、俄羅斯的全球導航衛星（Glonass）和歐盟的伽利略定位（Galileo）等四大系統，為聯合國衛星導航委員會認定的全球衛星導航系統。

中共「北斗衛星」導航系統開發基地設在武漢。武漢為僅次於西安與上海之中共第三大航天基地，由「航太科工集團」第四研究院在武漢註冊的「航天科工火箭技術有限公司」（簡稱火箭公司；Expace）負責商轉營運。武漢也是中共從太空到水面下的軍事武器研製和人才培訓重鎮。

（五）量子衛星

二〇一六年八月中旬，中共發射世界首顆「墨子號」量子科學實驗衛星（量子衛星），在距地五百公里軌道運行兩年，進行「星地高速量子密鑰分發」等實驗，期在空間量子通信實用方面能取得重大突破。量子密鑰分發又稱量子保密通信，是目前唯一被證明絕對安全的通信方式。

據主持該計劃的中科院院士潘建偉透露：「基於量子物理基本原理，單光子的不可分割性，和量子態的不可複製性，保證了信息的不可竊聽和不可破解」。

至二〇一八年底，中共已以量子衛星和「京滬幹線」光纖通信網串連，提供量子保密通訊服務。中共光纖量子通信網路，以北京、濟南、合肥、上海四城市為基點，建立「北京—武漢—廣州」和「武漢—合肥—上海」兩線路，全長七千餘公里。但據騰訊網說：目前還不能稱為量子通信，只是量子加密的通信。

除中共外，美、俄和歐洲也都致力研發量子通訊。據《華爾街日報》稱：「中國爭取走在世界量子通信前列，其動機之一是要抗衡美國的網絡攻擊，建立防禦能力」。

二〇二〇年十月，習近平在政治局提出：量子科技發展具有重大戰略價值，要求找準量子科技的突破口，在國際上搶占量子科技的「制高點」，發展新優勢。

同年十二月，中共中科院推出六個光子的量子計算原型機「九章」，宣稱比谷歌的量子計算機快一百億倍。但是量子計算機必須置於與外界完全隔絕，和接近絕對零度的低溫環境中操作，細微的干擾都會破壞運算。數學家表示，現有的主流技術永遠無法讓量子計算機成功的進入實際應用。學者也多認為中共宣稱掌握了「量子霸權」，可能過分誇大。

「量子」科技的軍事用途：除用於通信領域，還可破解密碼。專家警告，量子計算機有能力破壞現有的數據加密系統，破解國防等最隱密領域的加密密碼，威脅到軍事網絡安全。量子科技的發展，會使得軍事武器裝備未來無人化、空海一體、水下量子通訊將不再只是夢想。

（六）以衛星建立C4ISR系統

一九九一年第一次波灣戰爭，美軍首次以「信息化」的戰爭，打敗伊拉克軍。中共發現美軍因在太空科技和通信之進步，對「C4ISR系統」、遠距精準打擊、反介入或區域拒止，以及聯戰兵力整合等「信息化戰爭」掌有優勢，得以輕易擊敗敵人。

二〇一六年中共《中國的航太》白皮書透露：在未來十年，計畫發射近百顆衛星，居高臨下對地進行偵察、通信、導航、測地、氣象等作業，逐漸形成「天基C4ISR系統」，並與陸海空相關系統整合組成一體化的「C4ISR」體系，不僅作為戰略核威懾力量的重要組成部分，並大幅提升全球情報蒐集，與指揮、管制的能力，適時支援陸、海、空軍作戰。

《白皮書》還透露，中共將藉由返回式衛星與資源衛星的測繪資料，精修全球擬攻擊目標的精確位置數據，調製導彈攻擊目標與航道預定「檢驗點」的「地形輪廓匹配圖」備用，以備戰時提升導彈制導的精準度，精確地命中目標。

（七）構建太空對地武器之衛星

中共在太空部署的對地武器係由「烽火」與「神通」系列的通信衛星、「尖兵」與「前哨」系列的偵察衛星、「北斗」系列的導航衛星組成。

「烽火」為戰術通信衛星，負責支援軍隊指管通情系統（C3I），現仍服役中的有「烽火-1-2」（中星-22A），二〇〇六年九月發射；第二代通信衛星「烽火-2A」（中星-1A），二〇一一年九月發射，位於129.85°E的地球同步軌道上空；「烽火-2B」（中星-1B）。

「神通」為地球同步軍用通信衛星，提供部隊通信指揮保障並為無人機提供數據指令，對外以「中星」衛星名義公開。現仍運作的是第二代「神通-2」號寬帶戰略通信衛星，共有三顆在軌工作（中星-2A／C／D），分於二〇一二（98.28°E）、二〇一五、二〇一九年發射，壽命十二年。

「尖兵」系列衛星為軍用對地遙感觀測衛星，分返回型與傳輸型兩類，負責偵蒐地面作戰目標、識別、定位和打擊毀傷效果評估等重要任務，以及制導戰略導彈對地面固定目標攻擊的定位。由於「尖兵」系列衛星現已發展到「尖兵-9」號（遙感八號），為在軌數字成像光學實時傳輸偵察衛星，地面解析度分米級。正研發的「尖兵-10」號，為第三代返回式照相詳查衛星，地面解析度分米級。

從太空監視偵察臺灣已是中共現行經常性軍事行動，從共軍近年公布偵照我空軍基地、飛彈基地和軍港衛星偵照和錄影之作為，已成為對臺「武嚇」威懾重要手段。

「導彈預警衛星」：共軍預想世界最可能對中共發動中、遠程導彈攻擊的國家是美、日和印度等國，尤其美國核潛艦之彈道導彈可從各大洋發射，因此在中太平洋、北大西洋和東印度洋赤道上空各部署一顆預警衛星，監視美國導彈發射。

共軍在太空部署的光電衛星、合成孔徑雷達衛星和電子偵察衛星，已能夠監視西太平洋、南海、印度洋等地的海上軍事活動，並追蹤進入該區域的機艦導彈等，建構對境外地區的攻擊能力。共軍也在評估將上述三種衛星之傳感器，由跨大氣層超高空飛行器掛載，作為未來監偵的平臺的可行性。

除太空、空中、和近太空的傳感器以外，中共空軍的各式雷達團也構成一個大型的空中監視網路，並擁有至少一座具有超視距的天波雷達系統，可監視長達三千公里的空中和海上活動。

中共計劃在二〇三〇年前，完成部署一百三十八顆實時觀測衛星，形成全天時、全天候、全譜段數據獲取能力，能夠建立在十分鐘內對全球任意地點的「重訪」能力，制導導彈對目標攻擊。

（八）中共太空戰作戰方式分析

1. 太空資訊戰

二〇一九年二月，美國國防情報機構稱：中共擁有空間監視傳感器網絡，能夠「搜索，跟蹤和識別地球軌道上的所有衛星」。這種監視網由各種望遠鏡、雷達和其它傳感器組成，使中共能夠執行包括情報蒐集、彈道導彈預警等在內的眾多任務。

該報告說：中共部署的空基「ＩＳＲ」（情報、監察和偵察）衛星設施，用於遙感和測繪，地面和海上監察以及軍事情報蒐集，能夠提供電子情報和信號情報數據。中共ＩＳＲ系統可以對美國及其在全球盟友軍隊進行監控和跟蹤，尤其在印太地區。

此外，中共已發射多組海洋監視衛星和超過數十枚各型監測衛星，結合大型遠洋電子情報船、長程電子偵察機、戰略無人偵察機、岸基超地平線雷達和空中預警機組成的監測網，偵查、跟蹤在大海中航行的航母戰鬥群，每三十分鐘能更新定位資料一次，基本上已構建成能精準制導摧毀航母戰鬥群的作戰體系。

2.太空反衛星戰

中共認為反衛星戰是奪取「制天權」的最佳途徑，中共已經成功開發出「陸基型」和「太空基地型」的雷射武器，用來打瞎敵國的衛星，或以電磁波摧毀衛星中的電子設備。一旦中共能夠把更多的人送上太空站，或者藉太空船在軌道上運行的時刻，直接操作已經部署在太空船或太空站上的「雷射武器」，瞄準敵國的各類衛星，進行攻擊，其殺傷力將遠超過地面上對太空的「雷射武器」。

中共甚至可能在太空綁架衛星，對敵發射誤導訊源。中共太空科學家曾提出發展能在太空中移轉到任何軌道，進行攻擊「衛星軌道導彈」的建議。

俄羅斯《空天研究》曾披露，中共正在積極開發一種核動力衛星，做為搭載天基信號干擾器的攻擊平臺，預定二〇二五年間發射第一顆核動力衛星。這種核動力衛星體積較小，便於火箭搭載進行發射，並為衛星訊號干擾器留出空間，提供干擾器所需要的大量電能，成為機動性高，殺傷力強的太空武器。

3.太空反導戰

從太空攔截及摧毀飛行中的敵國導彈，比地面、空中、海面的反導彈系統具有更佳的優勢。中共的太空專家強調，為防禦來自敵方導彈與太空的威脅，有必要建立太空全方位的導彈防禦系統。

4.太空電子戰

從外太空對地球廣大區域內進行電子偵察，或對電子設備干擾；運用飛行中的電子戰航空器發射電子摧毀敵方的雷達站、指揮與通訊中樞，達到摧毀和癱瘓敵方的指揮和作戰系統。

5.太空突擊戰

中共認為隨著太空梭、航太飛行器和太空武器等科技的突破，以「天對地」的模式攻擊地面、空中或海面的重要軍事目標，將會成為未來戰爭的重要作戰模式。由太空中發射雷射及束子武器等攻擊性武器，能以每秒數十萬公里的速度進行精準攻擊，且非一般防禦性武器所能抵擋。

三、心理戰和「三一一基地」

媒體報導戰支部隊負有「心理戰」任務，由於中共歷來強調的「三戰」（輿論戰、宣傳戰和心理戰）任務屬於政治工作，因此被質疑與高科技的戰支部隊性質不符。但在軍改後二〇一六年八月三日的《福州日報》新聞透露：三戰之「三一一基地」（福州六一七一六部隊），已併入戰支部隊，有官兵千餘人。

二〇一八年十月，美國國防大學發布的《中國戰略支援部隊：面向新時代的力量》研究報告證實：戰支部隊「將網路、電子和心理戰視為『信息戰』重要角色」，「新部隊還負責政治戰，接收解放軍的『三一一基地』，未來將利用心理、輿論和法律作戰」。

「三一一基地」（三戰基地，共軍唯一公開以心理戰為主的組織）係「總政」於二〇〇五年在福州成立，指定該基地為「所有對臺心理戰工作的焦點，包括協助轉播海峽之聲廣播電臺的節目」。

「海峽之聲」為共軍福建前線廣播電臺，負責對臺廣播，於一九五八年「八二三炮戰」次日成立。維基百科稱軍改後該臺仍隸屬軍委「政治工作部」，與同址的「華藝廣播公司」是「一個機構兩塊牌子」，後者電波覆蓋全球。兩臺廣播應仍由「三一一基地」負責「轉播」。

據大陸訪美學者方愛樂所著《中國話語權》一書中透露：干預二〇二〇年臺、美總統大選的輿論操作，是由共軍「三一一基地」執行。這些活動涉及中共中央統戰部和戰支部隊。在解放軍裡至少與五個部門有關，除戰支部隊的網路系統部外，還有政治工作部之宣傳局、網絡輿論局、群眾工作局、新聞傳播中心。臺灣大選時，中共網軍活躍於社群媒體「Dcard」上，「不過操作不夠細緻，如使用簡體字或中國用語，很快就被揪出來」。

14 聯勤保障部隊

中共軍改三大要求為「聯合作戰」、「聯合訓練」、「聯合保障」。其中，「聯勤保障」為「聯合保障」的重要環節。

一、武漢聯勤保障基地

聯勤保障部隊於二〇一六年九月成立。武漢聯勤保障基地為最高領導機關，下轄五個戰區聯勤保障中心。

據二〇一九年七月，中共《新時代中國的國防》白皮書稱：「聯勤保障部隊是實施聯勤保障和戰略戰役支援保障的主體力量」，「包括倉儲、衛勤、運輸投送、輸油管線、工程建設管理、儲備資產管理、採購等力量。下轄無錫、桂林、西寧、瀋陽、鄭州五個聯勤保障中心，以及解放軍總醫院、解放軍疾病預防控制中心等」。

聯勤保障部隊受軍委聯合作戰指揮中心指揮和軍委後勤保障部領導管理。平時，軍委後勤保障部通過武漢基地對五個聯保中心進行管理，對部隊實施區域性保障。戰時，軍委聯指中心指揮戰區，戰區通過五大聯保中心的聯勤部隊，比如醫院、庫站所對部隊實施區域性保障和對一線部隊實施支援性保障。

15 武裝警察部隊

一、武警改革

武警部隊原屬國務院編制序列，受國務院和中央軍委雙重領導。但武警總部又受公安部的領導指揮。在處置突發事件和搶險救災時，各地方黨委和政府可依權限，調動行政區域內的武警部隊協助。

二〇一二年一月爆發的重慶市副市長王立軍向美國駐成都市總領事館尋求政治庇護事件，市委書記薄熙來曾擅自調動武警部隊包圍美領館要人，貽笑國際。

同年三月十九日，中共中央委員周永康利用兼任武警第一政委權力，調動武警部隊入京，企圖政變，阻止習近平接班；軍委主席胡錦濤急調衛戍部隊三十八軍進京，將武警部隊繳械，平息動亂。

所以習近平在上任中共領導人後，決心整頓武警體制。並於二〇一八年一月，將武警部隊調整由中共中央、中央軍委集中統一領導，撥歸中央軍委建制，不再列國務院序列。各級黨委、地方政府及公安部門均無權調動武警部隊。

新的武警部隊有三大任務：維護國家政治安全和社會穩定、海上維權執法、防衛作戰等。

據中共二〇一九年《新時代的中國國防》白皮書稱：武警部隊「不列入解放軍序列」，「國家海洋局領導管理的海警隊伍轉隸武警部隊，撤收武警部隊海關執勤兵力」。調整後的武警部隊包括內衛部隊、機動部隊、海警部隊等。

二〇二〇年六月，人大通過新修《武裝警察法》，規定「戰時」武警（含海警）受「中央軍委」或授權戰區指揮。海警船平時參與軍方聯合演訓，實施緊急救助等行動，戰時海警局船隻參與軍事作戰。

二、武警部隊警種

新編武警部隊有三個警種：內衛、機動、海警等三部隊，員額約六十至七十萬人。

（一）內衛部隊

為武警部隊最主要組成部分，按照行政區劃編設，共有四個直轄市、二十二省、五個自治區和一個新疆生產建設兵團等三十二個武警總隊。

主要任務：承擔固定目標執勤和城市武裝巡邏任務，保障目標的安全；處置各種突發事件；支援國家經濟建設和執行搶險救災任務。

（二）機動部隊

一九八九年「六四事件」，中共因動用正規軍鎮壓天安門學生民主運動，國際觀感極差，故於一九九六年將陸軍十四個乙種步兵師改編為武警機動部隊，作為全國或部分地區一旦進入緊急狀態時，負責執行鎮壓武裝暴亂和大規模騷亂的任務。二〇一八年續將武警機動部隊分編為第一、二個機動總隊，分駐石家莊、福州，各轄九個支隊。

（三）海警總隊

海警部隊對外稱「中國海警局」，以「中國海警」名義進行海上武裝執法，戰時與海軍共同作戰，已成中共「第二海軍」，官兵一萬六千餘人。

海警主要裝備：

1. 執法船：配有武器，船體統一採用白色，但塗有紅藍相間條紋、海警徽章和「中國海警 CHINA COAST GUARD」標誌。截至二〇一三年八月，海警擁有千噸級以上執法船一百三十五艘，總噸位三十六萬餘噸。海警「3901」艦一•二萬噸級，號稱是世界上噸位最大的海警執法船，裝備單管七十六毫米艦炮，兩挺副炮和兩挺防空炮。二〇二一年，中共海軍移交海警二十二艘「056型」導彈護衛艦，拆掉導彈和火控系統，加裝海上執法大型顯示器和水炮等非致命性執法裝備。

2. 巡邏機：採用「新舟-60 H」海上巡邏機、「直-9」直升機，和由「運-12」改裝的海上巡邏機。

海警部隊機構設置原則：在沿海地區按照行政區劃和任務區域，編設海警局海區分局和直屬局、省市級海警局和海警工作站，分別負責所管轄區域的海上維權執法工作。並在東海、南海、北海各設立一個指揮部（對外稱中國海警局×海分局）。

二〇二一年二月生效的中共新修《海警法》，明訂海警執法範圍包括中共內海、領海、毗連區、經濟海域、大陸礁層以及中共管轄的其他海域，並授予海警在中共管轄的海域，在處理外國船隻時動武權力。該法第二十二條稱：「國家主權、主權權利和管轄權在海上受到外國組織、個人的不法侵害，或面臨不法侵害的緊迫危險時，海警機構有權依法採取包括使用武器在內的一切必要措施，當場制止侵害、排除危險」。

第四十七至四十九條：外國船舶進入中共管轄海域非法從事生產作業活動、不服從停船指令或拒絕中共海警登船檢查，並在警告無效後，海警單位除可以用手持武器外，還可以使用艦載或機載武器。

日本認為中共《海警法》授權海警在管轄海域處理外國船隻時可使用武器，無疑對釣魚臺列嶼構成嚴重威脅。中共自實施《海警法》後，即在釣魚臺十二浬海域內，開始驅離日本漁船。

同（二〇二一）年九月，中共實施新修《海上交通安全法》，規定五類外國船舶進入中共領海應向海事管理機構報告，包括潛水器、核動力船舶、載運放射性物質船舶、載運散裝（油類、化學品、液化氣體等）有毒有害物質船舶、法律和行政法規或國務院規定可能危及中共海上交通安全的其他船舶。

所謂潛水器、核動力船舶，係針對在大陸沿海、南海和臺海自由航行的各國潛艦，和擁有核動力的美、法航母。實際上不可能有任何國家依國際法行使自由航行權的軍艦和潛艦，會向中共報告。故該法宣示主權意義大於執行，但一旦爆發海上軍事對峙或衝突，中共就會自持「有法可據」，行使武力。

因此該法聲稱：外國籍船舶若違反中共海上交通安全或防治船舶污染的法律等行為，中共海事管理機構能依法行使「緊追權」。所謂「緊追權」是指若中共認為外國船舶違反中共法律，有對外國船隻追趕到公海，逮捕或帶回中共港口審訊之權利。

16 中共民兵部隊

一、陸上民兵部隊

二〇二〇年七月，中共將民兵預備役部隊由軍地雙重領導，調整為中共中央、中央軍委集中統一領導，由軍委國防動員部直接管理。

中共《國防法》規定：「民兵在軍事機關的指揮下，擔負戰備勤務、防衛作戰任務，協助維護社會治安」。

同年九月，東部戰區宣布：戰區火箭軍已在民兵訓練基地訓練後備民兵操作發射「東風-11」彈道導彈。這等於說，東、南部戰區民兵部隊戰時負有對臺射擊東風導彈任務。

另中共《兵役法》規定，在鄉、鎮和企業事業單位內建立民兵組織，凡十八至三十五歲符合服兵役條件的男性，除應征服現役以外，均應編入民兵組織服預備役。

中共民兵區分為基幹民兵和普通民兵二類，採男女分別編組。基幹民兵為「一類」預備役，普通民兵為「二類」預備役。二十八歲以下退役的士兵和經過軍事訓練的人員，以及選定參加軍訓的人員編入基幹民兵組織。事實上大陸的民兵大多為基幹民兵，女民兵也只編入基幹民兵。其餘符合服兵役條件的男性，才編入普通民兵組織。

民兵組織分為班、排、連、營及團。鄉鎮基幹民兵編為連或營；城市民兵：大型廠礦企業以車間、分廠為單位編組，中小企業可實行跨車間、班組編組；行政村一般編民兵連（營）；縣、鄉（鎮）所屬企業單位之民兵組織，屬鄉鎮武裝部直接領導。中共民兵常備在編人數，目前約有八百萬人。

二、海上民兵部隊

中共有一支遊走在灰色地帶非傳統之半正規的海上民兵部隊。加入海上民兵的任務編組也包括整個漁業生產鏈，這些兼具海上民兵身分的漁民，能在動員時縮短動員所需時間。平時，另一重要的任務是填補海警巡邏的空檔。

中共為鼓勵漁民和漁船加入海上民兵船隊，會提供修船和燃料補助，並對願意前往南海、臺灣離島或是東海釣魚臺周邊海域長期作業，甚至佔住無人島礁的海上民兵提供額外補助。

二〇一三年七月，中共在南海三沙市成立海上民兵部隊，註冊為「國營三沙市漁業發展公司」，並為快速擴充船隊，至少新建了二十艘以上適合遠洋航行的大型漁船，船體採用能承受戰損的鋼造設計，內部設有軍械室和彈藥庫，儲藏輕武器和彈藥，在艦艏和舷側也預留重機槍和機砲砲座卡榫插孔，可迅速安裝成為簡易砲艇，有效威嚇和對抗無武裝漁船，或輕武裝之外軍艦艇，成為中共干預南海、東海、臺海，以及周邊所有具有爭議海域的非傳統手段。

美國智庫藍德公司曾披露：中共以海南為基地，建立名為「小藍人」的海上民兵，部署數百艘漁船和汽艇。美國國防部認為中共海上民兵有二十一萬艘漁船，以及四十三萬九千艘快艇。而越南則認為中共海上民兵有無動力船三十七萬艘，馬達動力船七十六萬餘艘。

中共海上民兵還曾和漁政局、海軍聯合進行高難度的電戰干擾作業。二〇一四年曾在海南軍分區與廣州軍區（現南部戰區）支援下執行護衛鑽油平臺任務。二〇一五年「三沙漁業公司」所轄海上民兵出動頻率更是大為增加，已經成為中共海警和漁政船之外的第三勢力。

美國海軍在南海執行航行自由權，就不斷遇到三沙海上民兵以各種方式進行阻礙。如因違背海上避碰規則發生之海事，依國際海事法處置的對口單位是「三沙漁業公司」，而非中共官方。即使遭到國際輿論撻伐，也可以民間漁船的自發性行為卸責。

據《青年日報》報導：每當國軍在臺灣東南域進行武器測試，中共都會派遣偽裝漁船的海上間諜船、海洋調測船或共軍815型軍事情報船，靠近花蓮及蘭嶼外海進行偵蒐。所以中共海上民兵不是只有南海有，甚至在臺灣海峽、東海、黃海，乃至西太平洋都是其活動地區。

中共另有約一千艘遠洋漁船是在外國註冊，懸掛外國旗幟。根據國際法，中共無須為這些船隻負責。美國海岸防衛隊也警告，這些漁船隸屬民兵，在公海或其他國家擁有主權的水域表現出侵略行為，恫嚇、威脅他國合法漁民。

國際局勢

17 中共對臺工作

一、演變

（一）武力解放時期

一九四九年十月中共建政，下達「武力解放臺灣」軍令。一九五〇年六月韓戰爆發，美國第七艦隊進入臺灣海峽，遏制兩岸發生軍事衝突。十月，中共駐閩準備犯臺之共軍調派入朝作戰，「武力解放臺灣」計劃才暫停滯。

一九五三年七月韓戰結束，援朝共軍撤返福建，中共恢復「武力解放臺灣」戰備準備。九月三日，國共在金門爆發激烈炮戰。因中共犯臺意圖明顯，促成臺美於年底簽訂《共同防禦條約》，周恩來稱這個條約「實質是不讓中國武力解放臺灣」。

（二）和平解放時期

臺美《共同防禦條約》使中共意識到「武力解放臺灣」已有困難。周恩來藉一九五五年四月在印尼舉行的首屆「亞非會議」機會，向美國代表提出談判「爭取用和平方式解放臺灣」。自此開啟陸美大使級的「華沙會談」，中共要求美國從臺灣海峽撤軍；美方要求中共放棄使用武力統一。直到一九七〇年二月，因尼克森總統到訪北京，雙方關係改善，會談才結束。

一九五六年六月，周恩來在「人大」會議上提出：「解放臺灣」有兩種方式，即「戰爭」與「和平」。九月中共「八大」會議即通過「我們願意用和平談判的方式，使臺灣重新回到祖國的懷抱，而避免使用武力。如果不得已使用武力，那是在和談喪失了可能性，或和談失敗之後」。此即中共對臺「和、戰」兩手策略的由來。

毛澤東並無「和平解放臺灣」之意，他在一九五八年八月下令「炮擊金馬」，爆發「八二三炮戰」。中共炮戰失敗後，又回到「和解」路線，毛澤東說：「我們都是中國人，三十六計，和為上計」。

1. 一綱四目

一九六〇年五月，毛澤東自居「中央」，提出對臺「和平解放」統戰四目：

A. 臺灣回歸後，除外交必須統一於中央外，所有軍政大權、人事安排悉委於蔣（介石）。

B. 臺灣所有軍政及建設經費不足之數，悉由中央撥付。

C. 臺灣的社會（主義）改革可以從緩，俟條件成熟，並徵得蔣之同意後進行。

D. 互約不派特務，不作破壞對方團結之事。

周恩來後來於一九六三年將毛的對臺統戰歸納為「一綱四目」。「一綱」即「臺灣必須統一於中國」，「四目」即前述四點。鄧小平後來提出的「和平統一、一國兩制」，即源於此，只是取消了第四目。

2. 島內革命

一九六六年「文革」爆發，大陸上凡有「臺灣關係」者，幾乎都被打為「國特」，遭受殘酷鬥爭。中共對臺統戰僅剩「和平解放」口號，整個「統一戰線」已被砸爛。

一九七一年十月，聯合國排我納共後，也影響美國對臺政策。一九七二年二月，尼克森訪陸，簽署《上海公報》。中共要求「美國武裝力量和軍事設施必須從臺灣撤走」。美國同意逐步減少在臺美軍設施和武裝力量，但希望中共和平解決兩岸問題。

日本深恐落居形勢之後，搶先於當年九月與中共建交。抗戰勝利後，蔣介石的「以德報怨」政策，至此盡付流水，換得「忘恩負義」的回報。

中共受到與美日關係改善激勵，自一九七二年起開始對海外臺灣留學生和華僑展開「認同祖國」、「回歸大陸」策略。並在海外成立「中國統一促進會」，迂迴對臺統戰。

一九七三年一月，周恩來接見因「保釣運動」反政府的「認同回歸」之臺灣留美學生。他說：「臺獨運動的起因是可以理解的」，「解放臺灣」的方法是推動「島內革命」，最好「一舉推翻蔣政權」。

同年起，中共連續多年舉辦「紀念臺灣省二二八周年座談會」，邀請海外臺僑、臺生與會，鼓勵組織「島內革命力量，加速島內革命行動」，推翻政府，達成統一中國目的，共軍已準備隨時「解放臺灣」。

一九七五年四月，蔣介石總統逝世，美國政府趁機落井下石，迅速裁減駐臺美軍。一九七九年臺美斷交後，美軍也全部撤離。

（三）和平統一、一國兩制

一九七八年十月，鄧小平首次提出「和平統一」對臺統戰策略。十二月十六日，陸美發表《建交聯合公報》，十八日鄧小平在「十一屆三中全會」上打倒華國鋒，奪得中共領導權，並通過「和平統一祖國」的方針。鄧小平宣布：「不再用『解放臺灣』這個提法了」。

一九七九年元旦陸美建交，同日中共「人大」發表《告臺灣同胞書》正式推動對臺「和平統一」統戰工作，宣布：即日起「停止對金門等島嶼的砲擊」。六月，「人大」會議將《告臺胞書》提出的兩岸交流，概括為「三通四流」，即通郵、通航、通商；進行經濟、科學、文化、體育之交流。

「和統」實質內容未放棄「武統」手段。鄧小平說：「我們不能承擔這麼一個義務，除了和平方式以外，不能用其他方式來實現統一祖國的願望」，「對臺灣問題可能使用武力的環境，包括臺灣無限期的拒絕談判、蘇聯企圖干涉臺灣事務」，「如果我們承諾我們根本不使用武力，那就等於將我們的雙手捆縛起來，結果只會促使臺灣當局根本不同我們談和平統一。這反而只能導致最終用武力解決問題」。

中共歷來認為「企圖干涉臺灣事務」只有美、日兩國，但因當時中美、中日關係正大幅改善中，相對的中蘇關係仍然緊張。鄧小平刻意點名蘇聯，實際是為將於（一九七九年）二月發動的懲越戰爭，警告蘇聯勿介入干預。

一九八〇年中共將「臺灣回歸祖國，實現祖國統一」、「反霸」和「四個現代化」並列為一九八〇年代三大重要任務。

一九八一年九月底，「人大」委員長葉劍英發表對臺統戰的「九條方針」（葉九條），表示統一後，臺灣享有「高度自治」等等。鄧小平補充說：「實際就是『一個國家，兩種制度』」，為「一國兩制」定調。並說：臺灣可以有自己的軍隊，但「不能構成對大陸的威脅」；統一的方式，不可讓「外國插手」，否則意味著「中國還未獨立」；實現「和平統一」，「如果說不急，那是假話」。一九八二年「人大」將「完成統一」修入中共「憲法」中。

國府鑒於過去兩次國共合作慘痛教訓，針對中共的統戰攻勢，採取「不接觸、不談判、不妥協」的「三不政策」，並於一九八〇年提出「三民主義統一中國」主張，成立「三民主義統一中國大同盟」，使中共對臺統戰一時難以逾越寸步。

但在一九八六年五月，華航一架貨機被機長劫持飛往大陸，政府同意華航與中共中國民航在港會談，接返貨機和機組人員，首次突破「不接觸」原則；一九八七年七月，政府解除「戒嚴令」，十一月開放赴大陸探親，使兩岸關係銳變，「三通四流」也逐步因國府放行而實現。

儘管中共威脅不放棄「武力統一」手段，但當時中共並無此能力。時任總書記的胡耀邦坦承：「國際上誰都知道我們暫時沒有（犯臺）力量，確實沒有力量」。

二、李登輝時期

（一）執政初期兩岸關係

1. 互設三層對應組織

一九八八年一月，蔣經國總統逝世，由副總統李登輝代總統，表示要改變兩岸關係。中共中央原有「臺灣工作小組」（中央臺辦）之決策機構，為因應我國家領導人的更易，加強對臺統戰，在國務院增設「臺灣事務辦公室」（國臺辦）。

李登輝於一九九〇年五月正式當選總統，提出：如中共「放棄在臺灣海峽使用武力，我們願以對等地位建立雙方溝通管道」；並在十月，成立「國家統一委員會」（國統會）。

時任中共國家主席楊尚昆表示：「絕不能承認臺灣與大陸是平等的兩個政府」。十二月，中共通過對臺工作方針：堅持「和平統一、一國兩制」基本原則，反對「臺獨」和「一國兩府」；堅持不作不使用武力的承諾；堅決反對「彈性外交」，繼續對臺保持壓力。

一九九一年一月我政府在行政院設「大陸工作委員會」（陸委會）；二月成立「海峽交流基金會」（海基會）；三月制定《國家統一綱領》，提出兩岸「不否定對方為政治實體」，「摒除敵對狀態，並在一個中國原則下，以和平方式解決一切爭端，在國際相互尊重，互不排斥」，希望透過近中遠三個進程達成「共商統一大業，研訂憲政體制，以建立民主、自由、均富的中國」。

五月一日，政府廢止《動員戡亂時期臨時條款》，正式承認中共是一個「政治實體」，國名「中華人民共和國」。此一宣示被中共利用為「中華民國在一九四九年即已不存在」，否認臺灣為「政治實體」。我政府原視中共為叛亂團體，因主動承認中共的合法性，反遭否定，這是我大陸政策失策之始。

因我成立「海基會」，中共遂在同年十二月成立「海峽兩岸關係協會」（海協會），作為對口單位。至此，我方為「國統、陸委、海基」三會，中共為「中央臺辦、國臺辦、海協會」二辦一會，彼此對應。

2. 一中各表爭議由來

一九九二年五月我政府提出「兩岸簽署互不侵犯協定，相互約束不使用武力」。中共以只有交戰中的兩國，才能簽署「互不侵犯協定」。目前兩岸敵對狀態，是自一九四九年以來「內戰」的延續，提議「正式結束兩岸敵對狀態，逐步實現和平統一進行談判」。

八月，國府發表《關於一個中國涵義》稱：「海峽兩岸均堅持『一個中國』之原則，但雙方所賦予之涵義有所不同」，中共認為「一個中國即為中華人民共和國」，國府認為「一個中國應指一九一二年成立迄今之中華民國」，「自一九四九年起，中國處於暫時分裂之狀態，由兩個政治實體，分治海峽兩岸，乃客觀之事實」。

中共回應仍是：「不同意臺灣方面對『一個中國』涵義的理解」，反對「兩個中國」、「一中一臺」、「兩個對等政治實體」。

「海基會」和「海協會」在一九九二年十月在香港舉行第二次事務性會議，中共強將會議納在「一中」原則下進行。我方乃提出「各自以口頭聲明方式表述『一個中國』原則涵義」，雙方毫無共識，不歡而散。

十一月，海協會突致電海基會表示「中共同意以口頭方式表述『一個中國』的原則」，提議兩會約定時日同時發表，並簽署協議。我方以「雙方在香港協商時，已各自表達對『一個中國』原則的涵義，且海協會已同意接受各說各話口頭聲明方式，應沒有必要再約定時間同時表達」。這個後來在二〇〇〇年才被陸委會稱為「九二共識」的「一中各表」協議，因未經形成文字又未共同對外宣示，遂成為爾後國內政爭和兩岸爭議話題。

一九九三年四月歷史性的首次「辜汪會談」在新加坡舉行後，中共感於兩岸關係發展良好，於八月底發表《臺灣問題與中國統一》白皮書，正式提出「結束兩岸對峙狀態」，進行和平統一談判。

我政府則在九月發表聲明：中共不等於中國，大陸與臺灣均是中國的領土，兩岸目前是處於分裂分治的狀態，「一國兩制」是中國統一最大的障礙，而且中共迄今不放棄武力統一手段，兩岸應以和平方式解決統一問題。自此，兩岸關係開始惡化。

（二）執政後期中共對臺文攻武嚇

1. 文攻武嚇

一九九四年七月我政府公布首部大陸政策白皮書《臺海兩岸關係說明書》表示：我政府自一九九一年「不再視中共為叛亂組織」，主張「放棄以武力作為解決統一的手段」。

一九九五年一月底農曆除夕，中共總書記江澤民發表「江八點」對臺統戰講話，威脅說：「解決臺灣問題無非有兩種方式，一種和平方式，一種是非和平方式。用什麼方式解決臺灣問題，完全是中國的內政，決不允許外國干涉」，「我們不能承諾根本不使用武力，如果承諾了這一點，只能使和平統一成為不可能，只能導致最終武力解決問題」。內容是照抄周恩來、鄧小平過去說詞。

「江八點」將過去慣用的「同胞不打同胞」說法，改為「中國人不打中國人」，寓意是說不接受「和統」就非中國人；又將過去的國共「對等談判」，實現「第三次國共合作」，改為「兩岸和統談判」。表明中共瞭解臺灣政局發展，已非國民黨可「作主」，再提「國共合作」毫無意義。但新提法是以「中央與地方」的談判，姿態更高。

李登輝原尋求簽署「兩岸互不侵犯協定」，但在同年四月改變立場，在回應「江八點」的「李六條」聲明中要求中共「應表現善意，聲明放棄對臺澎金馬使用武力」，然後「在最適當時機，就雙方如何舉行結束敵對狀態的談判，進行預備性協商」。

2.九評李登輝和導彈威嚇

一九九五年六月李登輝赴美國母校康乃爾大學訪問。美國定調是「私人訪問」，李在康大發表〈民之所欲，長在我心〉之政治性演講，提出「中華民國在臺灣」的國家定位。

中共指李訪美「加劇了兩岸發生武裝衝突的危險」，「不承諾放棄使用武力的宣示，更加富有現實意義」。

中共對臺工作自此進入「文攻武嚇」時期，立即取消原定於七月舉行的「辜汪會談」，並在下旬連續三天的凌晨，每日發射兩枚「東風-15」導彈，落入臺灣北方彭佳嶼海域。同時在七到八月間，一個月內連發九篇批判李登輝「臺獨」言行的文章。「九評李登輝」一如當年毛澤東的「九評蘇修」，表示兩岸關係決裂。

十月底，中央軍委成立「對臺軍事指揮部」，以「南京戰區」名稱，於十一月間兩度在東山島進行三軍協同兩棲登陸作戰演習。擺出奪取金馬東引之態勢。

3.第三次臺海危機

一九九六年三月二十三日，我政府舉行首次全民直選總統。中共威脅說：「臺灣領導人產生方式如何改變，都改變不了臺灣是中國領土一部分的事實，改變不了臺灣領導人只是中國一個地區領導人的事實」。

《解放軍報》更把武力犯臺兩大因素（臺獨、外國干涉），再增加一條「如果臺灣走上分裂主義的道路」。並把「一中一臺、兩個中國、兩個政治實體」等都歸為「分裂主義」。

中共同時把「南京戰區」擴大為「東南戰區」，由軍委副主席擔任「對臺作戰指揮部」總指揮，坐鎮福建指揮對臺軍事演習威嚇。

三月，爆發「第三次臺海危機」，共軍連續進行三波對臺軍事威懾演習。演習橫跨整個中華民國總統大選全程，江澤民直言是「對臺灣施加壓力」。三月八日凌晨，共軍發射四枚「東風-15」導彈，三枚落在高雄外海，一枚落在基隆外海。軍演想定，已是跨海犯臺。

國軍面對共軍威脅，時任參謀總長羅本立上將下令將「天弓」飛彈前推部署外島；調派多管火箭連和戰車營推進金門、大膽島，瞄準廈門各目標，準備反擊。海軍潛艦潛伏臺灣海峽，艦長即後曾出任參謀總長的李喜明上將。

但中共的文攻武嚇，適得其反，反而激起臺灣人民的強烈不滿，李登輝和連戰以絕對高票當選正、副總統。中共急於對臺施壓，在我總統五月二十日就職前提出《國防法》草案，並於次（一九九七）年三月通過，授予共軍制止企圖分裂的「臺獨」活動任務。

一九九八年十月，我為突破兩岸僵局，海基會董事長辜振甫率團赴上海，進行「融冰之旅」，與海協會會長汪道涵舉行第二次「辜汪會談」。辜振甫邀汪道涵於一九九九年秋訪臺。

然而在辜振甫自滬轉往北京時，情勢不變。江澤民毫無禮貌地當面否定中華民國的存在，威脅「不承諾放棄使用武力」，還輕蔑地說：兩岸統一後，「國家主席不能給臺灣人做」。錢其琛說：打壓臺灣的國際空間，還會繼續下去。海協會副會長唐樹備也變臉說：「世界上只有一個中國，這一個中國就是中華人民共和國，其中並無『內外有別』之分」。中共顯然因對李登輝的不信任，無意改善兩岸關係。

過去中共對「一個中國」解釋，採取「內外有別」方式，在「外交」上是「世界上只有一個中國，臺灣是中國領土不可分割的一部分，中華人民共和國是中國唯一合法政府」；在「對臺」統戰上，則是「世界上只有一個中國，臺灣是中國的一部分，中國的主權與領土不容分割」，不強調中共是唯一合法政府。

4.兩國論的兩岸危機

李登輝在連任後，為突破中共「一中」原則，提出各種兩岸關係主張，均無法突破兩岸僵局。一九九九年七月初，他趁美軍誤炸中共駐南斯拉夫使館，美中外交齟齬之際，突然無預警地提出兩岸是「特殊國與國關係」（兩國論），推動「兩個中國」。

李登輝的「兩國論」使兩岸陷入新的緊張局勢，中共取消汪道涵訪臺，美國也公開批評李為「麻煩製造者」。我方以一九九二年達成的「一中各表」共識來澄清解釋，但中共堅稱當時達成的是「各自以口頭方式表述『海峽兩岸均堅持一個中國原則』」，否認有「一個中國，各自表述」的共識。

中共並於八、九月間連續舉行多場軍事威懾演習。軍委副主席張萬年赴閩指揮南京和廣州兩軍區，分別在臺灣海峽南北進行大規模的聯合渡海登陸實兵演習，形成對臺海南北夾擊之勢。

就在此際，臺灣中部發生「九二一大地震」。中共恐引起臺灣民憤，暫停軍演，臺海危機得以緩解。

二〇〇〇年三月我第十屆總統大選前，國民黨選情低迷，中共突於二月拋出《一個中國原則與臺灣問題》白皮書說：「兩岸敵對狀態並未正式結束。如果否認一個中國原則，圖謀將臺灣從中國領土中分割出去，那將使和平統一的前提和基礎不復存在」。並提出犯臺的三個「如果」：臺灣被以任何名義從中國分割出去的重大事變、出現外國侵佔臺灣、臺灣當局無限期拒絕通過談判和平解決兩岸統一問題等，中共「只能被迫採取一切可能的斷然措施，包括使用武力」完成統一。

中共更恐嚇：「臺灣領導人選舉，不管誰上臺，絕不能搞臺獨……誰要搞臺獨，就沒有好下場」。並警告新任總統拋棄「兩國論」和接受「談判統一」。

民進黨候選人陳水扁順利當選總統後，陸委會將「一個中國，各自表述」簡化為「九二共識」。但李登輝卸任後，堅決否認有「九二共識」存在。

三、陳水扁時期

（一）一邊一國論再掀波瀾

二〇〇〇年五月，陳水扁在就職演說中提出「四不一沒有」的承諾：「只要中共無意對臺動武」，保證任內「不宣佈獨立、不會變更國號、不會將兩國論入憲、不會推動改變現狀的統獨公投、也沒有廢除國統綱領和國統會的問題」。但否認有「九二共識」，「如有共識，應該是『一個中國，各自口頭表述』」。

在陳水扁上任後兩年，兩岸關係並未有改善。到二〇〇二年八月三日，陳總統突發表「臺灣與對岸中國是『一邊一國』」論，並提出：「如果有需要，臺灣現狀的改變要公民投票」，「對岸中國講的所謂一個中國原則或一國兩制，就是對臺灣現狀的改變」。

兩岸關係因此再掀波瀾。八月七日中共《人民日報》和「新華社」發表評論員文章〈危險的挑釁——評陳水扁分裂言論〉，批評陳水扁的「兩岸一邊一國」，企圖透過公民投票實現「臺獨」，是「妄圖改變現狀，要把臺灣從中國分割出去，將臺灣推向戰爭」。

九月，中共針對陳水扁「邊國」論，在福建沿海展開大規模的三軍聯合作戰和國防動員演習，演習想定是攻擊臺灣本島。演習時間長達兩個多月，江澤民與中央軍委和七大軍區司令員等數百位將領均到廈門觀摩演習。

（二）一中原則重新論述

二〇〇二年十一月，胡錦濤在中共「十六大」上接替江澤民出任中共中央總書記。大會《政治報告》對「一中原則」重新作了論述：「世界上只有一個中國，大陸和臺灣同屬一個中國，中國的主權和領土完整不容分割」。將過去的「臺灣是中國的一部分」增加了「大陸」兩字，姿態放軟，但「一中」實質內涵和「統一」的目標未變。

胡錦濤上任後，因江澤民仍把持軍委主席，故胡的施政以「經濟發展」為中心，對臺政策以「做好臺灣人民工作」和「讓利」為主軸，以牽住臺灣，避免兩岸越行越遠。

(三) 制訂反分裂國家法

二〇〇四年九月，胡錦濤接掌軍委主席，為反制「一邊一國」論，於次年三月制訂專門對臺的《反分裂國家法》。強調臺灣問題是「中國內戰的遺留問題」，並列舉武統的三個條件：臺獨造成臺灣從中國分裂出去的事實、發生導致臺灣分裂出去的重大事變、和平統一的可能性喪失時，得採取「非和平方式及其他必要措施」，授權中央軍委必要時可先對臺採取行動，再向「人大」通報。

胡錦濤在公布《反分裂法》之後，未忘記釋出胡蘿蔔。他在四月提出「兩岸關係和平發展」論。但對中斷已久的兩會會談，中共仍以必須先承認「九二共識」，才願意恢復。

針對中共《反分裂法》，陳水扁以中共未放棄對臺武力威脅，於二〇〇六年二月底宣布「終止」國統會與《國統綱領》的運作與適用，實際就是「廢止」。胡錦濤批評：這是對「一個中國原則以及對臺海和平穩定的嚴重挑釁，是在走向臺獨的道路上邁出的危險一步」。

四、馬英九時期

(一)胡錦濤承認一中各表

二〇〇八年三月，國民黨馬英九當選第十二任總統後，胡錦濤與小布希總統通話，表示兩岸應在「九二共識」的基礎上恢復會談，共識是「兩岸雙方均承認只有一個中國」，但同意「對一中定義上各自表述」。

四月，馬英九透過副總統當選人蕭萬長訪陸，當面向胡錦濤提出「正視現實、開創未來、擱置爭議、追求雙贏」。五月馬總統就職後，胡錦濤即於月底給予善意回應：同意兩岸「建立互信、擱置爭議、求同存異、共創雙贏」。

(二)兩岸互不承認主權互不否認治權

馬英九上任後對兩岸關係表示，在中華民國憲法架構下，維持「不統、不獨、不武」的臺海現狀，「雙方互不承認主權、互不否認治權」，「建構臺海長期和平穩定」。馬英九提出兩岸「外交休兵」，也獲得中共善意回應，因此兩岸關係獲得大幅改善。

二〇〇八年六月海基、海協兩會恢復會談。兩岸關係看似良好，但共軍仍於九月在東山島舉行三軍聯合軍事演習，宣稱演習想定是「爭奪臺海制空權」，顯然是給馬英九當頭棒喝。

二〇一〇年六月，兩岸簽署《海峽兩岸經濟合作架構協議》（ECFA），消除兩岸經貿障礙，ECFA也每年為臺灣出口大陸省下數十億美元的關稅。

二〇一二年，馬英九再以「九二共識」獲得民意支持連任總統。十一月，中共「十九大」確立習近平出任中共中央總書記和軍委主席，對臺繼續推動「和平發展」政策，延續「讓利、惠臺」之經濟措施，政治上仍堅持「九二共識」和「反臺獨」。

二〇一四年三月十七日，立法院通過《海峽兩岸服務貿易協議》，引起社運學生不滿，於次日佔領立法院，爆發「太陽花學運」。直到四月十日政府讓步後，才退出議場。但影響所及，使國民黨在二〇一四年地方選舉和二〇一六年總統大選，均遭重大的挫敗。

（三）馬習會認證有九二共識

二〇一四年國民黨的挫敗，已顯示民進黨將贏得二〇一六年的總統大選。習近平在二〇一五年三月擺明說：「九二共識對兩岸關係有不可替代的重要作用，如果雙方共同政治基礎遭破壞，兩岸互信將不存在，『基礎不牢，地動山搖』，兩岸關係將重回動盪不安的老路上去」。

馬、習為鞏固兩岸「九二共識」和「和平發展」關係，以免總統換屆生變，因而選在馬英九卸任前，雙方均以兩岸領導人的身分，於二〇一五年十一月七日在新加坡舉行歷史性的「馬習會」。雙方達成兩岸應繼續堅持「九二共識」，鞏固共同政治基礎，推動「和平發展」，維護臺海和平穩定；設立兩岸事務主管熱線，及時溝通，避免誤判。

馬英九坦承：「『馬習會』是『為下一任總統鋪路』，已就確保臺海的穩定與現狀獲得共識，『橋已經搭好了，任何人都可以上橋，只要他遵守交通規則』。

五、蔡英文時期

（一）九二共識再掀爭議

「馬習會」成果只是曇花一現，隨著二〇一六年元月民進黨蔡英文當選總統，兩岸關係再度丕變。習近平在三月「人大」會議上表示：對臺大政方針「不因臺灣政局變化而改變」，「承認『九二共識』的歷史事實，認同其核心意涵，兩岸雙方就有了共同政治基礎，就可以保持良性互動」。

五月二十日，蔡英文在就職演說中對「九二共識」，僅表示遵重「一九九二年兩岸兩會會談的歷史事實，與求同存異的共同認知」。並提出兩岸「四不」政策：「維持現狀不變、和平發展善意不變、不走對抗老路、不在壓力下屈服」。

中共國臺辦批評蔡英文沒有明確承認「九二共識」，沒有提出確保兩岸關係和平穩定發展的具體辦法，是「一份沒有完成的答卷」。自此兩岸官方聯繫完全中斷，中共對臺軍事威嚇不斷升高，其實就是不讓兩岸現狀「維持不變」，難以「和平發展」。

蔡英文開始改稱「中共」為「中國」，兩岸關係陷入低潮。海協會批評：「現狀並沒有維持住」。兩會因此停止交流，兩岸熱線停擺。中共則全力打壓臺灣國際活動空間，阻我參加世界衛生大會（WHO），奪我邦交國（至二〇二一年止已斷交八國）。

（二）蔡總統連任後兩岸關係

二〇二〇年一月，蔡英文競選連任勝選，她呼籲北京當局放棄對臺武力威脅。五月二十日，蔡英文的就職演說，強調不會接受「以『一國兩制』矮化臺灣，破壞臺海的現狀」。「國臺辦」則回應：這是拒不承認「九二共識」、「企圖從地理和法理上切割臺灣與大陸的關係」，中共有「足夠的能力捍衛國家主權和領土完整」。

中共「人大、政協」兩會原訂三月召開，因新型冠狀病毒肆虐延期，卻選擇蔡總統五月二十日就職後的次日召開。總理李克強在「人大」的《政府工作報告》提「反獨」，而不提「一國兩制」；提促進「統一」，而無「和平」二字；也不提「堅持一個中國原則和九二共識」。

「人大」同時通過港版「國安法」，國際認為香港的「一國兩制」將不存在，而有「今日香港、明日臺灣」說法，因此質疑中共已放棄對臺「和統」，將只走「武統」之路。

同年十一月，「國臺辦」透露中共將制訂一份「臺獨頑固分子清單」，表示「這筆帳一定會清算」。二〇二一年十一月，中共國臺辦選擇性地公布三名「臺獨份子」名單。這與一九四八年底和一九四九年一月，中共在國共內戰勢如破竹之時，兩次公布國府戰犯名單相同模式，武統意味更濃。

（三）新兩國論爆發危機

二〇二一年八月三十一日，蔡循李、陳總統前例，在連任後也提出中共是鄰國之「鄰國論」。中共將其歸類為「兩國論」。中共批評：「民進黨當局這樣抛出夾帶『兩國論』的言論，進行謀獨挑釁，只會進一步破壞臺海和平穩定」。

十月，蔡總統在國慶演說，再次表達對中共「善意不變、承諾不變」，以及維持現狀的立場，呼籲解決兩岸分歧必須透過平等對話，但「堅持中華民國與中華人民共和國互不隸屬」。

中共國臺辦抨擊新的「兩國論」是「挾洋自重，瘋狂謀獨挑釁」，「維持現狀不過是企圖瞞天過海、欺騙世人」，是「兩岸關係緊張動盪的根源，是臺海和平穩定的最大威脅」。

同時期，美國一再聲明對臺承諾堅若磐石，將持續協助臺灣維持足夠的自我防衛能力。中共國防部即指責美國「以臺制華」戰略，嚴重損害中美兩國兩軍關係，破壞臺海和平穩定。共軍將保持「全時待戰、隨時能戰」的高度戒備狀態，捍衛主權和領土完整。國臺辦也警告：「以武拒統」「倚美謀獨」，只會給臺灣民眾帶來兵災。

蔡總統曾在二〇一九年國慶談話時，將李登輝的「中華民國在臺灣」簡化為「中華民國臺灣」，被批為「借殼上市」。二〇二一年元旦，蔡英文新年談話，以「臺灣」替代「中華民國」。並提醒中共別誤判情勢，軍事並非解決兩岸分歧的選項，讓兩岸以和平方式面對問題並尋求解方，才能緩解兩岸緊張情勢。

中共國臺辦則重申：會以最大誠意、盡最大努力爭取和平統一的前景，若「臺獨分裂勢力持續挑釁逼迫，甚至突破紅線，將不得不採取斷然措施」。

蔡總統在任內任何對兩岸關係談話，中共都由部級單位回應，旨在打壓臺灣為地區政府，而且無時無刻不忘「以戰促統」恫嚇臺灣，並設下「九二共識」作為兩岸交流底線，在兩岸毫無共識和互信下，僵局自難突破，軍事對峙情勢也將更趨緊張。

（四）第四次臺海危機

二〇二二年八月二日，美國眾議院議長裴洛西（Nancy Pelosi）率團訪臺，被中共視為踩踏中美關係「紅線」。習近平在與拜登電話會談時，警告說：「民意不可違，玩火必自焚」。共軍也威嚇：「絕不會坐視不管」。

共軍自裴洛西離臺之次（四）日起至七日止，對臺實施「封鎖」性軍演，在臺灣周邊海空域，劃出六個演習區，並侵入我北、東北、西南之領海（距離臺灣本島不到十海浬），禁止海空通行。後再增加一個演習區在東部外海。

從中共劃設之七個演習區中，平潭島海域雖離臺稍遠，但跨越在海峽中線上，且位於臺灣海峽最窄處，控制了臺海主航道。其他演習區均貼近臺灣本島，從臺灣北部，順時鐘經東部菲律賓海，延伸至我西南「航空識別區」，形成一個包圍圈，不但封鎖了臺灣海空對外交通，共有十八條國際航空線受影響；海上交通則有臺北、基隆、蘇澳、和平、花蓮、高雄、安平等港口受到影響，並以基隆、高雄兩港所受影響最大。中共意圖藉此否定海峽中線，將臺灣海峽和臺灣領海視為中共領海，並突破第一島鏈，動機至為明顯。

這個封鎖圈實際也是警告美國，將在臺灣外海拒阻美軍對臺之海空馳援。如位在臺東北部的演習區，靠近美軍駐日基地沖繩，並在美軍機重要航線上；位於臺南部的演習區扼守巴士海峽，為進出南海的必經之路，可阻斷美軍艦隊進出。

所以四日中共發射之十一枚彈道導彈，有五枚落在臺灣東部海域演習區，不但威脅花東兩個國軍空軍基地，而且其中一枚落在日本經濟海域，對日警告意味亦濃；共軍東部戰區還宣稱：對臺灣島東部外海預定海域，實施導彈火力突擊精準命中目標，檢驗了精確打擊和「區域拒止能力」，並逼退美軍雷根號航母戰鬥群六百公里。

落入臺灣東部海域之導彈中，有四枚係直接飛越臺灣上空，因飛行路徑在大氣層外，屬於國際太空領域，雖非攻擊臺灣，但威嚇性絲毫不減，且強過以往。

據聯合報消息稱：這四枚導彈發射地點為：海南儋州的「東風-16」、江西贛州的「東風-17」、福建的「東風-15B」，和江西樂平的「東風-11A」。與過去不同的是這次中共導彈發射選在白天（下午），一九九五、九六年均在半夜發射。

中共在臺灣西部除平潭島演習區，未設其他軍演區域，但以我西南防空識別區和平潭島海域兩演習區，封鎖臺灣海峽南、北出入口，宣示臺灣海峽已是內海，不再有中線的存在。

所以，自四日起每日中共即有軍艦十三到十四艘次，在臺海周邊活動，其中十艘越過海峽中線，進入我二十四浬的領海鄰接區海域，並留在該地區，與我海軍軍艦對峙。一艘中共萬噸級「055型」驅逐艦曾在距離花蓮港三十七浬處從事活動。中共宣稱航母群也首次參與威懾演習。

中共軍機先後共有逾百架次，短暫越過中線後折返。共機分兩批，一批由閩浙交界處外海集結，自臺灣海峽北段越過海峽中線；另批自閩粵外海交界處集結，飛入我西南防空識別空域。以示空中封鎖海峽南北出入口。出動之軍機有「蘇-30」、「殲-10／11／16／20」，和「運-8」遠干機與反潛機。

此次對臺演習，共軍還首次出動無人機威懾：四日有三架無人機在臺灣東部繞行，分別抵達東北、東部及西南部演習區域；金門、烈嶼及北碇地區，都偵測到多批次共軍無人機進入禁限制水域上空；馬祖亮島及東引地區上空亦發現不明飛行物。

共軍將領透露，演習有三大目標：包圍和逼近臺灣、隔絕一切可能的外部勢力干擾、徹底打破所謂的「海峽中線」。中共政策科學研究院高級研究員、退將王雲飛表示：軍演的目的在於毀掉臺灣的「三條線」，即「海峽中線」、「領海線」、「能源生命線」；同時建立「三個區」：「封控區」、「禁飛禁航區」和「常態化戰巡區」。

美國國防部隨即下令：美軍第七艦隊主力「雷根號」航母打擊群，將繼續部署在臺海附近，並在「未來幾周」內，穿越臺灣海峽。顯露美國的畏戰，但仍試圖恢復「海峽中線」之存在。

同時，中共網軍不斷對臺進行資安攻擊，從總統府、國防部、外交部到警政系統都陸續遭到入侵，甚至包括電視直播節目和地方政府網站。

共軍在四日還自福建沿海另發射了十多枚長程火箭，射程可達三百公里，模擬攻擊臺島重要軍事目標與基礎建設；次日操演海空機艦進擊，掌控臺海制空權；六日，共軍在臺灣北部、西南、東部海空域進行實戰化模擬演練攻臺聯合對陸打擊、對海突擊、制空作戰、區域拒止、綜合攻防、聯合防潛等課目訓練。海、空軍進行聯合偵察預警、聯合火力突擊等課目訓練。演習結束後，策劃此次演習之東部戰區十日宣布，「演習『成功完成』！未來將轉為『常態性』巡邏」。

中共利用裴洛西訪臺造成之臺海危機，企圖改變臺海現況，意圖至為明顯，據日本公布，中共已固定派一艘導彈驅逐艦長駐我蘇澳軍港外海鄰接海域，監視我軍港活動，固對我增加軍事威懾，實際旨在變成「新常態」，疏懈我心防。

由於此次臺海危機，透露中美雙方都避免擦槍走火。所以裴洛西的專機自馬來西亞起飛後，刻意不經南海，而東飛繞過菲律賓再轉北，於夜間抵臺。中共也選在裴洛西離臺後，才展開實彈軍演，避免與美國硬碰硬。而美軍護航的雷根號航母也特意避開臺灣東部之中共演習海域，與過去臺海危機時，美國航母戰鬥群抵近臺海顯著不同。美國的退縮，任由中共宣洩怒氣，臺灣竟成了代罪羔羊，所謂臺美關係「堅若磐石」，一時消聲匿跡。

美國官方也一再向中共保證一中政策未變，並恪守三個公報。但因中共對美日「戰狼」外交太過強悍，美國國務卿布林肯才在柬埔寨同時舉行的東盟外長峰會上強硬表示：「美國反對任一方試圖改變（臺海）現狀，尤其是透過武力。希望北京不要藉此製造危機，或是找任何藉口，加大其激進的軍事動作。」

六、習近平對臺政策

（一）對臺四點政策

二〇一七年十月，習近平在中共「十九大」上，發表四點對臺政策：

1. 堅持「和平統一、一國兩制」方針。
2. 「一個中國」原則是兩岸關係的政治基礎，體現「一個中國」原則的「九二共識」明確界定兩岸關係的根本性質，是確保兩岸關係和平發展的關鍵。
3. 兩岸一家親：尊重臺灣現有的社會制度和生活方式。
4. 絕不允許任何人、任何組織、任何政黨、在任何時候、以任何形式、把任何一塊中國領土從中國分裂出去，中共有足夠的能力挫敗任何形式的臺獨分裂圖謀。

習近平以「六個任何」反獨，比胡錦濤的「三個任何」（任何人、勢力、方式）多出三個，顯示他對臺政策比胡錦濤強硬。

（二）對臺工作習五條

二〇一九年一月中共舉辦《告臺灣同胞書》發表四十周年紀念會。習近平續提出對臺工作「習五條」：

1.兩岸攜手推動民族復興，實現「和平統一」目標。

2.探索「兩制」臺灣方案，豐富和平統一實踐。（透露中共無意隨臺灣「政黨輪替」，一再調整對臺策略，故而謀藉立法或研擬具體統一辦法，以主導兩岸關係之發展）。

3.堅持一個中國原則，維護和平統一前景。中國人不打中國人，不承諾放棄使用武力，保留採取一切必要措施的選項，針對的是外部勢力干涉和極少數「臺獨」分裂分子及其分裂活動，絕非針對臺灣同胞。（將「和平統一、一國兩制」拆散分為上述「三條」，表明中共將更積極主動主導兩岸關係之發展，結合「武統」威脅）。

4.深化兩岸融合發展，夯實和平統一基礎。率先實現金門、馬祖同福建沿海通水、通電、通氣、通橋（稱為「新四通」）。

5.實現兩岸同胞心靈契合，增進和平統一認同。（首次提出「民族復興、心靈契合、和統認同」的新統戰）。

習近平同時將「九二共識」明確定義為：兩岸雙方在「一個中國」的基礎上達成的「海峽兩岸同屬一個中國，共同努力謀求國家統一」。否定了「一中各表」的存在。

據前海基會副秘書長李慶平澄清，一九九二年兩會香港會談內容是：當時中方根本未提「兩岸同屬一個中國」，是二〇〇〇年時，錢其琛副總理加上的。當時達成的是「兩岸均堅持一個中國原則（依據國統綱領和一個中國涵意兩文件提出），以口頭聲明方式表達，但兩會之間不涉及一個中國政治內涵」。

但民進黨政府已否定「九二共識」的存在；即使是在野的國民黨，二〇二二年朱立倫主席也表示「九二共識」是「沒有共識的共識」。中共繼續堅持「九二共識」，似已難突破兩岸僵局。

（三）「和統」和「以戰逼統」相結合的對臺政策

二〇二一年七月，習近平在中共建黨百年慶會和十月在我國慶日前夕舉行的「紀念辛亥革命一一〇週年大會」上，都重複的強調堅持「和平統一」、「一國兩制」、「一中原則、九二共識」的立場。但兩次會議他都說：「任何人都不要低估中國人民捍衛國家主權和領土完整的堅強決心、堅定意志、強大能力。」

十一月中共十九屆六中全會通過的「歷史決議」文件《關於黨的百年奮鬥重大成就和歷史經驗的決議》中表示：「黨秉持『兩岸一家親』理念，推動兩岸關係和平發展」，「我們堅持一個『中國原則』和『九二共識』，堅決反對『臺獨』分裂行徑，堅決反對外部勢力干涉，牢牢把握兩岸關係主導權和主動權」。

《決議》文中也首次提出「新時代黨解決臺灣問題總體方略」，但何謂「總體方略」並無說明。只有《人民日報》在二〇二二年一月發表〈五組關鍵詞讀懂新時代黨解決臺灣問題總體方略〉一文，這「五組關鍵詞」是：「國家統一、民族復興」、「結束政治對立、實現持久和平」、「寄希望於臺灣人民、反對臺獨分裂」、「融合發展、共同市場」、「文化傳承、心靈契合」。如果這「五組關鍵詞」是對臺「總體方略」內容，則了無新意，不過綜整習近平過去對臺言論而已。

但值得重視的是二〇二一年十二月中旬，《人民日報》發表的〈牢牢把握兩岸關係主導權和主動權〉社論，以及十二月二十九日，國臺辦續表示「牢牢把握兩岸關係發展主導權主動權」。時隔半年，《人民日報》又在二〇二二年七月七日抗戰紀念日發表國臺辦主任劉結一署名的〈在實現中華民族偉大復興行程中推進祖國統一〉文章。提出「新時代對臺工作的根本遵循和行動綱領」，「牢牢把握兩岸關係主導權和主動權，不斷強化兩岸完全統一的時和勢」。而且在新時代新征程上，則要「深入學習貫徹新時代解決臺灣問題的總體方略，奮力推進祖國統一進程」。

這些跡象顯示，習近平的「新時代黨解決臺灣問題總體方略」的核心是「民族復興」，對兩岸關係發展將完全掌握主導權和主動權，也就是要「和」要「戰」，全由中共決定，將不理會我方的「呼籲」，逕行推動統一。

所以，習近平在公開談「和平統一」時，他同時也在二〇二一年對中共中央黨校說：「總想過太平日子、不想鬥爭是不切實際的」，「要『丟掉幻想、勇於鬥爭』，在原則問題上寸步不讓、寸土不讓」。他在二〇二二年新年賀詞，對兩岸關係僅有簡短說「實現祖國完全統一是兩岸同胞的共同心願」。

綜觀習近平對於臺灣議題歷次談話，透露了他對兩岸關係的改善，並不抱太大希望，雖然仍堅持「和統」優先，但從習的對臺政策和近十年來軍武發展和軍改，中共已有勇於「武統」之鬥爭準備，目前更進一步堅持緊抓兩岸發展主導和主動權。中共目前對臺更積極向「以武逼統、以戰逼和」邁進，所以對臺「軍事威懾」壓力會持續加大，已不再強求「和統」，而「武統」則是中共積極備戰方向。

（四）發表臺灣問題與統一事業白皮書

中共在二〇二二年八月臺海第四次危機鎖臺軍事威懾演習結束後之兩天，突於十月由「國臺辦」和「國務院新聞辦」共同發表《臺灣問題與新時代中國統一事業》白皮書。這是中共繼一九九三年八月和二〇〇〇年二月分別發表《臺灣問題與中國的統一》、《一個中國的原則與臺灣問題》白皮書後，第三本白皮書，也顯示出其重要性。

新版白皮書內容，基本上不脫老調，除重申臺灣是中國的一部分的歷史和法理事實外，與以往不同的是強調「習近平新時代中國特色社會主義思想、中華民族偉大復興戰略、世界百年未有之大變局，和解決臺灣問題的總體方略」。中共在二十年後再發表對臺工作白皮書，目的顯然在突出習近平掌握了對臺政策的主導權和主動權，隱喻習近平將有第三個任期，和在任內完成統一臺灣決心。

白皮書也表明中共對臺政策仍以爭取「和平統一」為優先，但保留「武統」選項。這是中共長期對臺「和、戰」兩手策略交互運用之統戰手段，故在封鎖臺灣軍事威懾後，又緊急釋出「橄欖枝」，顯示中共心態，深恐對臺軍事壓力過大，會促使臺灣「越行越遠」，不得不緊急收手，所以鎖臺軍演僅數日即結束，不似過去動輒一兩個月，乃至更久。

白皮書為安撫臺灣民心，將兩岸緊張關係歸罪於執政黨的「挾洋謀獨」，和外部勢力「以臺制華」策略所導致，也是爭取和平統一進程中必須清除的障礙。

所以白皮書重申「和平統一、一國兩制」是解決臺灣問題的基本方針，也是實現統一的最佳方式，願繼續以最大誠意、盡最大努力爭取和平統一。因而提出「推動臺海形勢從緊張對峙走向緩和改善、進而走上和平發展道路」。但不承諾放棄使用武力，保留採取一切必要措施的選項，非和平方式將是不得已情況下做出的最後選擇。

八月正是中共領導高層「北戴河會議」期間，將討論「二十大」重大議案、習近平第三任期延任案，以及「二十大」後新領導班子之重要人事案，故中共在此時期，內政須維穩，外交須強硬，不如此必將影響甚至破壞人事決定。而對臺政策又處在「內、外」交界處，才會出現「一手硬、一手軟」之矛盾策略。但中共同在八月先以突破海峽中線，封鎖臺島，入侵我領海，接著發表「和統」優先白皮書，顯示中共高層鷹鴿派鬥爭激烈。

十月十六日，中共在北京召開「二十大」，習近平發表的政治報告中提出「解決臺灣問題是中國人自己的事，要由中國人來決定」，並重申前述白皮書對台「和戰」的兩手主張，強調對台用武是「針對的是外部勢力干涉和極少數臺獨分裂分子及其分裂活動，絕非針對廣大臺灣同胞」。

習近平的最新對臺政策，仍是「和、戰」兩手策略，但同時期中共空軍進擾我西南空域，頻頻穿越海峽中線，海軍巡弋我東部海域不減反增，所謂以最大「誠意」和「努力」爭取「和統」，是在不放棄「武力犯臺」的軍事威脅下進行，是明顯的「以戰逼和」、「以武逼統」手段。而中共稱「武統」是針對「外部勢力」（美、日）和「臺獨分子」，毫無意義，因為槍彈無眼，實際受傷害的仍是無辜的「廣大臺灣同胞」。

18 美國對臺戰略

一、從美國百年戰史看介入臺海戰爭可能性

一戰始自一九一四年七月，華府始終不肯參戰，直到一九一七年二月德國潛艇擊沉多艘美國船隻，並破譯德國煽動墨西哥對美開戰的電報，才於四月對德宣戰，已是一戰開打後兩年八個月；再一年七個月的一九一八年十一月，一戰結束。

二戰在亞洲的中日戰爭始自一九三七年七月，歐戰則是一九三九年九月。美國對歐亞兩戰場戰爭，初期均持觀望態度。直到一九四一年十二月，日軍突擊夏威夷珍珠港，才導致美國向德義日「軸心國」宣戰，此時距亞歐戰場開戰已是四年五個月和兩年三個月。歐亞戰事分別於一九四五年五月和八月結束，美國參戰時間僅三年五至八個月。

一九四五年國共爆發內戰，美國派特使馬歇爾來華調解失敗。馬歇爾因而不滿，於一九四七年初出任國務卿後，即對華禁運。而中共在蘇聯大量軍援下，國共實力逆轉。一九四九年十月中共建政，國府退守臺灣，美國又發表《美國不願過問臺灣問題》聲明，並稱太平洋防線不包括朝鮮半島和臺灣。導致蘇聯決定軍援北韓南侵和中共積極準備武力攻臺。

在韓戰前，美國的反共政策出現東西不同調。在西歐於一九四九年成立「北約組織」，以圍

堵蘇共集團；而在亞洲則放任共黨坐大，直到一九五〇年韓戰爆發，美國才驚醒調整亞洲政策，開始圍堵共黨在亞洲的擴張，令第七艦隊開進臺灣海峽，阻擾國共軍事衝突，並軍事介入韓戰。

一九五九年，北越發動越戰。到一九六一年，美國才有軍事顧問協助南越抵抗北越。一九六四年八月，美軍兩艘軍艦遭到北越魚雷艇攻擊，美機轟炸北越報復，卻被擊落八架傷三架。直到一九六五年二月，越共襲擊百居里美空軍基地，美國才在次月下令參戰，時越戰已爆發近六年。但因美國國內反戰情緒升高，美軍於一九七三年三月撤出南越。一九七五年四月底，南越滅亡，越戰結束。

美國參與韓、越戰都是打不求勝的戰爭，只求驅逐共黨離境，恢復原有分治局面。在韓戰如願以償，越戰則是丟掉越南三邦（越寮柬）。第七艦隊進入臺灣海峽，目的也在維持國共「隔海分治」。

一九七九年十二月，前蘇聯入侵阿富汗，美國懼與蘇聯發生戰爭，未進行軍事干涉。直到一九八一年，美國才秘密軍援阿軍。蘇軍因久戰無功，於一九八九年二月撤出阿富汗。

蘇聯瓦解後，美國成了世界唯一超級強國。二〇〇一年美國本土遭受蓋達組織攻擊（九一一事件），主謀賓拉登受到阿富汗塔利班政府庇護。以美國為主的聯軍於十月攻進阿富汗，推翻塔利班政權，美國並未能瓦解蓋達組織，反使阿國自此陷入內戰。二〇二一年四月，美國宣布自阿富汗撤軍，塔利班趁機反攻，八月中旬即奪回政權。

美軍撤軍行動飽受國際批評，拜登說：「他們（阿軍）必須為自己而戰，為他們的國家而戰」。阿國淪陷後，拜登又說：「美國軍隊不應該、也沒有辦法為『不願為自己而戰』的軍隊而戰，或為之犧牲」。這說明，拜登在任內為他國而戰的機率，可能不大，紐約時報稱：「美國不會無限支持盟友」。

一九九〇年八月，伊拉克入侵兼併科威特。次年初，由美國領導的聯軍驅逐佔領科威特的伊拉克軍，恢復科威特政權。二〇〇三年三月到二〇一一年十二月，聯軍再次攻陷伊拉克全境，扶植新政權，導致伊拉克的衰敗混亂，ISIS強盛時幾乎攻佔伊國半壁江山。

美國之所以毫無忌憚發動阿富汗和伊拉克戰爭，是因為蘇聯在一九九一年瓦解後，新政權俄羅斯實力已不若以往，更不願與美國爆發軍事衝突。

但俄國軍力逐漸恢復，並於二〇一四年二月兼併烏克蘭領土克里米亞半島，美國除譴責外，也莫可奈何。二〇二一、二二年俄羅斯陳兵俄烏邊界，擺出入侵烏克蘭之勢，拜登只表示會進行經濟制裁，不會軍事干預，甚至「失言」暗示同意俄國有限度的入侵烏國。二〇二二年二月，俄烏戰爭爆發，俄羅斯擺出「核威懾」姿態，美歐各國也只敢給予烏克蘭武器援助，無一國敢軍事介入，目的不過在藉機削弱俄羅斯實力，而烏克蘭成了美歐代理戰爭之戰場。所以國際媒體普遍憂慮「今日烏克蘭，明日臺灣」。

臺灣雖位居第一島鏈戰略核心位置，與日、菲共同箝制宮古和巴士海峽的通行，戰略地位不言可喻。但是越南在南海、阿富汗在中亞，對美國的戰略價值都不亞於臺灣，美國都能放棄，何況在一九四九（大陸淪共）、一九七九（臺美斷交）年美國已兩度背棄過臺灣。

即使川普總統挑起美中冷戰，國際甚至包括美軍將領都害怕他在競選連任期間為挽回頹勢和敗選後為發洩不滿，可能對中共發動戰爭，但事實證明都沒有發生，而且川普在二〇一八年制定之《美國印太戰略架構》機密文件也只說：「美國應協助臺灣建立不對稱戰力，使臺灣能靠自己的條件與中共作戰」。並無在中共武力犯臺時，出兵護臺之文字。

據曾在二〇〇九至二〇一四年擔任美國副助理國防部長之奧赫曼內克（David Ochmanek）在二〇二一年三月表示：兩岸如爆發戰事，共軍能在數分鐘內摧毀臺灣空軍，攻擊美國在太平洋的空軍基地，並以大量的長程導彈拒止美軍機艦介入戰爭，美國可能難以救援臺灣。

美國承認中共今日軍事實力已達前蘇聯解體前之水準。冷戰時期，美國已極盡可能避與蘇聯爆發衝突，因此今後對中共也將會如此。拜登總統還是國會議員時，就曾表示：「美國沒有義務協防臺灣」，別讓美國「捲入臺灣海峽的戰爭」。

參謀首長聯席會議主席米利因擔心川普發動美中戰爭，在二〇二〇、二一年兩度逕自致電中共聯參部長李作成，保證美軍不會向中共開戰。副主席約翰・海頓在二〇二一年九月也表明：美軍的目標是「永不與中國開戰，那將是可怕的一天」。國防部副部長希克斯（女）表示，自一九七〇年代以來，美國維持對臺承諾，其核心是協助臺灣提高自我防衛能力，臺灣維持有效自我防衛能力將能改變中共的威嚇算計。

美軍印太司令海軍上將阿奎利諾二〇二一年八月講的很明白，美軍在印太地區的重要任務是「確保現狀保持不變，也適用於臺灣」，「美國的臺灣政策是清晰的，美臺接觸就是要確保臺灣有能力自衛」。

美國國會在二〇二一年十二月通過的「二〇二二年國防授權法案」中曾明確提到，應該邀請臺灣參加美軍「環太平洋二〇二二」軍事演習。但在二〇二二年六至八月舉行的美國「環太」演習，共有二十六國參加。美國仍不敢激怒中方，並未邀請臺灣。美國太平洋艦隊司令帕帕羅（Paparo）坦承沒邀請臺灣是「政策決定」。

因此，美國對臺政策很明確，就是維持臺海現況，藉「戰略模糊」，讓中共無法判斷美國可能干預程度和方式，並以強大軍事力量嚇阻中共武力犯臺，同時協助臺灣建立有效自衛能力，使中共考慮如犯臺不能一舉成功，可能引發的內部政治與經濟危機。

但是，中共似已看穿美國的「戰略模糊」政策，二〇二二年共軍對臺軍事演習，已進展到全面封鎖臺灣，並極具挑釁性的發射常規導彈，首次直接穿越臺北上空，落入臺灣東部海域演習區，顯然是針對美軍進行「反介入／區域拒止」的威嚇。

二、美國「臺灣關係法」

中美關係發展主要依據的是「一個中國」原則，和三個公報，即一九七二年的《中美上海公報》、一九七九年的《中美建交公報》，以及一九八二年的《八一七公報》。

但在中美建交後，美國國會制定《臺灣關係法》以維繫臺美關係。該法重點為：

1. 將「臺灣」定義為臺灣主島和澎湖群島，不含金馬等外島。

2.任何企圖以非和平方式來決定臺灣的前途之舉，包括經濟抵制及禁運在內，美國將視為對西太平洋地區和平及安定的威脅而關切。

3.提供防禦性武器給臺灣，使臺灣能夠獲得足以維持自衛的能力。

4.維持美國的實力，以抵抗任何訴諸武力、或其他高壓手段，而危及臺民安全及社會經濟制度的行動。

5.如因臺民的安全或社會經濟制度遭受威脅，而危及美國利益時。總統和國會將依憲法程序，決定美國應付上述危險所應採取的適當行動。

《臺灣關係法》未明確保證在中共武力威脅或犯臺時，美國是否會進行軍事干預。故美國的對臺政策被稱為「戰略模糊」。據紐約大學前著名華裔教授熊玠說：一九七九年制訂《臺灣關係法》時，他正在美國國會工作，美國國策就是「不希望中國統一，也不支持臺灣獨立」。其實根據該法規定，美國總統在中共武力犯臺時，需和國會依憲法程序，做出決定後才能採取適當的行動。亦即總統須先說服國會，並經兩院表決同意後授權，才有條件進行軍事干預，依照中共攻臺遠戰速決戰略，可能已緩不濟急。

三、美國對臺「六項保證」

雷根總統一九八二年八月訪陸，並簽署《八一七公報》，全名為《中美就解決美國向臺出售武器問題的公告》，美國承諾「向臺灣出售的武器在性能和數量上將不超過中美建交後近幾年供應的水平；準備逐步減少它對臺灣的武器出售；經過一段時間最終得到解決」。

但在公報簽署前，雷根總統已透過在臺協會與我達成對臺《六項保證》，由白宮以「備忘錄」形式之行政命令發布，並知會國會。二〇一六年，美國眾、參兩院先後以《共同決議案》通過該《六項保證》，並稱該《六項保證》與《臺灣關係法》均為美臺關係的重要基石。

《共同決議案》不具法律效力，但因有國會背書，歷任總統基本上都會遵守。同樣，華府也認為中美三個聯合公報均屬於是政策聲明，不具備強制效力。

《六項保證》有三個版本，但內容一致，僅次序和措詞稍有不同。下為二〇一六年美國眾議院通過的版本：

1. 美國未同意對臺軍售設定期限。
2. 美國並不尋求為臺灣與中華人民共和國之間作調停。
3. 美國也不會施加壓力要求臺灣與中華人民共和國談判。
4. 美國對臺灣主權的長期立場沒有改變。
5. 美國並無計劃修改《臺灣關係法》。
6. 《八一七公報》的內容並不表示美國對臺軍售之前會徵詢北京意見。

二〇一九年八月，美國解密雷根在《八一七公報》簽署當天給國務卿舒茲和防長溫伯格的備忘錄稱：「美國同意減少對臺軍售的意願，全然以中國持續其和平解決臺灣與中華人民共和國分歧的承諾為先決條件」，「美對臺提供武器的性能與數量完全依據中共對臺灣所構成的威脅而定，無論在數量還是性能上，臺灣的防衛能力都應得到維持」。

該備忘錄解密後，受到中共嚴重抗議和指責。華府則強調有遵守《臺灣關係法》的義務。

四、美國對臺「戰略模糊」政策之爭議

哈佛大學「費正清中國研究中心」曾指出，美國為維持臺海現狀，採取「雙重威懾」政策，透過軍事和外交力量，「規範臺灣，威懾中共」，避免將美國捲入兩岸戰爭。如果放棄「戰略模糊」立場，明確承諾保衛臺灣，將使美中關係惡化，不符美國利益。

「美國在臺協會」前主席卜睿哲亦稱，臺美都不希望中共認為美國「不會」介入臺海危機，但美國會不會出手，取決於衝突如何發展。美國「除了宣示政策，還有很多方式表達美國的打算，而且威懾不光只是建立在文字上，也取決於美軍是否有能力支持要介入的威脅」。

一九九五、九六年臺海危機期間，柯林頓政府擔心兩岸出現誤判爆發衝突，決定美國必須有限度的介入，一度將「戰略模糊」轉變為「戰略明確」，但維持「戰術模糊」的策略，派出航母群以威懾共軍。

臺海危機後，美國眾議院於一九九六年三月通過《保衛臺灣的決議草案》。二〇〇〇年二月再通過《加強臺灣安全法》，要求華府調整「模糊戰略」為「清晰戰略」。同年，小布希總統在競選期間明確表態「如果中共動武，美國將協防臺灣；如果臺灣挑釁中共，美國不會介入」。小布希當選後，此即成為其對臺海兩岸的「戰略清晰」，但如何防禦臺灣，仍保持「戰術模糊」。

二〇二〇年二月，華府智庫「川和平基金會」邀請臺美日韓四國的退休官員與將領，包括我前參謀總長李喜明上將，和美軍前太平洋司令布萊爾上將，參與一項軍事推演。

演習構想：中共趁颱風重創太平島之機，出兵佔領該島。臺灣請求美軍支援。美國擔心被捲入戰爭，婉拒派軍援助奪島，僅表示將透過外交手段說服中共撤軍。但又不願臺灣有「被拋棄」感，乃聯合日韓派出驅逐艦通過臺灣海峽。共軍則續奪取東沙群島，切斷金馬供水。

布萊爾表示，美國對臺灣提供的是「有條件」安全保證，有地域性限制。布萊爾原任美軍太平洋司令，其解釋不支援國軍奪回外島原因，實際就是美國政策。曾任華府前東亞事務副助理國防部長鄧志強也說：「美國並沒有防衛臺灣的法定承諾，唯有美國總統有權可以決定美國是否為臺灣與中國開戰」。

拜登總統二〇二一年上任後，華府「國家情報總監」海恩斯於四月下旬在參院軍委會表示，若美國從「戰略模糊」走向「戰略清晰」，明確表態願意對臺海突發事件進行干預，中共會視為「嚴重破壞穩定」，將使中共更堅信美國決意壓制「中國崛起」，這可能會導致北京積極破壞美國在全球利益。

拜登的印太事務協調官坎貝爾也隨即表明華府反對「戰略清晰」。他說：對臺「戰略模糊」政策是過去幾十年來的美中臺間是最好的框架，調整會帶來不利影響；美國對臺戰略的第一個明確聲明是：確保和平穩定，不只私下保證，也公開警告；其次是依循《臺灣關係法》確保美國在西太平洋的能力，以因應地區現況遭受破壞。他並明確表示：美國不支持臺灣獨立。

19 美國對中共戰略

一、印太戰略

美國前總統川普在二〇一七年十二月發表的《國家安全戰略》報告中，宣示「印太戰略」是美國的「新戰略架構」，由美、日、澳和印度四國組成戰略聯盟，建構從中東荷姆茲海峽、東南亞麻六甲海峽到日本宮古海峽的兩洋戰略安全網，以及區域內印太兩洋的「航行自由」和「法治」的秩序，以遏制中共在區域內日益擴張的威脅。

美國同時並制訂一份《美國印太戰略架構》機密文件。二〇二一年一月，川普總統卸任前，將該文件提前三十年解密。文件透露美國必須阻止中共用軍事力量對美國及其盟友或夥伴採取軍事行動，須加強美國在印太地區的軍事力量的存在，以維護美國利益及對地區的安全承諾。

該文件具體規劃印太戰略重點為：解除朝鮮武裝、威懾中共，加深與日、澳的三方合作，和與印度的四方安全關係。針對中共，有三大戰略目標：應在衝突中不讓中共在第一島鏈內擁有海空優勢；保衛第一島鏈國家，美國應協助臺灣能夠制定有效的不對稱國防戰略與能力，以確保安全、不受脅迫、具彈性且有能力按其意願與中國往來；美國應掌控和主導第一島鏈以外的所有領域。

中共外交部批評這份文件暴露了美國藉「印太戰略」遏制打壓中國、破壞地區穩定的險惡用心。嚴重違反美國政府在臺灣問題上向中方作出的嚴肅承諾，惡意歪曲中國周邊政策，渲染中國威脅。

二〇一九年美國曾先後發表《印太戰略報告》和《自由開放的印太地區：促進共同願景》兩文件，美國承認若失去南海，等於切斷印、太兩洋之間的主要航道；如讓中共海軍深入印度洋，美軍不能完全掌控印度洋，將使美國在中東及非洲的戰略地位衰退。

二〇二〇年十一月美國總統大選，民主黨拜登當選。拜登曾任歐巴馬副總統，中共寄望拜登能揚棄川普的「印太戰略」，恢復過去的「亞太戰略」。但拜登在二〇二一年一月上任後，仍延續川普「印太戰略」，更傾向聯合盟友抗衡中共。

二〇二二年二月，拜登就任屆滿一年，首次發表其《美國印太戰略》報告，與川普的印太戰略相比，對中共的針對性更強。

該報告強調印太地區面臨來自中共的挑戰越來越嚴峻，從對澳洲的經濟脅迫、印度邊境的衝突、對臺灣日益增強施壓，以及對東、南海鄰邦的霸凌，區域內各國都受到中共的侵害性行為。但美國的「目標不是改變中國，而是形塑一個對美國和其盟友、夥伴的有利戰略環境」。從改變中共的周邊環境，促使中共通過應對新的戰略環境而發生變化。

在對華戰略方面，拜登仍維持「一個中國」政策原則，重申對中美三公報、臺灣關係法和六項保證的承諾。也未改變美國的「戰略模糊」政策，報告說：「我們將與該區域內外的夥伴合作，維護臺灣海峽的和平與穩定，包括支持臺灣的自衛能力，以確保臺灣的未來能夠符合臺灣人民的意願和最佳利益，並在和平的環境中決定」。

美國將捍衛國家利益，威嚇對美國與其盟友和夥伴（包括臺灣海峽在內）的軍事侵略，並透過發展新能力、作戰概念、軍事活動與國防工業倡議和更具韌性的力量態勢促進區域安全。

二〇二二年十一月，美國國防部公布年度《國防戰略》報告，再度將中共列為美國未來數十年「最重要的戰略競爭對手」。指責中共在南海增加軍力部署和對臺施加之單方壓力，因此美國要確保軍事優勢，防止中共增長的威脅，嚇阻侵略，並準備在衝突中獲勝。

二、重建南海鐵三角

南海周邊有三個重要軍港，能夠鉗制南海，水深均可停泊航空母艦。即北邊高雄左營軍港、東邊菲律賓蘇比克灣，和西邊越南金蘭灣。三港連線形成的三角形區域，不但有效控制南海，而且扼守臺灣、巴士和麻六甲三大海峽的通行，維繫印太兩洋的聯結，戰略地位極為重要。

越戰期間，美軍曾同時駐紮在三港，形成「南海鐵三角」。但自越戰結束、臺美斷交、菲律賓收回蘇比克灣後，美國在南海勢力式微，中共趁機崛起，成為南海霸權。美國迫切希望重建在南海影響力。

越南為「聯美抗中」，已於二〇〇九年開放美軍回到金蘭灣，美軍勃克級神盾驅逐艦「約翰・麥坎號」、「馬斯汀號」都曾先後到訪金蘭灣。

二〇一七年七月美國參議院軍事委員會決議，允許美臺海軍軍艦停靠彼此港口，「重建美國海軍定期停靠高雄港」行動。中共駐美公使恫嚇：「美國軍艦抵達高雄之日，就是解放軍武力統一臺灣之時」。二〇一八年十月十五日美軍科研船「湯普森號」藉「躲颱風」駛進我高雄港，中共亦徒呼奈何。

隨著南海爭議升溫，二〇一二年美菲兩國國防部達成協議，只要事先徵得菲國同意，美軍可再使用前在菲國的兩座軍事基地——蘇比克灣和克拉克區。但在菲前總統杜特蒂二〇一六年上任後，採取「棄美投中」的政策，表明願意與中共改善關係，擱置南海爭議，美菲兩國關係一度隔入僵局。

但因中共在南海的威脅增強，杜特蒂又在二〇二一年同意恢復美軍在菲國的軍事部署，和聯合作戰演訓。二〇二二年三、四月兩國即在呂宋島舉行七年來規模最大的「肩並肩」聯合軍事演習，雙方軍事關係已開始回暖。

同年六月底，杜特蒂卸任，小馬可仕接任總統，副總統是杜特蒂的女兒薩拉，故小馬可仕將會延續杜特蒂卸任前調整的「友中親美」政策，他在七月初對訪菲的中共外長王毅說：「菲律賓奉行和平獨立外交理念，始終堅持一個中國政策。南海問題不是菲中關係的主流，馬尼拉願同中方『找到友好解決辦法』」。

但八月臺海危機，中共在臺灣南部演習區距菲律賓僅四百公里，共軍並發射導彈落入該海域，使菲國「感到擔憂」。八月六日，美國務卿布林肯訪菲，強調美菲「聯盟堅實，堅定不移」，小馬可仕則只讚揚兩國的「特殊關係」，美菲關係並無邁進。但他在九月出席紐約聯合國大會時，表示美國是菲律賓的重要夥伴；在與拜登總統會面時，表態支持南海航行和飛行自由，以和平方式解決爭端。媒體認為他正在扭轉杜特蒂之親中路線，果如此，美菲關係有可能持續改善。

故美國重建「南海鐵三角」，仍受制臺美無實質外交關係和菲律賓小馬克仕總統外交政策的影響，能否實現，有待觀察。

三、美中新冷戰

美國前總統川普自二〇一七年上任後，美中關係開始惡化，並逐漸升高。

副總統彭斯二〇一八年十月發表演說，指責中共：「大規模竊取美國科技，包括最尖端的軍事藍圖。藉著這些偷來的技術，正大規模地『化玉帛為干戈』」，北京首要目標就是「削弱美軍的軍事優勢。中國希望將美國趕出西太平洋，並試圖阻止我們援助盟友」。

他說：「中國領導人二〇一五年在白宮說過『無意將南海軍事化』，時至今日，北京在人工島上的軍事基地，部署了先進的反艦和防空導彈」，但「美國海軍仍將在國際法允許範圍內、國家利益要求下，繼續飛行、航行和作戰」，持續維護美國在印太區域的利益。

二〇二〇年五月，川普政府發表對中共的《戰略方針》報告，認為中美建交四十一年，原以為能促使中共變得開放自由。但美國低估了中共，華府對北京進行的靜默外交已證明徒勞無功。美國將改弦易轍，制訂新的戰略方針，採取競爭性的方式，以維護美國至關重要的國家利益。美國希望與東協國家、日印澳韓，以及臺灣加強合作，以應對北京的挑戰。

七月二十三日，國務卿蓬佩奧刻意在加州尼克森總統圖書館發表〈共產主義中國和自由世界的未來〉演說。他說：尼克森一九六七年提出「除非中國改變，世界不會安全」。但尼克森推動與中共「接觸政策」，五十年來並未改變中共政權本質，反而「把在臺灣的朋友邊緣化了」，「也許是時候聯合志同道合的國家，建立一個新的民主聯盟」。

蓬佩奧的演講被視為「討共檄文」，是繼美蘇「冷戰」結束後，開啟的美中「新冷戰」的序幕。中共指責蓬佩奧「試圖重新挑動意識形態對立，把世界引向一場新的冷戰」。英國BBC電臺稱：美中已進入「新冷戰」時期，甚至可能演變成「熱戰」，但「真正的危險在臺灣」。

美國政府針對中共在亞洲的威脅日增，從二〇一一年起將國際戰略重心，調整為重返亞洲的「亞太再平衡」戰略，續走向「印太戰略」後，美軍機艦不斷進出南海、臺海執行「自由航行權」，擺出與中共強硬碰撞之姿。

美國「環太平洋軍事演習」（RIMPAC），每兩年舉行一次，是全球規模最大的海上演習。一九九八年，美國首次邀請中共觀摩軍演，再於二〇一四、一六年兩度邀請參與演習。但川普任內，二〇一八年在發給中共邀請函後不久，以中共在南海的軍事擴張造成區域局勢不穩，公開撤回邀請。二〇二〇、二二年美國仍續排除中共在外。

美國知名記者伍華德在二〇二〇年九月發表之新書《憤怒》（*Rage*）中即披露，美國前國防部長馬蒂斯任內曾當面對中共國防部長魏鳳和表示：戰爭和訓練完全兩回事，美軍八成軍人有實戰經驗，美軍最想和毫無戰爭經驗的軍隊（指共軍）對壘，但美國不希望子弟兵再經歷戰爭。

「中央社」曾在二〇二〇年報導：美軍「B-1B」、「B-52」轟炸機在南海、東海與日本海等重要水道上空頻頻執行飛行任務。即在釋出明確訊號：「美國隨時能從遙遠的基地，威脅中共艦隊和陸地目標；美國不必移動美軍航艦及其他昂貴水面艦艇，進入北京導彈火力的射程內」。美國空軍退役中將、華府「密契爾航太研究所」所長德普圖拉（David Deptula）說：「一架B-1轟炸機一天內可載運的武器酬載量等同於一個航艦戰鬥群」，當危機發生時，「船艦可能得花上幾週才能就定位。但使用轟炸機，就能在數小時內進行快速部署」。

二〇二一年一月，拜登新政府上任後，美中冷戰仍持續，並無緩和趨勢。

四、拜登總統兩岸政策

（一）拜登當選前對兩岸關係立場

二〇二〇年十一月，拜登當選美國第四十六任總統，CNN新聞網特別整理拜登過去兩岸言行：一九七九年任參議員時投票贊同《臺灣關係法》；二〇〇一年投書媒體表示：「美國沒有義務協防臺灣」，「總統不應該對臺讓步……將讓我們自動捲入臺灣海峽的戰爭」；擔任歐巴馬的副總統期間，多次訪問北京，被習近平稱為「中國的老朋友」。

但CNN表示：拜登在二〇二〇年二月民主黨內初選時，受到華府「抗中」政治氣氛影響，改稱習近平為「暴徒」，批評北京必須「按照規則行事」；同年民主黨修改黨綱，刪去所有關於

「一中」政策的內容，改而承諾持續「在符合臺灣人民最大利益與願望的情況之下，和平解決海峽兩岸問題」。

CNN認為：這顯示拜登將延續川普的對臺政策。拜登幕僚亦表示：拜登將致力落實《臺灣關係法》與「一中」政策，持續支持和平解決兩岸問題。

著名兩岸關係學者趙春山在二〇二一年三月撰文分析：拜登不會改變川普政府留下的遏制中共政策，不會輕易放棄「臺灣牌」，也不會從「戰略模糊」轉向「戰略清晰」。

（二）拜登上任後兩岸政策

二〇二一年二月，拜登首次發表外交政策講話，稱中共是美國「最嚴峻的競爭者」。同月，拜登在會見兩黨參議員時又說：「如果我們不行動，他們（中共）會吃掉我們的午餐」。這些話已實際改變拜登過去認為中共不可能成為美國競爭對手的態度。

三月，拜登公布他的《臨時國安戰略指南》，重點有：

1. 美國要戰勝中共最有效方法，是恢復美國的全球領導地位，確保是美國而不是中國制定國際議程。美國將與其他國家共同制定新的全球規範和協議，阻止中共的侵略和威脅。
2. 當中共的行為直接威脅美國利益與價值觀，試圖侵害美國戰略優勢與國家競爭力時，美國將直面對抗。
3. 美方將支持臺灣這個夥伴，這符合美國的長期承諾。

4. 和北京進行務實、以結果為導向的外交，並致力於減少誤解與誤判風險。美國也歡迎中共在軍備控制與核武不擴散等議題合作。

拜登的國務卿布林肯也多次發表對兩岸政策談話，且對中共立場強硬。他說：「中共是美國外交政策上最大的挑戰」，「我們與中國的關係，該競爭時要競爭，可合作時合作，如果一定要敵對就敵對」，「美國須以強而有力的立場應對中國，而這要靠與夥伴盟友合作，集眾人力量會讓北京更難以忽視」。但「中美軍事對抗不符合兩國利益，拜登政府不想圍堵、遏制或阻擋中共」，而是要「捍衛國際秩序」。

分析拜登上任後和國務卿布林肯的對中共政策談話，拜登政府仍延續川普前總統對中強硬態度，亦即絕不允許中共實力超越美國，更不能傷害美國利益；不容許中共改變亞太現況，不能威脅周邊國家安全，特別是入侵臺灣；美國對付中共的策略就是「聯盟制中」，將中共軍事封鎖在第一島鏈內。

二〇二二年五月二十六月，布林肯在華府喬治・華盛頓大學正式發表《拜登政府對中華人民共和國的政策》演講，闡述美國對華政策：

1. 拜登政府的戰略：可概括為「投資、結盟、競爭」。美國將增加國內基礎實力投資；對外聯合盟友，為共同目的和共同事業而行動；利用這兩項資產，「將與中國競爭，以捍衛我們的利益，建立我們對未來的願景」。

2. 美國不希望孤立中國、不尋求與中國發生衝突，或出現新冷戰局面，並致力於避免這種情況發生。美國也不阻礙中國發揮其強國作用（崛起），不阻止中國發展經濟。

3. 中國對國內的壓制變本加厲，對國外更加咄咄逼人。希望北京遵守、維護國際秩序。美國將捍衛並加強維持和平與安全、保護個人和主權國家權利，包括美中在內所有國家共存並合作的國際法律、協議、原則以及機構。

4. 拜登政府對臺政策沒有改變，與過去美國歷屆政府一致，奉行以《臺灣關係法》、三個聯合公報及六項保證為指導的「一個中國」政策。美國反對任何一方單方面改變現狀，不支持臺灣獨立，反對兩岸任何一方改變現狀，希望兩岸通過和平方式解決分歧。

5. 依照《臺灣關係法》，美國將協助臺灣維持足夠的自衛能力，反對以任何武力或其他形式的脅迫，來危害臺灣的安全、社會或經濟制度。

6. 中國近年對臺灣脅迫愈演愈烈，包括切斷臺灣與世界各國關係，阻止臺灣參與國際組織，解放軍飛機頻繁在臺海飛行，這些言行都威脅臺海和平穩定，增加誤判風險。美國願與臺灣維持「強有力的非官方關係」，將繼續擴大與臺灣在許多共同利益和共同價值觀方面的合作，支持臺灣有意義地參與國際社會。

同年七月，G20外長會議印尼召開，布林肯和中共外長王毅舉行場邊會談。布林肯提出對中政策簡化為「六不」：美國「不尋求對華打新冷戰、不尋求改變中國體制、不挑戰中國共產黨執政地位、不尋求圍堵中國、不支持臺灣獨立、不尋求改變臺海現狀」。

（三）拜習會各說各話

二〇二二年十一月十四日，拜登與習近平利用參加G20會議的機會，兩人在印尼峇里島舉行雙邊會談。拜登表示：美國堅決反對片面改變臺海現狀的行為，美國反對中共對臺採取脅迫與日益具侵略性的行動，破壞臺海與區域和平。習近平則強調：臺灣是中國的主要利益核心，是中美關係中第一條不可逾越的紅線。會後拜登認為，北京並無立即犯臺意圖。

這次會晤，是拜登上任總統後，首次與剛連任第三個總書記任期的習近平面對面的會談，意義重大，所以雙方對臺海問題的談話，其重要性不言而喻。兩人雖各說各話，但已各自表明關於臺海問題的底線，短期內對臺海的穩定當有幫助。不過雙方會議長達三小時，並未公布會議記錄，實質談話內容不得而知，相信仍是各自表態。儘管如此，彼此之約束力，必然存在。

五、拜登護臺言論爭議

拜登在二〇二一年八月突然宣佈自阿富汗撤軍後，亞歐各國對美國的防衛承諾失去信心，爆發「今日阿富汗，明日臺灣」爭議，中共趁機宣傳「美國衰落論」和「棄臺論」。美國國安官員為安撫臺灣，強調美國在阿富汗是對付發動九一一事件的恐怖份子，而臺海政策，則重在維護臺海和平穩定，兩者截然不同。

拜登總統更親上火線，接受美國廣播公司（ABC）訪問時強調：「美國對《北約條約》有神聖承諾，若任何人入侵、對北約盟友採取行動，美方將會做出回應，對日本、南韓和臺灣也一樣」，「當有人侵略這些國家時，美國會有所行動」。拜登此言被解讀為臺灣若遭攻擊，美國會捍衛臺灣。

十月二十一日，拜登參加CNN訪談節目時，主持人問：「如果中國進攻臺灣，美國是否會協防臺灣？」拜登回答：「是的，我們做過這樣的承諾」。

拜登連續兩次護臺言論，態度嚴謹，絕非「脫口而出」，而是「有備而來」。但在拜登兩次發言後，白宮或國務院都立即澄清：美國對臺政策未變，美臺防禦關係向來是依據《臺灣關係法》，並以臺灣需求及中共威脅為基礎，仍以幫助臺灣建立自衛武力為主，美國無計畫升級對臺支持。

華府前副助理國防部長鄧志強曾說：「唯有美國總統有權可以決定美國是否為臺灣與中國開戰」。所以拜登總統的護臺言論，絕非口誤或口快，佐證白宮幕僚和國務院都在拜登發言後適時表態：美國對臺政策未變。顯示這是美國「戰略模糊」的「嚇阻」新機制，讓中共更加難以捉摸。

其後在十一月十六日，中美領袖舉行視訊峰會。拜登在正式場合就明確回歸到美國基本立場，強調美國堅守《臺灣關係法》、「三公報」和「六項保證」的「一中政策」，反對改變海峽兩岸現狀，或破壞臺海和平穩定的片面行為。若透過非和平的手段，要改變臺灣的未來，美國都會非常關切。

但拜登在峰會後接受訪問之非正式場合又恢復個人立場表示：「它（臺灣）是獨立的，由它自己做決定」（It's independent. It makes its own decisions.）。稍後，拜登對記者解釋：「他們指的是臺灣」，「我們不鼓勵臺灣獨立，我們鼓勵他們遵守《臺灣關係法》所要求的做出決定，讓他們下定決心」。其實拜登越解釋越「模糊」。

拜登的「口誤」在二〇二二年五月在日本訪問時再次出現，此行訪日並與印度、澳大利亞和日本領導人共同舉行「四方安全對話」，這是美國「聯盟制中」的重要戰略。五月二十三日，拜登與日相岸田文雄舉行聯合記者會，記者問到中共如果武力犯臺，美國是否願意採取軍事介入時，拜登回應：「是的，這是我們作出的承諾」。白宮隨即澄清對臺政策沒變，次日拜登又接受記者提問時稱：「對臺灣的戰略模糊政策並未改變」。此說明拜登的「口誤」都是「戰略模糊」策略的一環。

拜登軍事護臺言論在二〇二二年九月十九日第四次上演，他接受媒體CBS專訪時表示：若中共對臺進行前所未有的入侵，美軍將保衛臺灣。毫無例外，白宮和國務院又重申美國「一中」和對臺政策未變，否定了拜登談話；而拜登在九月二十一日聯合國大會演講時，聲明「美國致力維持臺海和平穩定，反對任何一方片面改變現況的立場」——這才道出他一再「故意」口誤的原因，即嚇阻中共武力犯臺。

六、美軍事首長的兩岸觀點

美國國防部長退役上將奧斯汀在二〇二一年一月出席參議院任命聽證會時，他對美國如何協助臺灣的問題答覆：「可以確定的是美國致力於確保不會讓中共這麼做，過往美國對臺灣的支持『堅若磐石』，美國兩黨也都願意支持這樣的做法，我將確保履行承諾，支持臺灣自衛能力」。他也針對共軍威脅，強調會將目標放在「擴大美中軍事實力差距」。

奧斯汀五月初在夏威夷印太司令部明確表明他對共軍的戰略：「防止衝突遠比參與更為重要」，「威懾一直是第一道防線，美國國防的基石仍然是威懾力，確保我們的對手徹底瞭解衝突的愚蠢」。

拜登指示國防部成立一個「中國任務小組」，全面檢視評估中共的挑戰，以及美國因應能力與作為。該小組發現美國防部對中共軍事的認知與因應之間存有「知與行」的落差。於是奧斯汀下令：將中共軍事擴張、挑戰，和美軍因應措施等議題，列為美國國防政策的首要重點。他說：「加強與盟友和夥伴的合作，提升美軍威懾力，並加速發展新的作戰概念與能力，促進軍民合作，強化美軍整體戰力」。

二〇二一年六月，美國參謀首長聯席會議主席米利上將在參院聽證會上表示，若中共軍事侵臺，美國「如依據《臺灣關係法》做出政治決定，我可以保證我們擁有這樣的能力，能阻擋臺灣遭到入侵」。不過他說：「中共軍事侵臺要橫越海峽，奪取臺灣這樣具有軍力和人口的島，將是格外複雜和困難的行動」。

但在九月初，華郵記者揭露：米利在川普選情失利和敗選後質疑選舉不公，國際又盛傳川普可能以攻擊中共設法延任情勢下，恐中共誤判情勢爆發戰爭之際，曾兩度自行密電中共軍委聯參部保證不會對中共動武，如必須動武，也會事先通知中共。

米利在參議院聽證會上承認有此事，他說是情報顯示北京認為華府很可能對大陸發動戰爭，他確信川普無意攻擊中共，為化解潛在的軍事衝突與危機管理，因此向中方傳達此一信息，這「完全符合他的工作職責」。參議員不滿問：「若中共打算侵臺，是否也會預先打電話告知美國」。米利表示，若中共有侵臺的意圖，「應該會很容易發現」。

二〇二二年五月，米利再次出席參議院聽證會時指出，習近平已經設定一個（犯臺）目標，時間是二〇二七年。習要共軍做好準備，具備佔領臺灣的能力。但在同年十一月十六日，他又說：由於中共軍隊缺乏戰鬥經驗，如果冒然犯臺，將是一場「危險遊戲」、不智之舉，「是犯下政治、地緣政治和戰略上的錯誤，類似普丁入侵烏克蘭所犯下的戰略錯誤」。他說習近平很清楚這一點。

美國太平洋艦隊司令山姆・帕帕羅（Sam Paparo）二〇二一年六月表示：面對中共步步進逼的威脅，他的職責就是「防止臺灣被中國武力統一」。十月，美國海軍發布新的《國家戰略指南》。海軍部長戴托羅（Carlos Del Toro）說：海軍戰略指導重點放在「阻止中國入侵臺灣」，最終責任是阻止中共「接管臺灣」。美國將會提供臺灣必要的武器和技術，讓臺灣能夠自衛，而讓中共在四周「沒有朋友」。

所以，美軍在臺海的戰略簡單說就是：威懾，嚇阻共軍武力犯臺，並維護臺灣自衛能力。如中共入侵臺灣，美軍只有在獲得總統授權下，才會軍事干預，但至少會提供軍事武器援助。

20 日本參戰和中俄聯盟之分析

日本在二〇一五年通過的《新安保法》表明當臺海、東海、南海發生涉及「周邊有事」和「國家存亡的事態」時，日本可以行使自衛權，或支援美軍介入爭端。中共也認為一旦「三海」爆發衝突，美日均極可能介入。

二〇二二年二月，俄烏戰爭爆發後，日本參與美國對俄羅斯制裁行動，並軍援烏克蘭，還表示：俄烏戰爭衝擊國際秩序，「絕不可令今日烏克蘭，成為明日臺灣」。引起中俄不滿，曾在五月海空機艦聯合繞行日本群島，並出現在臺灣東岸菲律賓海和釣魚臺毗鄰海域，此舉固在威脅美日，也在暗示中俄存在軍事合作，甚至結盟之可能（雖然中共曾表示中俄不會結盟）。

一、日本參戰之可能性

（一）日官方立場

二〇二一年三月中旬，美國防部長奧斯汀與日本防衛大臣岸信夫（前日相安倍晉三胞弟）在東京會談。雙方一致認為日臺地理位置接近，同處第一島鏈，一旦臺海爆發軍事衝突，日本也將受衝擊。岸信夫表示：若中共武力犯臺，美軍馳援臺灣，日本自衛隊將會考慮提供協助。

四月十六日，前日相菅義偉訪美與拜登總統發表《聯合聲明》，強調「臺灣海峽和平及安定」和「藉嚇阻維持印太區域和平與穩定」兩者的重要性，並呼籲「推動和平解決兩岸議題」，反對任何片面改變東海現狀的企圖，反對中共在南海非法主權聲索及活動的立場。這份美日《聯合聲明》被視為日本自衛隊可能介入臺海紛爭之象徵。

十月初，日本新首相岸田文雄上任後，首次與習近平通話時，表達日本重視臺海和平穩定發展的立場，對中共海警屢屢進入釣魚臺等週邊海域，和對中共試圖改變南海現狀的舉動感到憂心。習近平要求日本恪守中日四項政治文件，妥善處理涉臺等重大敏感問題。

所謂中日四項政治文件，即一九七二年建交《中日聯合聲明》、一九七八年《中日和平友好條約》、一九九八年江澤民訪日與日相小淵惠三的《中日聯合宣言》，和二〇〇八年《中日關於全面推進戰略互惠關係的聯合聲明》。

二〇二二年一月下旬，拜登和岸田文雄舉行視訊會議。美日雙方均強調臺海和平穩定及和平解決兩岸議題的重要，並表達對抗中共試圖改變東海和南海現況之決心。五月拜登訪日，與岸田發表《聯合聲明》：重申臺海和平與穩定的重要性，為國際社會安全與穩定不可或缺的要素。

日本一向認為東、臺、南三海的穩定與否，關係到日本國家利益和安全。尤其臺海一旦出現軍事衝突，日本最害怕的是共軍趁機奪取釣魚臺。二〇一四年四月，美國歐巴馬總統訪日、與安倍晉三首相發表《聯合聲明》稱：《日美安保條約》美國對日防衛義務「包括尖閣諸島（即釣魚臺列嶼）在內」。二〇二二年一月，美日兩國再次確認《安保條約》第五條適用於釣魚臺諸島。

臺海一旦有事時，日本受限於憲法規定，不能出兵參戰。日本為了自身安全，相信會力促美國軍事干預，並盡力提供後勤支援。

（二）日防衛白皮書

二〇二一年七月日本發表年度《防衛白皮書》分析：拜登政府在軍事上力挺臺灣的態度將更明顯，臺灣將成為美中對抗的重心。因此臺灣周邊的安全，對於日本甚至國際社會的安全及穩定十分重要。

防衛大臣岸信夫在序文中批評中共《海警法》侵害日本和大陸周邊國家的權益，升高東海與南海的局勢。海警船入侵「日本領海」情況嚴峻，日本完全無法容許。

副相麻生太郎在白皮書公布前表示：中共若犯臺，內閣將認定屬安全保障相關法制所定義的「存亡危機事態」，可能行使「有限集體自衛權」，美日須共同保衛臺灣。防衛副大臣中山泰秀也發表「保護臺灣」相近言論。

日本政府雖澄清二人發言非官方立場。但麻生在二〇〇八年曾任日相，現仍居副相高位，中山泰秀亦為防衛副大臣，二人釋出之言論，絕非偶然。

日本防衛省研究所主任山口信治應證了此點，他認為共軍為遏止美國介入臺海戰事，可能攻擊沖繩美軍基地，即侵犯了日本的領土，自衛隊就會參戰。因此他說：「日本官方已接受這樣的觀點，即一旦中共武力犯臺，日本必須加入戰爭」。

二〇二二年七月，日本發表的最新年度《防衛白皮書》對臺海安全著力更多，報告稱：中共國防費持續增加，企圖打造共軍成為「世界一流的軍隊」。共軍近年在臺灣周邊的海空域加強軍事演訓，兩岸軍事緊張升高的可能性難以排除。尤其俄烏戰爭傳達一個訊息，即「以武力單方面改變現狀是可被接受的」，而且俄中有可能進一步深化加強彼此的關係，「臺灣情勢穩定對日本安全保障與國際社會穩定至關重要」。

日本政府為因應安保環境的變化，將於二〇二二年底修訂有關「國家安全保障戰略」之外交及防衛政策的基本方針等。除要加強日本的防衛力外，也要加強美日同盟、與共享普世價值的國家擴大合作。

日本受限於憲法規定，不能參與國際戰爭，但又感於臺海危機和中俄關係發展密切實已危及其國家安全，而急思突破窘境，實在困煞了日本政府。

（三）日軍行使自衛權之法令

《日本時報》二〇二一年三月曾發表美軍退役亞太軍事專家、橫須賀亞太研究會顧問波薩克（Michael Bosack）專文〈在臺灣與中國發生衝突時，日本能做些什麼？〉。

他說：日本憲法規定「永遠放棄以國權發動的戰爭、武力威脅或武力行使，作為解決國際爭端的手段」。故依憲日本無法行使集體自衛權，日軍不能參與國際戰爭。但二〇一五年，安倍政府為能夠合憲地有限度行使自衛權，推動通過《平和安全法制》，允許日本在三種狀況下能以

「集體自衛權」之名動用自衛隊：

1.「國際和平共同對處事態」。指日本自衛隊為協助美國全球反恐戰爭，可以幫助盟軍執行後勤支援等任務，但在任何情況都不得參與作戰行動。

2.「重要影響事態」。指北韓或臺灣爆發戰爭，可能影響到日本安全的重大危機時，可支援盟軍後勤支援等任務，甚至進行掃雷、保護進出戰區的軍、民用飛機、讓盟軍使用日本國內的軍事設施等等，但仍不能參與作戰。

3.「存立危機事態」和「武力攻擊事態」。當日本重要盟國遭受攻擊，危及日本的生存。如臺海爆發兩岸戰爭，或在美國參戰後，應臺美要求，日本可依法行使集體自衛權。

但法律規定日本政府在出現「存立危機事態」時，必須齊備三個嚴格要件，才能進行集體自衛：證明日本的生存已受到威脅、已窮盡其他應對手段、使用武力時應保持最小幅度。而且政府必須制定基本計畫，明確表列政府與自衛隊在應對該種情勢時所要做的每一件事，由內閣通過後提交國會批准。只有被列入計畫被批准的事項，才能行使集體自衛權。

波薩克指出：等到真的緊要關頭，這些法律其實也只是參考。一切都取決於臺灣當時的情況下真正需要什麼，以及日本政府願意做出何種政策決定。

日本《讀賣新聞》也有類似的分析：

1.臺海緊張局勢一旦波及日本，在美國可能協防臺灣條件下，日本自衛隊不排除援引《平和安全法制》之《重要影響事態》和《美日安保條約》的相關條文，依法提供美軍後勤支援。

2. 若臺海情勢惡化為「存立危機事態」，威脅到日本的安全與國民的生命，日本自衛隊可以有限的集體自衛權，進行武力反擊。

3. 若達到最嚴重的「武力攻擊事態」，包括駐日美軍基地在內的日本國土遭到武力攻擊，存在「立即」的危險，日本可使用個別自衛權，動武反擊。

4. 《自衛隊法》對動武有著嚴格的標準，必須是日本的存亡、人民的生命和權利受到明顯威脅才能使用武力，無論哪一種狀況，自衛隊的行動都須經由日本國會的批准。

另據中時新聞網二〇二一年七月的分析：

1. 《平和安全法制》規範行使「武力攻擊事態」，須係針對日本或與日本有密切關係的「他國」。因此，日本要「保衛臺灣」須先確定臺灣為日本基於國際法承認的「國家」。

2. 在《有關集體自衛權的釋疑》中強調：即使解禁「集體自衛權」，仍須符合憲法的制約，不變更「海外派兵」條款，禁止以行使武力為目的，向他國境內派遣武裝部隊；不參加在聯合國決議下對個別國家的武裝制裁行動；不到他國的領土及領海上支援其他國家，武力行使仍須被動的，亦即遭受武力攻擊以後的還擊手段。

3. 日本自衛隊總兵力僅二十五萬五千餘人，均齡三十六歲，尤其日本無《國家總動員法》，以這些武裝力量，難以與中共硬碰硬。

4. 日本各主要媒體民調顯示，半數以上國民對「集體自衛權」行使的態度保留。民意恐難贊同因臺海戰事將日本人民再度帶向戰爭。

因受到憲法和《平和安全法制》的限制，前日相菅義偉四月訪美時曾向拜登表示：臺灣若出現突發事態，如達到《安保法》中的「重要影響事態」，美軍為協防臺灣、反擊中共，日本政府將提供美軍後勤支援；如戰情惡化，導致與日本關係密切國遭受武力攻擊之「存立危機事態」，將授權自衛隊在一定條件下反擊共軍；如日本含駐日美軍在內遭受攻擊，達到「武力攻擊事態」程度，將授權自衛隊行使個別自衛權，進行武力反擊。

由於日軍不能參與國際戰爭，即使在臺海戰爭中也爆發美陸戰爭，共軍並攻打釣魚臺群島或日本本土，日軍對中共作戰，亦僅限於在日本領土、領空、領海之內實施反擊作戰，對臺海戰爭最多只能提供美軍後勤支援。

（四）部署宮古海峽導彈和修改中期防

日本在臺海發生戰爭時，最可能的介入點是宮古海峽。據日媒報導：日本防衛省為封鎖宮古海峽，已在琉球群島的鹿兒島縣奄美大島、沖繩本島與宮古島等三個島嶼部署飛彈部隊，預定在二〇二二年底前再在石垣島增加一個飛彈部隊，二〇二三年底在與那國島上部署電子戰部隊，並計劃開發射程達三百公里的「反艦飛彈」，能夠覆蓋北臺灣。

日本海上自衛隊前艦隊司令香田洋二在二〇二一年八月曾透露：美日有望在一年內提出臺海爆發衝突時的作戰計畫草案。十二月，日媒《共同社》即報導，日美其實已經制定「臺灣有事」的聯合作戰計劃草案，將在二〇二二年的「日美安全保障磋商會議」正式啟動。但計劃中僅提及美軍陸戰隊將在臺海突發事態的初期階段，在鹿兒島縣至沖繩縣的南西諸島增派部隊、設立臨時軍事據點，以嚇阻共軍，而非介入臺海戰爭。

日本前首相安倍晉三認為「臺灣有事即日本有事」，而且臺灣有立即發生會造成重大影響事態的可能，日本處於這樣嚴峻的安全保障形勢下，有關憲法的問題不能避而不談。日本憲法規範日本不保持戰爭力量、不承認國家的交戰權等條文，自民黨在二〇一二年提出的憲法修正案即主張刪除，並將自衛隊改稱為國防軍。

安倍即使卸任首相後，仍念念不忘修憲事宜，故在二〇二二年七月日本國會半數議員改選之前，進行全國輔選，希望執政黨議員能突破三分之二席次，達到修憲門檻。七月八日，安倍在輔選演說時被歹徒刺殺死亡，刺激選民在十一日投票時，支持執政黨順利取得優勢席位。岸田首相表示將積極推動修憲，應會獲得國會的通過，但還必須獲得國民投票二分之一以上支持才能完成修憲，這一關可能有難度。

安倍被刺事件後，日相岸田文雄認為民氣可用，乘勢於二〇二二年十二月十六日通過新版「國家安全保障戰略」、「防衛計劃大綱」和「中期防衛力整備計劃」等三份文件，並規劃未來五年之國防預算增額幅度。

文件針對臺海議題表明「臺灣海峽的和平穩定對國際社會的和平穩定與繁榮不可或缺」，直指中共是「空前最大的戰略挑戰」，因此明確載明日本自衛隊擁有「反擊能力」，符合「必要且最小限度的實力行使」與動武三要件。學者認為這是日本戰後國家安全戰略空前的大調整。中共在日本通過安保三文件後，「遼寧艦」航母打擊群即於當日在沖繩南方西太平洋進行模擬攻擊日本西南諸島之演訓，為期一週，威懾意味不在言下。

二、中俄結盟可能性

（一）美與俄中關係惡化

因不滿美國前總統川普的制裁政策，中俄兩國的關係已明顯加強。普丁在二〇二〇年十月曾說：「目前俄中沒有軍事結盟」，「從願望上講，不會排除這個問題」。

中共國防部表示：中俄「新時代全面戰略協作夥伴關係，是相互尊重、公平正義、合作共贏的新型國際關係典範。雙方堅持不結盟、不對抗、不針對第三國的原則，與有些國家間的軍事同盟關係完全不同」。

二〇二一年三月下旬，中俄外長發表《聯合聲明》，炮口對準美國，要求美國停止單邊霸凌行徑，勿干涉他國內政。中共外長王毅說：「中俄之間的全面戰略協作只會加強，不會削弱，只會拓展，不會收縮」，中俄兩國的關係，將從「結伴不結盟」，步向「合作不封頂」的新階段。

（二）中俄軍事結盟可能性

拜登的外交強硬政策，被質疑可能導致中俄結盟為反美集團。俄羅斯智庫「國際事務協會」

曾建議，中俄必須聯手在聯合國拓展勢力，一旦與美國開戰，中俄可以結成軍事聯盟。

二〇二一年六月拜登赴歐參加G7峰會，曾在日內瓦與普丁會晤，並發表《聯合聲明》表示：此次峰會「表明即使在緊張時期，也能夠在我們確保戰略領域可預測性、降低武裝衝突風險和核戰爭威脅的共同目標上取得進展」，重申「核戰爭打不贏，也絕不能打的原則」。

普丁為平衡與中、美外交，返俄後即於六月底與習近平視訊，也發表《聯合聲明》，宣佈雙方在二〇〇一年簽署的《中俄睦鄰友好合作條約》效期延長五年至二〇二六年。媒體稱：普、習視訊會晤意味著中俄建立了「準同盟」的關係，美國必須同時面對中俄兩強。

普丁表示：「中俄關係目前已提升到前所未有的高度，是二十一世紀國家合作的典範，重要的是兩國對彼此沒有領土要求，決心將共同邊界變為永久和平地帶，展現中俄兩國牢不可破的緊密關係」。習近平稱：該條約確立了中俄「世代友好的理念」，「中俄兩國都將繼續凝心聚力、篤定前行」。

但普丁一句「彼此沒有領土要求，邊界變為永久和平地帶」，透露中共急於「聯俄抗美」，默認了俄國合法擁有自沙俄起侵佔的中國廣大領土。所以普丁稍後在十月時，力讚中俄是最可靠的全面戰略協作夥伴。

六月美俄峰會後，普丁在接受專訪時，曾對中共武統臺灣問題表示：「我根本沒聽說過中國要武統臺灣」。十月，普丁再針對此問題說：「我沒看到任何軍事威脅」，中共不需要使用武力，只要透過增加經濟實力，就有能力實現其國家（統一）目標。

普丁態度顯然不希望中共因犯臺與美國發生軍事衝突，表明俄羅斯無意介入臺海爭端。此外，因俄羅斯是中共能源主要輸入國，瞭解中共的戰備儲油量侷限性，普丁其實是暗示中共能源短缺，不適武力犯臺。

二〇二一年八月，美國倉促宣布自阿富汗撤軍。因中亞地緣政治與中俄息息相關，故兩國以維護地區穩定為由，在中共寧夏舉行近年來規模最大的「西部・聯合—二〇二一」軍演。

俄羅斯軍事家說：「中俄聯合軍演目標非常明確，是為了打擊『三股勢力』（恐怖、極端、分裂），維護地區穩定」。實際劍指美國，言下頗有軍事聯盟之意。

中共學者則表示：「中俄兩國的合作不是西方國家喜歡搞的那種『小圈子』，中俄合作不僅是背靠背互相支持，而且肩並肩緊密合作」，但「中、俄不會結成軍事同盟」。

二〇二一年底，俄羅斯陳兵烏克蘭邊境，準備入侵烏國。美國聯合歐洲各國同步加強對中俄制裁之際，習、普於十二月十五日舉行視訊會談。習近平說：中俄雙方要加強在國際事務中的協調配合，相互支持，捍衛兩國共同利益。普丁表示：當前中俄兩國處於前所未有的歷史最好時期，體現出高度的戰略互信。堅決反對任何勢力借涉臺問題損害中方利益，堅決反對在亞太地區組建任何形式的「小圈子」。

稍後，普丁又在年終記者會上痛批美國「把飛彈放到我家大門」（指美軍援烏克蘭反裝甲導彈），根本想引發第三次世界大戰。普丁特別強調與習近平關係良好，說：「俄、中不只在軍事、貿易上關係密切，核能、高科技與太空方面，都有合作計畫」。

二〇二二年一月俄、中和伊朗三國在北印度洋舉行聯合軍演，中俄接著又在阿拉伯海演習。伊朗放話，如果三國組成新聯盟，必定讓西方國家痛苦。

二〇二二年二月四日，普丁藉赴北京出席冬奧開幕式，與習近平舉行會談，並發布《聯合聲明》，雙方表示「友好沒有止境，合作沒有禁區」，反對北約繼續東擴。雙方同聲反對美國推行的印太戰略，影響地區和平穩定。俄羅斯重申「恪守一個中國原則，承認臺灣是中國領土不可分割的一部分，反對任何形式的臺獨」。顯示中俄關係日益緊密，聯合抗美態勢。

由於北京冬奧受到歐美多國杯葛，普丁不但親自出席，還為避免影響冬奧的國際聲量，特意選在二月二十日北京冬奧結束後，才於二月二十四日發動入侵烏克蘭戰爭。普丁此舉是一箭雙鵰，即給足中共面子，更讓外界認為侵烏戰爭曾獲得習近平之背書。

戰爭爆發後，美歐頻施壓力，要求中共表態和加入制裁，但中共始終強調外交「獨立自主」指責是北約東擴導致了這場戰爭，故拒絕選邊站，並在聯合國大會聲明譴責俄羅斯時投下棄權票。中共也反對制裁俄羅斯，反而趁機從俄國大量購買廉價之石油和糧食。中共唯一表態的是「主權國家的領土不容侵犯」，或可勉強算是不同意俄國入侵烏克蘭，但實際是表明反對美歐各國對俄羅斯發動戰爭。

美歐國家在俄羅斯核威懾下，誰也不敢軍事介入俄烏戰爭。拜登早在戰前兩周就表示：如果俄羅斯入侵烏克蘭，美國不會派軍到烏克蘭，因為「當美國人和俄羅斯人開始互相射擊時，那會是一場世界大戰」。美歐各國只敢大量援助烏克蘭軍事武器，企圖削弱俄羅斯實力。

自韓戰以來之國際爭端，凡美國參與的戰爭，前蘇聯或現在的俄羅斯都避免直接介入，反之亦然。美俄都怕擦槍走火，爆發戰爭，乃至核戰。許多學者認為，只有當美俄或中美爆發戰爭，並危及另一國時，中俄才有可能軍事結盟。

然而，中共的崛起壓擠著俄國的發展；一帶一路的建設，侵害到俄國在中亞的勢力；而且中共的軍事實力正逐步趕上俄國，同樣對俄形成威脅。所以，中俄矛盾甚深，普丁在中美爆發貿易戰和南海爭端後，就露出「坐山觀虎鬥」的姿態，期待坐收漁利。

中共曾宣稱奉行不結盟政策，俄羅斯也怕因中俄軍事結盟失去長期盟友印度。因此中俄軍事結盟，在烏俄戰爭前似無可能。但在戰爭爆發後，情況似在改變中，如中俄在日本參與制裁俄羅斯，並軍事援助烏克蘭後，曾聯合派遣機艦繞行日本群島，俄艦還出現在臺灣東部菲律賓海，並進入釣魚臺毗連海域，以示對中共之支持，突顯中俄軍事關係之密切。隨後，美國「環太軍演」在二〇二二年六月便有一場以中共為假想敵（美國太平洋艦隊司令帕帕羅坦承：環太軍演是依二〇二七年中共犯臺之臺海情勢所設計）。所以在中俄同遭歐美制裁與軍事威脅，東西方關係惡化之際，中俄未必樂見各自實力被美歐削弱，雙方從軍事合作走向軍事實質同盟，並非不可能。

中共犯臺分析

21 中共武力犯臺時機

一、中共所列犯臺條件和時機

二〇〇〇年中共發表《一個中國原則與臺灣問題》白皮書，首次正式以文字提出武力犯臺條件為出現以下三種狀況：「臺灣被以任何名義從中國分割出去的重大事變」、「外國侵占臺灣」、「臺灣當局無限期拒絕通過談判和平解決兩岸統一問題」。

但「武力犯臺」正式立法，則是二〇〇五年通過的《反分裂國家法》，其第八條列出武力犯臺條件為：「臺獨分裂勢力以任何名義、任何方式造成臺灣從中國分裂出去的事實；或者發生將會導致臺灣從中國分裂出去的重大事變；或者和平統一的可能性完全喪失」。

比對《白皮書》和《反分裂法》，後者把「外國侵占臺灣」或「外部勢力干涉」兩動武條件納在「發生將會導致臺灣從中國分裂出去的重大事變」內，並包括「一中一臺」、「兩個中國」等符合「分裂」事實者皆是；「拖延談判」和「拒絕和平統一」則納入「和平統一的可能性完全喪失」之內。簡言之，中共自《反分裂法》發布後，即使是臺灣「維持現況」也可能已「抵觸」了該法。

中共「國臺辦」所列舉「觸發武統臺灣的六時機」，只是將上述犯臺時機作了一些補充：

1. 臺灣當局公然宣布獨立時。
2. 臺灣當局組織獨立公投，使祖國面臨分裂時。
3. 臺灣有外軍部署時。
4. 臺灣重啟核武研發時。
5. 臺軍使用軍事手段攻擊大陸時。
6. 臺灣發生大規模動亂時。

二、臺美列舉中共犯臺時機

我國防部二〇一〇年在《中共軍力報告》中分析中共武統時機有八個：①我政府推動與獨立有關之制憲、公投或其他政策；②臺灣宣布獨立；③兩岸軍力對比嚴重失衡；④臺灣獲得（核生化）大規模殺傷武器；⑤臺灣內部發生動亂或嚴重天災，無法平息或處置；⑥中共內部政情激變；⑦外國勢力介入臺灣內政；⑧國際形勢有利中共以武力解決臺灣問題等。

國防部二〇一五和二〇二一年的《中共軍力報告》，則將共軍犯臺的可能時機調整為七個：

1. 臺灣宣布獨立。
2. 臺灣明確朝向獨立。
3. 臺灣獲得核子武器。
4. 內部動盪不安。

5.海峽兩岸和平統一對話的延遲。

6.外國勢力介入臺灣島內事務。

7.外國兵力進駐臺灣等。

美國防部二〇一九年的《中共軍力報告》，列舉中共犯臺的七大時機為：①臺灣宣布獨立；②臺灣未宣布，但實質獨立；③臺灣發生內亂；④臺灣獲得核武；⑤無限期延遲兩岸討論統一的對話；⑥外國勢力干涉臺灣內政；⑦外國軍隊駐紮臺灣。這七點與我國防部評估基本相同。

美國二〇二一年的《中國軍力報告》再將「外國軍隊駐紮臺灣」和「外國勢力干涉臺灣內政」合併為「外國軍隊干預臺灣內部事務」。

從陸、臺、美三方發表的中共「武力犯臺」時機，除「兩岸軍力嚴重失衡」已是事實外，尚有三點不同，但卻十分重要：

1.我國防部二〇一〇年所列「中共內部政情激變」、「國際形勢有利中共以武力解決臺灣問題」兩時機，在二〇一五年時刪除。但這兩因素始終存在，仍可能是中共對臺動武重要理由。中共發動「中印邊界戰爭」、「珍寶島事件」、「八二三炮戰」和「懲越戰爭」，都導因於此。

2.臺、美都認為「臺灣獲得核武」是中共動武時機，而中共關注的則是「臺灣重啟核武研發」時。事實上，臺灣只要有核武，不論自製或外援，都是中共難以容忍的。

3.雖然我政府早已宣布放棄反攻大陸政策，但中共仍將「臺軍使用軍事手段攻擊大陸」視為犯臺時機，透露中共對國軍仍有反攻大陸的隱憂，更可能因我武器誤射大陸，或中共藉由對臺灣外海／外島射擊威懾、甚至進攻外島而遭到我反擊時，都可趁機宣傳作為武力犯臺藉口。此所以中共歷次對外戰爭，明明是先動手，但一律辯稱是「自衛反擊」作戰。

雖然臺美國防部列出中共武力犯臺時機基本相同，但中共只要認為時機成熟，決心武力犯臺，隨時都可以編造出任何理由動武。

據曾任職美國防部長辦公室和蘭德公司的學者柯瑞傑認為，中共可能在四種情況下武力犯臺。考量柯瑞傑之過去職務及蘭德公司是華府最重要智庫之一，其分析頗值重視：

1. 共軍通過反介入措施，能有效阻止或延遲美軍的介入，並有足夠時間擊敗臺灣的抵抗。
2. 共軍在導彈發射（攻臺）前，臺灣民眾抵抗意願已崩潰。
3. 北京確認美國不會協防臺灣。
4. 北京面臨內部壓力，即便可能失敗，冒再大風險，也必須對臺動武。

三、美中爆發戰爭，共軍趁機犯臺

自中共崛起，國力日增，逐漸威脅到美國世界霸權後，中美之間即出現嚴重分歧，齟齬不斷。尤其是二〇一六年中美海軍因自由航行權在南海發生正式軍事對峙、二〇一八年美國引爆中美貿易戰，雙方「新冷戰」越演越烈。中美會否爆發軍事衝突，隨即成了舉世注目焦點。

哈佛大學前知名中國問題專家傅高義在二〇二〇年七月即表示，美中兩國確有可能爆發武裝衝突，不論是南海或是臺海，一場小的軍事磨擦，就會很快升級。美國著名政治學家米爾斯海默也認為，美中爆發戰爭的可能性，比美蘇冷戰時期更大，潛在衝突點包括南海、臺灣和東海。

因此，中共武力犯臺時機，並不一定局限在上述臺、美和中共所列因素內。中美間因南海自由航行權，或東海釣魚臺問題，都有可能引爆軍事衝突，並先於臺海戰爭之前爆發。屆時臺灣勢難置身事外。中共為避免戰場接近或進入中國大陸本土，勢將先行強奪臺灣，作為前進基地，以切斷第一島鏈，拒止美軍進入臺灣海峽和南海，並直接威脅美國在西太平洋基地，以利與美軍作戰。

而美國也可能被迫要保護臺灣，防止被中共侵佔，以維護第一島鏈之完整，逼迫中共在近海、南海和本土作戰。不論中共犯臺，或美國護臺，臺灣都將成為戰場。

四、習近平的任期與統一急迫性

（一）習的第三個任期

中共中央的總書記，自江澤民起同時兼任國家主席和中央軍委主席，集黨政軍大權於一身。《黨章》規定總書記是「五年一屆，連任次數不限」；軍委主席則無任何任期限定。但中共憲法明定國家正副主席「連任不得超過兩屆」，因此造成總書記只得連任一屆，必須卸任。習近平以黨政軍「三位一體」的理由，於二〇一八年三月由「人大」通過修憲，刪除了這段文字。

二〇〇二年十一月中共「十六大」時，江澤民交出總書記，開創任職兩屆的先例。二〇一二年「十八大」時，胡錦濤任滿兩屆，也辭去總書記和軍委主席兩職位。

江澤民共擔任總書記十三年（前三年係被徵召出任，非當選），卸任時七十六歲。但仍兼國家主席至二〇〇三年三月（人大會議係每年三月召開，才能改選國家主席），軍委主席更遲至二〇〇四年九月才被迫交出；胡錦濤總書記任滿十年時，年七十八歲，選擇裸退，將總書記和軍委主席同時交班習近平，但仍擔任國家主席至二〇一三年三月任滿。

習出生於一九五三年，到二〇二二年十月「二十大」，他總書記任滿兩屆時，年僅六十九歲，遠小於江、胡卸任總書記時年齡。習近平既然已取消國家主席的任期限制，他的確有理由光明正大的爭取連任。但到他「強軍夢」實現的兩個時間——二〇三五年時八十二歲，二〇五〇年時九十七歲，已是耄耋之齡。目前，習近平已在「二十大」順利連任第三個任期，且無跡象顯示安排接班人，極有可能再連任兩屆，至二〇三二年七十九歲時卸任。如想再延任，就要看他鎮得住天下否？

中共每在歷史關鍵時刻就以「歷史決議」文件鞏固領導人權位。在中共過去黨史上曾有過兩份「歷史決議」：一九四五年六大七中全會通過《關於若干歷史問題的決議》，鞏固了毛澤東的權位，終其一生都是黨、軍領導人；一九八一年十一大六中全會通過的《關於建國以來若干歷史問題的決議》，確立了鄧小平的領導地位，雖然他只擔任軍委主席，但他廢了「黨主席」，改設「黨總書記」，以利他「以軍制黨」，所以他至死都能緊握黨政軍大權。

二〇二一年十一月，中共十九大六中全會通過中共第三份「歷史決議」文件《關於黨的百年奮鬥重大成就和歷史經驗的決議》，將中共百年黨史區分為毛、鄧（含江、胡）及習近平三個歷史時期，將習的地位拉抬到與毛、鄧並駕齊驅的高位。

該文件在結論時提出「黨中央號召全黨全軍全國各族人民要更加緊密地團結在以習近平同志為核心的黨中央周圍」、「為實現第二個百年奮鬥目標、實現中華民族偉大復興的中國夢而不懈奮鬥」，顯然在彰顯「習近平時代」的到來。事實上該文件就是為習在二〇二二年「二十大」乃至「二十一大」時續任總書記鋪路。

（二）決心武統的可能時機

中共自毛澤東起，歷任領導人都以完成「國家統一」為大任，習近平的「中國夢」也包括實現「統一臺灣」。尤其臺灣已歷經三次「政黨輪替」，兩黨之兩岸政策迥然不同，導致中共對臺「和統」漸失耐心，「武統」聲浪日益高漲。

習近平在二〇一三年十月曾在APEC會議中，對我與會之前副總統蕭萬長說：「總不能將兩岸問題一代一代傳下去」。表明他對兩岸統一的急迫心理。

從習近平對港政策來看，儘管他說「一國兩制」政策不變，「一國兩制」已取得重大成就；但細看香港現況，除維持港人治港外，其他與內陸已無差別，說明他對「一國兩制」興趣不大，已無意續以香港做為對臺統戰之示範作用。他將「七大軍區」調整為「五大戰區」，積極發展以對付美軍和犯臺為目的之高科技軍武，自二〇一六年起加強海空軍機艦繞臺威懾，頻頻突破第一島鏈，以及強勢的「戰狼外交」和在南海對付美軍機艦的強硬態度等等，在在顯示習近平有拒阻美軍介入和「武統」臺灣的強烈企圖與準備。

習近平所提：二〇三五年「實現國防和軍隊現代化」；二〇四九年建政百年「實現中華民族偉大復興的中國夢」；二〇五〇年「共軍將成為世界一流的軍隊」。後兩者僅差一年，可視為一件事。但在二〇二〇年十月，中共十九大五中全會上，習近平增加提出「二〇二七年實現建軍百年奮鬥目標」。而二〇二七年將是他第三個任期屆滿之年。中共軍事專家分析習的建軍百年奮鬥「目標」，可能是指在二〇二七年完成「武力犯臺」任務，或在這一年完成軍事動武準備。

所以習近平的第三任期將會以實現統一臺灣，作為個人連續執政的正當性和政績的指標。如他認為「和統無望」，決心「武統」，則以這五年後期可能是武力犯臺最為危險時期，如此他才能在二〇二七年任滿時，實現或將實現建軍百年的目標，並藉此邁入第四任總書記，為個人歷史地位定位。

著名兩岸學者趙春山教授認為，中共對臺戰略是按照自己的「議程表」做，沒有「時間表」。什麼時候統一？用什麼方式統一？中共握有主導權。但一旦要用上武力，絕對不惜任何代價。

五、中共鷹鴿派將領犯臺言論

大陸涉臺工作之軍事和學術界，有「南鴿北鷹」之分。

「鷹派」以北京學者、共軍現／退役將領為主，因位處政治中心，對臺言論不能偏離中共中央政策，故多傾向強硬，主張「以戰逼統」或直接「武統」。

共軍將領多認為「武統臺灣」時機已到。其中一篇具代表性、由鷹派將領於二〇二〇年七月發表的文章稱：武統臺灣，美國可能採取軍事對抗和經濟制裁，但絕不敢在中共「家門口」發動大規模戰爭。當前中共已具備武統臺灣的綜合實力，而且陸美關係已走向全面對抗，對美「鬥而不破」的策略，不應成為解決臺灣問題的考量。

該文說：「完全可以相信，一周之內攻佔臺灣不成問題，治理臺灣、恢復臺灣島內穩定亦不是十分困難的事情」。文章建議：「先收復金門馬祖、東沙群島，直逼澎湖列島，繼而對臺灣東部近海實施軍事封鎖」，「特別要做好臺軍內部的分化瓦解工作，令其多數部隊在大軍壓境之下不戰自潰」。

「鴿派」學者以廈門大學臺灣研究院、上海東亞所、上海國際問題研究院為主，但也有將領屬於「半」鴿派。

最具代表性的是中共《超限戰》作者之一，空軍少將喬良二〇二〇年五月發表的〈臺灣問題攸關國運不可輕率急進〉一文稱：臺灣目前形勢是「文統無望，只能武統」，但臺灣問題並非陸臺兩家的內部事務，美國明擺著要插手其間，而且也有這實力。解決臺灣問題的關鍵在於先解決中美實力對比，只要不斷提高和增強中共克服外部約束的實力，一旦美國沒法介入，「收復臺灣如探囊取物，遇佛殺佛，見僧殺僧，試看誰敢作絆腳石！」

但是俄烏戰爭必然帶給中共武統臺灣非常重要的學習和警惕教訓，而非如中共學者和將領想像的簡單。

俄羅斯自二〇二一年下半年開始在俄烏邊界集結部隊，準備入侵烏克蘭時，早已為美歐各國發現，並警告俄、烏兩國。但俄國否認，烏國也不信俄國會入侵，結果惡夢成真。因此，共軍想無預警突擊臺灣是不可能的事，但是部分國人不信共軍會武力犯臺，則是十分令人擔憂。

俄烏戰爭自二〇二二年二月二十四日爆發後，俄軍即遭遇強大抵抗，原以為可以速戰速決，結果變成了歹戲拖棚。西方評估中共軍力不如俄羅斯，而臺灣又優於烏克蘭，勢必使中共重新衡量武力犯臺時，如不能「首戰即決戰」迅速攻陷臺灣，戰爭一旦拖延，其可能造成的後果，中共能否承擔。因此，中共必須找出速戰解決臺灣的戰法，否則恐不敢輕舉妄動。

俄羅斯入侵烏克蘭，已威脅到北約國家安全，但美歐沒有一國敢軍事干預，只敢援助軍武。因此，俄烏戰爭使中共信心大增，一旦武力犯臺，美日軍事介入可能性大幅減少。但臺灣四周為海，中共只要封鎖臺灣海空，美日軍武援助困難重重，而歐洲和東南亞國家軍援的可能性可說微乎其微。

美歐國家雖對俄羅斯採取強烈經濟制裁，沒收俄國海外公私資產，但俄羅斯迅速加以反擊，結果雙方互蒙其害，造成之糧食短缺和通貨膨脹，禍延全球。中共如武力犯臺，勢必遭受國際同樣的制裁，甚至可能更強烈，中共曾有一九八九年血腥鎮壓民運遭受國際制裁之痛苦經驗，而中共經濟發展必須依賴美歐，對經濟制裁承受力不如俄羅斯，故對犯臺行動，當會三思而行，必須在找到能預防制裁和反制裁之措施後，且判斷制裁在其能夠承受力度內，才有可能對臺動武。

六、中共犯臺時間點評估

（一）中共二〇二二至二〇二五年犯臺之可能性

美國海軍戰院教授金萊爾（Lyle J.Goldstein）、前國安顧問退役陸軍中將麥克馬斯特（H. R. McMaster）和共和黨籍參議員柯頓（Tom Cotton）在二〇二一年三、四月分別指出：二〇二二年北京冬奧結束，和同年秋冬中共「二十大」之後，臺灣將面臨中共嚴重軍事威脅。三人所持理由都是：俄羅斯在二〇一四年二月下旬主辦冬奧後，三月即併吞烏克蘭領土克里米亞半島。

歷史有可能重演，這三位美國軍政界人士的分析也對，但發生的不是中共武力犯臺，而是俄羅斯在北京冬奧後，於二〇二二年二月入侵烏克蘭。

美國參謀首長聯席會議主席米利於二〇二一年六月在參院聽證會上表示：目前中共沒有什麼意願或動機去對臺採取軍事手段，中共進犯臺灣的可能性在短期或中期看來都非常低。米利所說的短期是指一到二年，也就是到二〇二三年止。

美國「國家亞洲研究辦公室」高級顧問克林克（Heino Klinck，曾任駐北京武官與負責東亞事務的國防部副助理部長）表示：美國「在過去十八個月（拜登上任後）內未能威懾對手」，二〇二四年將是美國的選舉，也是臺灣的總統選舉年，因此二〇二四年是特別危險的一年。

另有一位前川普政府高階官員表示：隨著拜登將阿富汗「投降」給塔利班，俄羅斯入侵烏克蘭，中共認為美國處於弱勢地位，而且美國的「國內問題」嚴重，都讓習近平更加膽大妄為。中共入侵臺灣時間，可能發生在二〇二五年美國下一任總統就職之前，中共擔心美國新總統可能會採取更強大的「以實力換和平」的外交政策。

二〇二〇年臺、美總統大選期間，和二〇二一年一月美國新舊任總統交接前，許多學者專家都認為中共會武力犯臺，但事實證明並未發生。當然，這不代表中共在二〇二四或二〇二五年不會武力犯臺，仍須觀察今後局勢變化和中共犯臺的軍事準備情形。

（二）中共可能二〇二五至二〇二七年間武力犯臺

我國防部長邱國正上將二〇二一年十月在立法院答詢時表示：「二〇二五年的時間點，是研判中共具有全面犯臺能力」。邱部長是自中共二〇一五年推動軍改，評估到二〇二五年時之中共軍力將具犯臺能力，但並非表示中共會在二〇二五年犯臺。從習近平要在「二〇二七年實現建軍百年奮鬥目標」推估，在二〇二五至二〇二七年間，是有可能侵臺。

美軍前印太司令戴維森（Adm. Phillip Davidson）二〇二一年三月在美國參議院作證時表示：中共「希望在二〇五〇年以前取代美國和美國在國際秩序中的領導地位」，「臺灣明顯是他們實現野心之前的優先目標。我認為威脅在這十年越來越明顯，事實上，可能在六年之內」。此一言論在美國被稱為「戴維森之窗」（Davidson Window）。

戴維森的「中共可能六年內侵臺」論不是無的放矢，因為六年後即二〇二七年，正是中共建軍百年，和習近平的第三任期屆滿之年。

美國防部二〇二一年十一月發表之《中國軍力報告》也指出，共軍正積極發展跨軍種聯合作戰與遠程精確打擊能力，預計在二〇三〇年就會坐擁千枚核彈頭。報告並引述共軍消息，中共最快在二〇二七年就能具備在印太區域與美軍抗衡的軍力，將以此強逼臺灣領導人走上談判桌，按照北京所訂的條件進行「談判」。故二〇二七年是美國軍方認為中共最可能武力犯臺的時間點。

美國二〇二二年「環太軍演」，即以中共為假想敵、共軍二〇二七年入侵臺灣為演習想定。

綜合臺、美軍方看法，二〇二五至二〇二七年將是中共最可能武力犯臺的時間點，這時正是習近平第三個任期任滿前之最後兩年，為實現建軍百年奮鬥目標和爭取第四任任期，以統一臺灣作為其政績，的確是最佳選項。

（三）共軍最遲二〇四五至四九年間武統臺灣

中共「中一智庫」在二〇一七年八月曾在鄭州舉辦「第三屆港臺文化戰略交流研討會」，上海復旦大學國際關係學者李明動提出：「武統最後時間點將會落在二〇四五至二〇四九年，因為一九四五年中華民國開始統治臺灣、一九四九年退守臺澎金馬，到二〇四五至二〇四九年就是一百年。國際公法上，在當地實質統治一百年，就自動承認其國家地位」。上海臺研所副所長倪永傑也說：二〇四九年是中共建政百年，被視為「統一臺灣時間點」。

美軍印太司令阿基里諾曾說：中共侵臺時間點，到二〇四五年前都有可能。

二〇二〇年三月，美國前國防部副部長沃克（Robert Work）和格蘭特（Greg Grant）二人在智庫「新美國安全中心」指出，共軍實力正快速超越美國西太平洋軍力，並計劃最遲於二〇四九年成為全球最強的軍隊，屆時美國可能發現己方已處於防禦狀態。

（四）從中共歷次用兵分析犯臺時機

孫子兵法有云：「凡戰者，以正合，以奇勝。故善出奇者，無窮如天地，不竭如江河」。因此中共未必會如以上分析之時機才會犯臺，綜觀其歷次重大用兵時機，都非意料之中，但都有跡可循，以下是中共是否武力犯臺之重要不確定因素，且彼此交錯，而非單一存在：

1. 政治危機時：一九六九年中共「文革」武鬥正熾，社會動盪，危及政權。因此毛澤東於三月間發動「珍寶島戰役」，藉中蘇邊界衝突，煽起仇蘇民粹意識，扭轉危機；一九七八年底，鄧小平利用北京「西單民主牆」民主思潮，打倒華國鋒取得政權，為鞏固其軍權，即於一九七九年二月發動「懲越戰爭」，三月鎮壓西單民主運動，消除隱患。

2. 民怨沸騰時：一九五八年中共因「三面紅旗」政策失敗，發生大饑荒，天怒人怨，危及毛澤東地位，乃發動「八二三砲戰」，轉移民怨；一九六二年饑荒持續蔓延，餓殍遍野，社會動盪不安，毛澤東藉發動中印邊界戰爭，宣洩民憤。目前，中美自從爆發貿易戰，且習近平強勢整頓金融秩序和清零政策後，大陸經濟已出現衰退危機，如造成民怨沸騰，也可能導致軍事之蠢動。

3. 測試美國護臺決心：一九五四年八月，美國聲明若中共犯臺，美軍將防衛臺灣周圍島嶼，毛澤東藉「九三炮戰」炮擊金門，測試美協防程度；一九五八年「八二三砲戰」，中共也為測試臺美《共同防禦條約》美國實際協防範圍而發動。美國拜登政府上任後雖仍宣稱維續「戰略模糊」政策，卻多次「失言」承諾護臺。但在二〇二二年八月臺海第四次危機，共軍鎖臺軍演，美國表現軟弱忍讓，中共有無可能覓機以奪取外島，或直接犯臺測試美國護臺程度，尚待觀察。

4. 國際情勢因素：一九五八年「八二三炮戰」，中共利用美英派軍進駐中東，中東情勢危急之機，藉口牽制美軍在遠東的兵力，炮擊金門；一九六二年，中共也選在十月美蘇爆發「古巴飛彈危機事件」，美國無暇東顧之際，發動中印戰爭；一九七九年二月之懲越戰爭，也選擇蘇聯正忙於準備三月初的大選，難以他顧之際，攻打越南。二〇二二年，因俄烏戰爭爆發，美歐與俄國相互制裁，造成國際糧食危機和通膨，而且俄烏戰爭越演越烈，美歐軍援烏克蘭武器越來越先進，俄國甚至威脅可能爆發第三次世界大戰，如情勢失控，衝突爆升，中共或有可能利用美國難以兼顧兩面作戰之際，趁機犯臺。

5. 軍事同盟因素：如韓戰，中共因與蘇聯軍事同盟而出兵援韓。俄烏戰爭後，中俄軍事「合作」關係已有上升趨勢，若美俄因援烏軍火，不慎擦槍走火，爆發任何軍事衝突，中共有可能藉牽制美軍聲援俄軍而犯臺。

6. 氣候因素：一九五〇年十月共軍援朝作戰的軍人，許多仍穿著夏衣或薄棉衣，因而凍死。中共記取教訓，在一九六二年中印戰爭時，選在喜馬拉雅山十一月大雪封山前發動並結束作戰，及時撤軍；一九七九年二月，中共選在越南乾季結束前發動懲越戰爭，迅速撤離，避免三月雨季開始後，不利軍隊作戰。臺灣位居亞熱帶，並無極端氣候，但每年六至十月颱風季節，平均每年三點五次，狂風暴雨，可能影響共軍渡海作戰，但亦可能因風災嚴重，反成為登陸作戰時機。如一二七四和一二八一年，元軍兩次侵日，均因遭遇颱風，損失慘重而失敗；一六八三年六月，施琅則利用南風順風攻陷澎湖，鄭克塽降清。

22 共軍武力犯臺戰略與模式

一、中共戰略思想

（一）「積極防禦」與「打贏信息化局部戰爭」

歷次中東戰爭，改變了傳統的戰爭型態，特別是高科技新武器的出現，產生了新的戰略思維、新的戰爭模式和新的戰法，也影響到中共軍事現代化的發展，使其積極尋求打贏高技術局部戰爭之戰略戰術。

根據二〇一五年中共《中國的軍事戰略》披露之共軍戰略是「積極防禦」思想，堅持以下三個核心原則：「戰略上防禦、戰役戰鬥上攻擊的統一」、「防禦、自衛、後發制人」，以及「人不犯我，我不犯人；人若犯我，我必犯人」。

第一次波灣戰爭後，共軍於一九九三年提出「新時期」軍事戰略的軍事鬥爭準備基點是「打贏高技術條件下的局部戰爭」；二〇〇四年調整為「打贏信息化條件下的局部戰爭」；二〇一五年將「新時期」改為「新形勢下積極防禦軍事戰略方針，立足打贏信息化局部戰爭」。

中共認為避戰與防戰是未來世界發展的主流趨勢，但即使是和平時期亦有戰爭的危險。如果戰爭不能避免，和平機會不再，共軍因應戰爭的軍事戰略是：

1. 遏止核大戰：以核武導彈來達到嚇阻威懾敵人的效果，使雙方放棄或擱置使用核武。
2. 力爭遏止中等規模局部戰爭。指「需動員一或兩個戰區的兵力，並需國家進行局部動員支援的戰爭」。為遏止中等規模局部戰爭的爆發，中共認為要有核手段、常規手段等多種威懾力量，並具備立足於不敗而能挫敗敵人的實戰能力。中共如犯臺將屬於中等規模局部戰爭。
3. 打贏一場小規模高科技局部戰爭。即限制在一個戰區以內的作戰能量，而能夠打贏的戰爭。

（二）共軍高層戰略思維

共軍前主要負責對臺作戰之南京軍區副司令王洪光（中將）曾多次發表對臺軍事文章，頗能透露中共高層將領對臺動武的思維邏輯，而且證諸中共多年來的軍事威懾行為，頗相吻合：

1. 中印邊界磨擦規模小，也好解決；美國在南海頻以武力挑釁中共，但南沙群島距離大陸過遠，中共軍事手臂剛剛搆到，手段有限，力量不大，且南海域內各國態度分歧，一旦發生衝突，將卡住中共對外經濟命脈。以中共目前實力應盡量忍讓，避免中美衝突升級，誤入美國圈套。但對日、澳與印度可以採取較強硬應對。
2. 中共真正的戰略重點和主要戰略進攻方向，是臺海和日本的東海諸島與釣魚島海域，也就是越過臺海與東海面向第二島鏈的戰略、戰役層面，均應展開攻勢部署。
3. 對臺海方向要做好戰略戰役進攻準備，加強對臺軍事壓力。臺灣連接南海與東北亞，靠近大陸，是第一島鏈的薄弱環節，也是解決東北亞和南海問題的鑰匙。統一臺灣後，通向世界的大門就完全打開。

4. 共軍東部戰區應派遣海空軍頻繁地穿越巴士和宮古海峽，到臺東海域活動，形成對臺灣東部軍事基地、港口與機場的打擊和封鎖，以及切斷基隆和高雄對外海運之能勢。陸軍則要發展和裝備遠戰兵器和登陸裝備，形成對臺島全島——主要是中央山脈以西的火力覆蓋和立體登陸能力。為了在心理上震懾臺島，在攻臺前先奪澎湖列島和其他外島。

二、中共武力犯臺預警徵兆

（一）中共宣告軍演之層級代表軍事威懾程度

據「中時新聞網」二〇二〇年九月引據中共軍事專家王雲飛透露，臺海是否會爆發戰爭，可從中共對外宣告軍演單位層級看出端倪，從強至弱大致可分為：

1. 「人大」為宣告戰爭層級最高的單位，代表中共中央、國務院、中央軍委向國內外宣告，全國動員發動全面戰爭。
2. 其次為「新華社」、《人民日報》的宣告：全國部分動員準備發動大規模軍演，或區域戰爭。一九九五、九六年臺海危機，先由《人民日報》和「新華社」針對李登輝一九九五年六月訪美之行，發表「九評」文章，再由「新華社」宣告由南京軍區二砲部隊實施對臺導彈演習。

二〇二二年八月臺海第四次危機，中共封鎖臺灣軍事演習，即新華社和中共國防部所發布。

3. 中共準備發動戰爭時，兩大官媒宣告的言詞與戰爭規模相關，若出現「勿謂言之不預」，代表中共至少準備小打；再升級的話就是「是可忍，孰不可忍」，中印戰爭及中越戰爭前，兩媒均出現此文字。

4. 軍演由國防部宣布的層級最高，代表共軍將組織全軍性重大戰備活動，如二〇二二年八月封鎖臺灣軍演；其次是由五大戰區宣告、組織的軍演，代表該戰區正進行戰備，目前大陸對臺軍演的警告層級，大多介於國防部與戰區發布之間；最後是民航、海事局發布，其中包括五大戰區每年例行或針對特殊情況的軍演。

（二）「勿謂言之不預」的威脅

二〇二〇年四月，中共官媒《環球時報》曾發表〈世界進入多事之秋，臺當局悠著點！〉社評，警告「悠著點是臺灣當局應有的基本理性，自以為是地鋌而走險一定會招致沉痛的代價。勿謂言之不預」。

「勿謂言之不預」意為「事後別說事前沒警告你」，屬於中共外交上最嚴厲的警告用語，被視為不惜開戰和鬥爭的信號。

過去中共透過《人民日報》或「新華社」曾在一九六二、六七、七八年三次以「勿謂言之不預」，先後警告印度、蘇聯、越南。之後，中共隨即於一九六二、六九、七九年挑起中印邊境戰爭、珍寶島事件、懲越戰爭，警告與動武相隔時間分別約為一個月、十九個月和三個月。也顯示中共對蘇聯仍有忌憚，才拖了十九個月。

美國發起中美貿易戰後，中共分別於二〇一八年四月和二〇一九年五月由《人民日報》警告美國「勿謂言之不預」，此後中共隨之提升中美貿易戰熱度。二〇一八年十二月，針對加拿大拘捕華為公司財務長孟晚舟事件，也提出同樣警訊，隨即展開對加國報復行動，逮捕旅華加人控以間諜罪。

《環球時報》僅是《人民日報》下之國際宣傳報紙，言論偏激，常發布不實消息。其對臺提出「勿謂言之不預」警告，不能視為中共官方正式言論，但要提高警覺。

二〇二〇年十月十五日，《人民日報》刊出署名「安平」之〈站在歷史正確的一邊——告臺灣情治部門書〉的文章，針對我情報單位對大陸的積極滲透，警告我情治部門「勿謂言之不預也」。該文僅刊在《人民日報》第七版，既非社論又不醒目，代表重要性低，「安平」係代表中共「國安部」所撰。以該部層級，還達不到對臺威脅「用武」的位階。反而提到「歡迎臺灣情治部門中擁護統一的有識之士，有機會多到祖國大陸走一走」，屬於低層次統戰文件。

二〇二一年四月二十八日，民進黨「憲政小組」提議修憲正名為「臺灣共和國」。中共「國臺辦」表示：將採取一切必要措施予以反制，「勿謂言之不預」。「國臺辦」為國務院下之機構，也無對臺威脅用武資格。而且提到「願以最大誠意、盡最大努力爭取和平統一的前景，但決不容忍臺獨」，純屬警告性質。

三、國軍分析共軍可能犯臺模式

(一)遠戰速勝、首戰決勝

我國防部歷年《中共軍力報告書》都評析共軍武力犯臺指導方針為「遠戰速勝、首戰決勝」,以及「損小、效高、快打、速決」。

二〇一八年「國防安全研究院」(國防院)也在《中共政軍發展評估報告》中分析中共對臺戰略是「強調首戰即決戰,讓美軍未到,戰事已定」。

美國防部和「蘭德公司」也都持類似的看法。中共「央視」二〇二〇年八月即曾表示「武統一旦觸發,首戰即終戰」。

(二)國防部之研判

我國防部二〇二〇、二一年之《中共軍力報告書》和二〇二一年度《打造堅韌新國軍》國防報告書針對共軍「快速奪取臺灣,避免外力介入」的企圖,研判共軍對臺作戰能力共計六項:

1. 聯合情監能力:藉高解析度之偵察衛星,掌握巴士海峽、南海、東海及釣魚臺列嶼之外籍機艦動態,並在臺海周邊海域常態部署情報船、電偵船,不定期派遣偵察機、無人機偵巡等多維手段,掌握我軍事動態及戰場情報。

2. 聯合封鎖能力：共軍已具備對我重要港口、機場及對外航道實施聯合局部封鎖，截斷海、空交通路線能力。

3. 聯合火力打擊：以彈道飛彈、巡弋飛彈及空射攻陸飛彈，協同海、空軍戰力，攻擊我政、經、軍等重要目標，減損我軍作戰持續力及支援後續作戰之遂行。

4. 聯合登陸作戰：強化陸軍兩棲合成旅、空突旅及海軍陸戰隊聯合登陸戰力，建構海空戰略投送能量，在奪取制空、制海及制電磁權優勢後，以正規兩棲艦船搭配軍管商貨輪，聯合登陸作戰。

5. 應對外軍干預：部署中、長程對地、反艦彈道飛彈及巡弋飛彈，並藉海、空軍航艦及轟炸機常態化赴西太平洋跨島鏈海空聯訓，對印太周邊國家形成軍事威懾，以遲滯第一、二島鏈間外軍干預行動。

6. 戰略支援能力：加速偵察、導航、通信等各型衛星部署，強化戰場資訊優勢，並藉由「北斗」全球定位導航及指管數據鏈路系統建置，協助各軍兵種遂行資訊攻防、遠程預警、遠海作戰、飛彈精準突擊及防空反導等能力。

二〇二一年十二月，國防部在立法院報告的《因應二〇二五年中共全面犯臺，國軍強化戰力作法》指出，中共攻臺有四階段：①飛彈攻擊、②以電磁癱瘓臺灣軍事設施、③確保制空與制海權、④拒止美軍等外國介入、登陸臺灣本島。

（三）國防院的研究

我「國防院」二〇二〇年在《美軍戰略機動確保區域安全》報告中，分析中共犯臺模式為：

1. 共軍正由第一島鏈朝向第二島鏈發展，建立區域軍事優勢拒止外軍介入。美軍則採取「外線作戰」制壓戰略，地緣戰略上則以宮古、巴士海峽，以及東海、南海、菲律賓海（即臺灣東部海域）為主，形成戰場重心。

2. 部署三個航艦戰鬥群封鎖臺灣「圍點阻援」：臺灣東北海域，阻斷駐日美軍馳援；臺灣東部菲律賓海域，阻斷關島美軍馳援；臺灣西南之南海北部海域，阻斷美軍從麻六甲海峽馳援。中共為對付第二島鏈美軍，已部署攻陸和巡弋導彈、攻船彈道導彈等。

3. 登島作戰，先奪澎湖。澎湖在臺海防衛戰略地位超越金馬，更是反制共軍登陸臺灣本島的重要屏障。一旦澎湖失守，將弱化臺灣西部的防禦，面臨無險可守的困境。

4. 南海填海造島並軍事化，在攻臺時可從南部進攻，不必擔心美軍從背後實施反擊。

四、美國分析共軍可能犯臺模式

（一）美國介入下，中共犯臺作戰方式

美國防部曾和「蘭德公司」就美軍干預共軍犯臺的假設情況下，分析中共作戰方式：

1. 先發射導彈攻擊沖繩和關島的美軍基地，以及部署在西太平洋的船艦。共軍的反艦導彈可能擊沉美國航母和軍艦，地空導彈也將摧毀美軍的戰鬥機和轟炸機。
2. 「飽和攻擊」發射數百枚導彈，部分導彈能逃過美軍反導系統的攔截，攻擊鎖定之目標；部署臺海附近的美軍潛艦即使擊沉一些共軍軍艦，仍會遭到共軍潛艦的圍攻，很可能在戰事爆發的數日內，有成千上萬美軍死亡，損失數十億美元的裝備。
3. 鎖定臺灣十五到二十個登陸點，共軍兩棲和空降部隊只要能攻下部分登陸點和機場，便可確保後勤補給的穩定。臺灣可能在一到二周內便被攻下。
4. 中共的策略就是在美軍介入前，攻下臺灣。屆時「美軍恐將被迫動用兩棲戰，重現硫磺島戰役慘劇」（二戰一九四五年最慘烈的美日戰爭）。

（二）美國防部分析共軍犯臺可能行動

綜合美國防部二〇一九、二〇二〇年《中共軍力報告》和二〇二一年《中國軍事和安全發展》報告分析共軍對臺可能軍事行動，約可歸納為四種：

1. **海空封鎖**：採取聯合封鎖行動，嚴密封鎖臺灣海、空交通，切斷臺灣國際航道，迫使臺灣屈服。封鎖行動可能長達數周至數月，同時共軍會發動大規模的導彈襲擊，以及電子戰、網路戰、宣傳戰，或是攻佔臺灣外島，加速瓦解臺灣戰鬥意志，盡速迫臺投降。
2. **動用有限武力或脅迫性戰略**：中共在有限度的攻擊中，攻擊臺灣的基礎設施，包括網路攻勢，或與各項公密活動結合，製造恐慌，降低臺灣民眾對領導者的信心，粉碎臺獨企圖。以特戰部隊對臺進行滲透作戰，針對基礎設施或領導人等特定目標，發動致命攻擊。

3. **空襲與導彈攻擊**：使用導彈攻擊和精確空襲防空系統，包括空軍基地、雷達站、導彈、太空資產和通信設施，削弱臺灣的防禦能力，摧毀臺灣人民的反抗意志。

4. **入侵臺灣**：

①突破臺灣西岸南北兩端海岸防線，建立灘頭陣地，並續攻佔關鍵區域，及至整個臺灣。

②入侵臺灣的主要手段：包括廣泛的兩棲作戰、陸軍航空兵和空中突擊行動。中共陸軍部署有六個兩棲聯合兵種旅，四個在東部戰區，二個在南部戰區。

③中共目前尚無對臺灣本島進行兩棲登陸作戰能力，只能攻佔金馬、太平，和東沙諸島。尤其面對登陸後軍力消耗與城市巷戰的複雜性、臺灣人民的不滿情緒，以及國際社會干預，將會面臨重大政治與軍事風險。即使攻佔離島，仍是一個具有強烈政治風險的選項。

④共軍武力犯臺能否成功的關鍵，在於如何阻擋美國的干預。若無法阻止美國干預，中共將試圖推遲和挫敗美國短期不對稱、有限戰爭的干預。而如果發生持久衝突，共軍可能會選擇升級網絡空間、太空或核活動以試圖結束衝突，也可能會選擇與美國打到僵局後尋求政治解決。

23 共軍犯臺可能行動分析

一、戰前預警徵候

中共一旦決心武力犯臺，事先必會出現一些徵兆。中華戰略前瞻協會研究員揭仲曾透露，共軍的學者專家都認為，不可能在無預警情況下，對臺海猝然發動攻擊。

（一）主要徵候

重大言論。中共歷次對外動武，中共領導人都會發表重大評論和警告言論，隨後《人民日報》與「新華社」代表中共中央發表評論或社評文章，通常代表中央已準備和決心動武了。這是最重要之徵兆。

軍演層級。共軍發布軍事演習信息之層級，代表著演習的規模和威脅性。如由中共國防部所發布，再由東部和南部戰區宣布之演訓事項，須立即提高戰備。一九九五、九六、九九年和二〇二二年對臺威懾軍演，均由中共國防部和新華社先發布演習消息，然後由戰區發出恫嚇言論。這種軍事演習隨時可能轉化為犯臺軍事行動。

軍事動員。從「八二三砲戰」以來，共軍歷次對臺軍事威脅前之軍事動員、部隊和重型武器前推，機艦向東南沿海集結，國軍均能掌握。自一九九五年後，中共對臺軍事威脅動作越來越大，將來戰前戰機調防、導彈備戰，以及航母戰鬥群進駐臺灣南、北和東部海域等徵候，將更難隱藏。

封鎖海空。封鎖臺灣海峽和臺灣本／外島海空交通，將是中共武力犯臺前的重要手段，並會禁止所有臺灣和外籍飛機船隻進出，威脅擅入禁制區之船機，一律不予安全保護，以嚇阻外部勢力介入臺灣戰爭。

核戰威懾。二〇二二年二月，俄羅斯在入侵烏克蘭前數日，曾發布普丁總統在克里姆林宮作戰室觀看核戰略威懾力量演習影片。戰爭爆發後數日，普丁下令將俄國戰略威懾力量轉入高度戒備狀態，以嚇阻北約軍隊介入戰爭。中共十分關注俄烏戰爭之發展，預期中共武力犯臺之前和戰爭爆發後，也會同樣進行核威懾，以嚇阻美、日等國家介入臺海戰爭。

網軍攻擊。中共在戰前之網路攻擊和網路認知作戰，將會加大。中共戰支部隊有數量龐大之網軍，平時已對臺灣官方網路不斷進行攻擊竊密和散播武統語音影片，戰時勢將全力設法入侵癱瘓我政軍經心戰力之各類網路系統。在二〇二二年臺海危機時，已大量出現網軍攻擊我政經軍網路系統情況。

電磁作戰。以電磁干擾的「軟殺」，和「反輻射導彈」與各種導引彈的「硬殺」，奪取臺海戰場的制電磁權。美國國會二〇一九年發表的《電磁脈衝核彈攻擊方案暨聯合軍種網路戰》報告提到臺海戰爭時，中共可能使用「電磁脈衝」核彈，進行「斷電戰」（核彈在目標區三十公里高空爆炸，利用伽瑪射線撞擊空氣中的氧、氮原子，產生強大電磁場）癱瘓全臺電力系統，讓臺軍無法組織反擊或抵抗。報告稱中共不認為電磁脈衝攻擊是核戰。

斬首行動。估計「斬首戰」將是中共重要軍事行動，陷我於「群龍無首」困境。俄國入侵阿富汗和鎮壓車臣叛變，都採取「斬首戰」，刺殺兩國領導人，而獲致重大成果。俄烏戰爭時，俄軍曾多次試圖謀刺烏克蘭總統。一九六八年一月二十一日，朝鮮三十一名特戰人員偽裝成韓軍，滲透南韓，成功潛入漢城（今首爾），企圖進攻青瓦臺，刺殺朴正熙總統，但因部隊仍穿著朝軍制式黑色膠鞋，被南韓軍警發覺有異，及時圍剿，而功虧一簣。正足以說明共產國家愛用「斬首戰」，中共恐也會起而效尤。

欺敵奇襲。中共歷次對外動武，慣用欺敵「奇襲」戰術。韓戰時，共軍於一九五〇年十一月秘密渡過鴨綠江，奇襲重創美軍；一九六二年，中印邊界戰爭，共軍於休戰期間迂迴側翼包圍奇襲印軍；一九六九年三月在珍寶島伏擊蘇聯邊防軍；一九七九年懲越戰爭的奇襲等等皆是。共軍歷年實施跨區快速分進集合的軍演，實際都是預習對臺「奇襲」的軍事行動驗證。共軍一旦犯臺，可能「先發制人」，以猝不及防的手段，奇襲國軍。

經濟制裁。俄烏戰爭前後，西方包括亞洲少數國家如臺、日、韓，都對俄國實施強大經濟制裁。二〇二二年八月臺海危機，中共也禁止臺輸往大陸大批商品，和禁止礦產輸臺等。中共決心犯臺時，對臺之制裁範圍將會更大。

（二）民間動員

二〇二二年二月俄烏戰爭爆發後，俄羅斯威脅不惜打第三次世界大戰。中共顯然也擔心擦槍走火會引爆「三戰」，已開始為未來戰爭進行動員準備，而臺海和南海則是重點方向。

同年五月，據網媒路德社披露，該社獲得中共廣東省委一份「絕密」資料：廣東省委接獲中共國家動員令，並與中共廣東軍區於當月中旬召開「戰前聯合部署會議」，討論該省從「和平時期」轉入「戰爭時期」機制之部署。重點有：

1. 動員準備兩個方向：臺海和南海，重點各有不同。

2. 做好三項工作：構建軍地（軍隊和地方）聯合動員指揮體系、實行戰時工作機制、做好戰時管制準備。廣東省開設「省軍地聯合指揮部」作為省動員最高機關，直接受命於東部和南部戰區。省委書記為總指揮員，省長、省軍區司令、政委為指揮員。指揮保障體系按照省級一個營、市級一個連、縣級一個排的規模安排。

3. 按照「軍民一體、軍品優先」（工廠生產須首先滿足戰爭需要）的原則，統籌抓好軍需生產和民用生產。嚴防金融擠兌潮、工廠撤離潮和民工返鄉潮；嚴防「敵對勢力」從港澳滲透入陸，擾亂中共的戰爭行為等。

4. 國防動員和地面防衛作戰：廣東的動員任務共二十類二三九項，包括各類分隊一三五八支、民兵十四萬人、船舶九五三艘、無人裝備一千六百五十三套，還有機場、碼頭、修／

造船廠、應急轉送中心、糧庫、醫院、血站、油庫、加油站等資源；徵集新兵役人員、退役軍人、特專人才共計一萬五千五百人；協調落實七類國家層面戰備資源，包括萬噸級滾裝船、船舶六十四艘，飛機三十八架，火車車廂五百八十八節，以及機場、船塢等民事設施十九個。

5.海上資源動員：動員後在四十五天內完成三百六十五艘滾裝船等各類船舶的加／改裝。廣東省具備能力的船舶修造企業九十家，需在沿海各市選取二十三處碼頭，多點快速組織機漁船加／改裝。每船配備船員、退伍軍人、醫療人員、通訊員、防衛力量以及主要裝備操作手。船上要有打仗用的無人裝備以及雷達、聲納等高新設備二千多件套。

6.發掘民間的網絡勢能，支援作戰：動員華為、騰訊等網絡科技企業，並從南方電網廣東公司、廣州地鐵集團等大型企業抽調網絡專家，並同時通過幾大網絡行業協會進一步挖掘潛力。

7.利用太空優勢支援作戰：廣東省目前有四支衛星分隊，十六顆低軌衛星，具備全球遙感〇點五至十米超高光學分辨率成像能力。

8.海外動員：發揮廣東省在海外的華人華僑多、國企民企多、與「一帶一路」沿線國家經貿合作多的優勢。採取「以民掩軍、以民援軍」的方式，隱顯結合，動員購置高端芯片、精密機械、特種材料等國內緊缺物資，以及大宗戰略儲備物資，破解西方聯盟對中共戰略物資圍堵的困局。

路德社雖只獲得廣東省戰前動員部署會議機密資料，因係中共中央命令召開，應是全國性的指示，並以沿海沿邊各省市自治區為重點動員地區。但這種「平戰轉換機制」，目前仍屬戰備整備預習，尚未達到真正戰前動員程度，因動員幅度大，屆時當有徵候出現。

二、模擬攻臺演訓

模擬攻臺模式

（一）奪取清泉崗機場進佔中部

一九九九年，從衛照發現中共在甘肅省嘉峪關東北方約一百二十公里的鼎新軍用機場東方的沙漠上，仿臺中清泉崗機場繪製一座「模擬機場」，與清泉崗機場大小、形狀、跑道、機堡、機坪配置等都幾乎一致。在基地內仿造之高速公路，為臺中機場附近的「中二高」高速公路。

共軍戰機從鼎新機場到模擬機場的作戰半徑，與大陸近海地區至清泉崗機場的距離相當。其用意是讓共軍的飛行員熟悉清泉崗機場的形狀和地物位

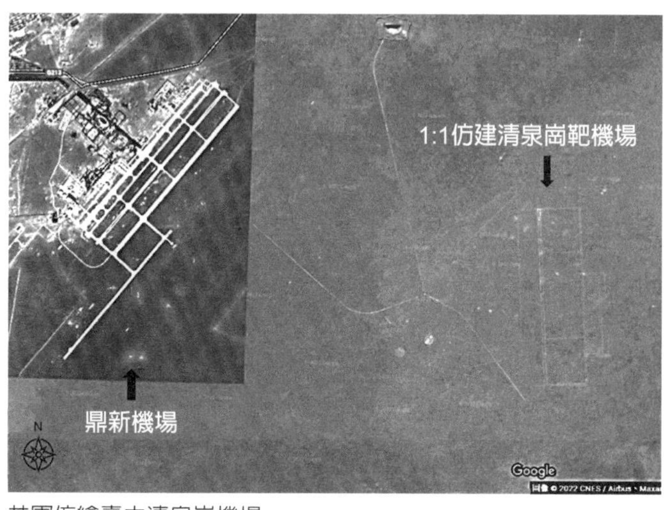

共軍仿繪臺中清泉崗機場
（圖片引自google map, 2022.11.29）

置，作為「空中攻擊」和傘兵空降奪取機場之訓練。

空降軍為攻臺主要作戰部隊，在湖北有一座仿臺灣清泉崗空軍機場的假想敵特訓中心基地（有簡易跑道可起降「運-8」運輸機，不同於甘肅鼎新的模擬清泉崗機場之轟炸訓練場）。共軍曾以安徽三界山地戰基地，類比臺灣中部山區地形，作為三軍聯合立體登陸作戰基地，供特種部隊熟悉和發展「垂直包圍」、「立體突擊」等合成作戰方式。

因此，中共武力犯臺時，清泉崗空軍基地，包括臺中港，將是中共海空軍和空降軍奪取之主要目標，以建立在臺立足保障基地，並進佔中部地區，切斷臺灣南北聯繫，分割圍殲國軍。

（二）攻擊總統府和模擬城市巷戰

加拿大《漢和防務評論》曾報導，中共在福建軍區仿建衡山指揮所和「臺灣村」等模擬作戰場地；南京軍區的「確山」訓練基地，更至少有兩個以上的水庫，供共軍模擬攻擊。共軍在福建仿建有「臺灣村」，演練機降突襲作戰，並由閩人以閩南語指引交通，以使機降部隊滲透臺灣後，能立即融入當地馬上指揮交通。

位於中共北部戰區內蒙古的朱日和訓練基地，是共軍模擬對臺作戰的重要場地。從衛照中可見基地的南端，有個大型的仿造臺北市的城市訓練區，並有類似總統府、北一女、外交部等建築。

二〇二〇年九月，中共央視報導共軍東部戰區攻臺主力第七十三集團軍一個旅，在蘇北訓練場進行多次城鎮攻防演習戰，模擬在高大密集的建築物群和縱橫交錯的城鎮街巷中，進行短兵相接的近身肉搏戰的場面。

十二月，央視再播攻臺主力共軍七十二集團軍以「96A」型坦克，在杭州進行「城市攻防戰」和「巷戰」操演，被指為是對臺城市作戰演習。

據「新頭殼」網站同年十月報導：「共軍訓練場驚現『基隆市政府』建築物」。基隆為我重要港口，中共以基隆為戰役目標，勢所當然。

（三）攻擊我花東拒止外軍

中共聲稱「轟-6K」轟炸機係針對我「佳山基地」設計製造；自二〇一六年起，中共航母戰鬥群開始繞行臺灣東部海域，中共央視威脅說：「共軍繞島，顯示臺灣在東部的軍事建設並非後方，一樣曝露在共軍的攻擊範圍之內」；二〇二二年中共鎖臺軍演，有多達五枚不同的東風導彈，飛越臺島，落入東部海域演習區，「055」萬噸級驅逐艦並出現在該海域。

《漢和防務評論》也曾報導，中共在福建軍區仿建花蓮佳山基地，供共軍模擬攻擊。美國《外交官》網站二〇一五年報導，朱日和訓練基地還有一條一千兩百公尺長跑道，模擬我臺東空軍基地，跑道兩端標示的飛行方向為04度和22度。

因此，臺海戰爭爆發後，臺灣東部將遭受中共空軍、導彈，和來自海上共軍機艦之攻擊。這個海域也是中共拒止美、日軍事介入之主要區域。

（四）攻擊我軍事基地

據《漢和防務評論》二〇一六年報導，中共火箭軍新疆羅布泊沙漠導彈測試靶場，設有假想敵軍港、停機坪、機堡等目標。模擬之軍港，繪製有三艘大型水面軍艦模型，與我海軍紀德飛彈驅逐艦類同，曾遭集束彈頭或油氣彈的攻擊。靶場內有十分堅固的戰鬥機庫，極似美軍沖繩基地的「F-15」和我空軍「F-16」的機庫，也有遭受過「直接攻擊」的演練痕跡。

二〇二一、二二年，在臺灣社群網路上，曾出現數種中共認知作戰威嚇報導和衛星偵照臺灣的軍事部署與影片，並聲稱已以導彈鎖定各軍事基地和設施為攻擊目標。主要有：

①武力犯臺模擬作戰構想。

②「臺灣地區兵力部署概略圖」，內容包括國軍軍事指揮系統、武裝力量組織結構、軍事設施分布、軍事單位部署等，附圖有臺灣地地防空導彈覆蓋、臺灣海洋感測基礎設施、防空和導彈系統圖等等，並附有衛星偵照立體影片和軍隊駐地詳址等。

③「臺灣三軍部署情況」，附有十七張衛星偵照圖，一張陸軍各戰區和防衛部建制表。衛照包括全島三軍部署圖、各戰區偵照圖、金馬澎湖部署照片等。

④臺灣北部防衛臺北之防空導彈衛星偵照影片，及飛彈部隊。

（五）「拒止／反介入」美軍作戰

二〇〇三年，美軍衛照曾在甘肅雙城子發現共軍在沙漠繪製的航母標靶。二〇一三年的衛照，在戈壁沙漠中出現一塊長約兩百公尺的航艦甲板之白色平臺，疑被「東風-21D」導彈炸出兩個大洞。

二〇二一年十一月衛星影像顯示，中共在新疆塔克拉瑪干沙漠建造美軍航艦「福特號」，和兩艘阿利伯克級驅逐艦等全尺寸比例模型標靶，連艦載垂直發射系統，也都等比打造，甚至在靶艦下鋪設軌道模擬船艦移動攻擊。地點位在共軍測試航艦殺手「東風-21D」反艦道導彈的靶場附近。美國指共軍意在防止美軍進入特定的印太地區。

二〇二〇年八月，美軍「雷根號」航母群進入南海。共軍曾發射東風「26B」和「21D」彈道導彈落入南海。二〇二一年一月下旬，美軍「羅斯福」航母群經巴士海峽，進入南海。美軍監聽到進入臺灣西南空域的共機「轟-6」飛行員下達瞄準美軍航母，模擬導彈攻擊的指令。

二〇二二年八月，共軍對臺灣東部海域發射導彈，模擬「拒止／反介入」美軍介入臺海戰爭的演練。

這些徵候都說明中共始終都將美軍可能的介入列入武力犯臺的考慮因素。正因為中美軍力仍有差距，致使中共遲遲未能動武。此即中共自一九九六年以來積極發展軍武，調整軍事戰略，創新戰術戰法之原因。

習近平曾說要讓共軍在二〇二七年建軍百年時「成為世界一流軍隊」，或二〇三五年基本實現國防和軍隊現代化，至遲在二〇四九年建國百年、本世紀中葉時把軍隊全面建成世界一流軍隊。因此二〇二七和二〇三五年，將是共軍計劃追上或超越美軍之時間點，故二〇二七後被視為中共可能犯臺時機。

三、從共軍歷年軍演分析武力犯臺可能行動

中共既否定有「臺海中線」，不承認「臺灣海峽為國際海域」，視臺灣領海領空均為「中國領海、領空」。並在二〇二二年八月，封鎖臺灣，選在臺海中線和臺灣本島之領海內演習，導彈飛越臺灣上空，表現出其戰略藐視臺灣，戰術上欺壓臺灣之立場。

共軍二十餘年來對臺軍事演習，早期多為奪取福建沿海之我外島，後期改為攻取澎湖和進犯臺灣本島。中共對臺威懾演習，現已發展到直接武力犯臺。

一九九五、九六年臺海危機時，共軍先後在福建成立「南京戰區對臺軍事指揮部」、「東南戰區」，由軍委副主席擔任總指揮，舉行大型對臺軍事威懾演習。演習科目透露共軍早期武力犯臺的模式為：導彈攻擊、攻佔外島、奪取臺海制空制海權、建立海上通道、攻佔澎湖、威逼臺灣或進攻臺灣本島。

二〇〇四年六至八月，共軍東山島「越軍區、跨軍種」聯戰演習，由南京、廣州軍區、東海、南海艦隊、空軍、二砲組成「福州戰區指揮部」，參演兵力約十萬人。演習南北夾擊，攻擊

臺灣海峽海上浮動平臺。

據中共網媒稱：中共海軍過去被美國航母堵在福建沿海，自一九九七年起開始對臺戰略推進，二〇一六年到達海峽中線，二〇一九年進入釣魚臺海域，二〇二〇年抵近臺灣西北角，二〇二二年八月完成臺灣全島軍事封鎖。共軍步步蠶食，穩紮穩打的戰略部署，至此完成。

共軍歷次對臺軍事威懾演習，已透露了其犯臺計劃種種想定，可歸納如下：

（一）封鎖淨空臺灣海峽

1. 封鎖海峽南北海域通道

中共在歷次重大犯臺軍演中均顯示臺海一旦發生戰爭，南部和東部戰區將分別封鎖海峽南北海域通道，淨空臺灣海峽，以利跨海攻臺。

一九九九年九月臺海危機，由軍委副主席坐鎮福建指揮：南京軍區在浙江舟山之東海海域，廣州軍區在廣東東南之陽江地區的南海海域，進行封鎖臺灣海峽南北、萬船齊發、海陸空協同渡海攻臺演練。

二〇〇〇年八月，東部戰區在臺灣海峽及南北兩端進行多軍種實戰化演習，並恐嚇：軍演成「三面合圍呈關門」攻臺之勢。所謂「三面合圍」即封鎖海峽南北，跨海攻臺。

二〇二一年十二月，共軍最新「055」驅逐艦「南昌號」曾連續四晝夜在黃海海域進行反潛和海峽要道封鎖演習。顯示中共對臺灣海峽北方水道封鎖範圍包含黃海。

二〇二二年八月，共軍再次以臺灣西南海域，和平潭島外海之演習，封鎖海峽南端出入口。中共武力犯臺時，封鎖臺灣海峽和臺灣本島北、東、南海域，必然是首要措施，以拒阻外軍介入，切斷海空交通，孤立臺灣。

2. 導彈封鎖、切斷海空交通

一九九五年七月臺海危機，共軍連續三天每日兩枚，自江西鉛山導彈基地發射「東風-15」地地短程導彈，落入基隆北方彭佳嶼海域。

一九九六年三月，自福建永安導彈基地發射三枚「東風-15」落在高雄外海；從福建南平基地發射一枚，落在基隆澳底東方海域。意在封鎖我基、高兩港口。

（二）封鎖臺灣東部海域

中共認為臺海一旦發生戰事，美軍快速反應部隊應是從日本及關島迅速馳援，而來自美國本土和印度洋的後繼武力，將因「時空劣勢」，難以阻止共軍侵臺。

1. 以導彈拒止美軍介入臺海戰爭

二〇〇一年四到八月，共軍東山島演習時，曾動用三顆衛星（一顆軍事衛星、兩顆全球通訊衛星）監控臺海方圓三百五十浬海域，覆蓋臺灣東部海域和水面艦艇，並以模擬拒阻美軍介入臺海衝突為主要目標。偵察範圍的最外緣，達到美國航母戰鬥群對岸攻擊的安全防衛距離。

二〇〇四年六至八月，共軍再在東山島舉行大型「越軍區、跨軍種」聯戰演習。演習想定：美軍介入臺海的兵力可能為來自臺灣以東海域的一個航母戰鬥群，和駐日美軍的一個空軍聯隊七十二架「F-15C」戰機。演練課目為模擬攻取澎湖、臺灣，和打航艦，採取「圍點打援」戰術，「一面打臺灣，一面阻止國際援助兵力」。

二〇二二年八月，對臺灣北、東、南海域共發射十一枚導彈，五枚落在花東外海，嚇阻美日軍馳援。

共軍目前已發展出以導彈拒止美軍介入臺海衝突的戰法。並以關島以西、第一島鏈以東的菲律賓海的海空域，作為阻絕和拒止美國馳援臺灣的主戰場。曾規劃以「東風-16／17／26」三彈結為「反介入／拒止」的武器。到二〇一五年，再提出以「東風-21D」和「東風-26」搭配，構建中、遠程兩道反艦導彈網。

2. 航母群部署臺灣東部海域，圍島阻援

自二〇一六年九月起，共機開始穿越宮古或巴士海峽，繞飛臺灣東部外海。其中「轟-6K」戰略轟炸機任務為精準有效打擊我東部「佳山基地」洞窟大門。

「遼寧艦」航母群自二〇一六年至二〇二二年止已五度穿越第一島鏈進入西太平洋繞行我東海岸。共軍航母群繞臺，在戰時將從西太平洋包圍封鎖臺灣，並執行拒止美日軍介入犯臺戰爭之任務。

二〇一九年底，「山東艦」航母交付南艦服役後，中共海軍專家表示，共軍未來將以雙航母，和「075」型兩棲突擊艦，形成從南北及在臺灣東部包抄臺灣的態勢。

中共第四代導彈驅逐艦「055」艦，已成為共軍主力戰艦，除擔任航母戰鬥群護衛主力外，共軍宣稱：對臺作戰時，「055」將在臺灣東部海域負責重大軍事任務。

據戰略學者揭仲揭露，中共內部已出現一種理論，認為隨著海軍航艦打擊群數量增加，未來應在臺島東部海域長期部署一航艦打擊群巡弋，一旦事態急轉直下，就由已先預置在海上偽裝為商船的補給船團整補，迅速搶占有利位置。

我國防部於二〇二一年十二月提出的《因應二〇二五年中共全面犯臺國軍強化戰力作法》也認為，共軍為拒止外軍介入臺海，會派遣艦隊赴西太平洋集結，對臺灣形成戰略包圍。

（三）奪取臺海制空制海權，攻佔外島

共軍如犯臺，不會允許金馬等外島對大陸華南地區構成威脅，並危及其跨海攻臺部隊後方安全，以及切斷其補給線，故將奪取臺海制空制海權，攻佔外島，才能保障犯臺軍事行動的進行。

1. 強奪臺海制空制海權

早期共軍在東南沿海對臺威懾演習，幾乎都以「兩棲登陸作戰」、「搶灘登陸」等為主要演習課目。但中共逐步意識到對臺灣發動兩棲登陸進攻，將因無制空權而受阻；因此，自進入二十

一世紀後，演習重點特別強調「強奪臺海制空權」。

從共軍模擬強奪臺海制空權，掩護兩棲登陸。反映共軍以陸軍為主的傳統軍事作戰思想已經發生轉變。中共空軍傾向進一步將我空軍的活動範圍逼回本島，限制我空軍的活動空間，進而完全掌握臺海制空權。

二〇〇四年六至八月，共軍於東山島舉行大型聯戰演習。由東海、南海艦隊即進行南北夾擊，攻擊臺灣海峽海上浮動平臺，奪取制海權，展開「新三打、三防」（打衛星、打預警機、打航母；防精確打擊、防電子干擾、防偵察監視）演練。

二〇二二年八月，對臺鎖島威懾演習，共軍機、軍艦均穿越海峽中線，海軍軍艦並滯留在中線以東，與我海軍對峙。共軍顯然企圖得寸進尺，在決定武統前，將先行奪取臺灣海峽制海制空權，而不等待戰時才奪。

2.奪取東沙太平島控制南海和巴士海峽

共軍近數年，軍機已慣常性的進出我西南防空識別區，即有切斷我與東沙島聯繫，奪取東沙意圖；中共圍繞我太平島之美濟、永暑、渚碧、南薰、東門、赤瓜，和華陽等七個礁進行「填礁造島」，建立港口和鋪設跑道，覬覦太平島之心明顯。

共軍奪取東沙島和太平島，可北控臺灣海峽，東扼巴士海峽，南阻麻六甲海峽，切斷印太最重要航道。

而且，南部戰區負有進犯臺灣南、東部之任務。攻佔臺灣南部和東部，可掌控臺灣東部水域和巴士海峽的海空優，且該水域水深，有利其航艦和潛艦之活動，以拒止美軍及他國可能介入臺海戰爭的行動，甚至與美軍進行爭奪島嶼作戰。

3. 奪取我福建沿海外島

一九九五年八月，東海艦隊在東引北方約二十八海浬處，舉行海空聯合作戰和海上封鎖演習；十一月間兩度在金門西南之東山島進行三軍協同兩棲登陸作戰演習；一九九六年三月，共軍先在馬祖南方、烏坵東北之平潭島海域進行海空聯合三棲渡海搶灘登陸演習。然後部隊轉移至馬祖、烏坵對岸的連江、莆田地區進行城鎮和山地等作戰演練。

自二〇一六年後，中共開始升高對臺威脅，福建漁船開始大量逼近馬祖海域捕魚。二〇二〇年即有約四百艘入侵馬祖海域。二〇二一年自七月起，幾乎每晚都有數百艘中共漁船在馬祖周邊的海域出沒，甚至逼近海峽中線。同樣，自二〇一七年起，中共漁船也經常入侵金門海域，甚至有漁船擱淺海邊，而船上空無一人。

二〇二一年七月，中共央視曾播出東部戰區七十三集團軍兩棲聯合作戰，跨海攻佔一一九高地之軍演影片。TVBS電視臺比對發現共軍演習目標，是我位於福建閩江口外之東莒島的頂山山頭一一九高地。

二〇二二年八月，央視報導，第七十三集團軍兩棲合成旅在閩南海域實施海上突擊演練，突擊部隊在砲擊摧毀岸上敵工事後，兩棲裝甲車迅速搶灘登陸。影片中出現之登陸灘頭有模擬我反登陸斜樁，劍指金門等外島。

上述情勢顯示共軍在戰時，奪取我金、馬、東引和東西莒島等外島，將是中共武力犯臺計劃中優先行動。

4.攻取澎湖，威逼臺灣

二〇〇一年六月，共軍動員南京、廣州和濟南三大軍區兵力近十萬人，在福建東山島舉行三軍登陸演習。演習想定：奪取臺海制空、制海權，攻佔澎湖，拒止美軍航母群的介入。

二〇〇四年七月上旬，共軍在東山島舉行之軍演，假想攻擊目標為奪取澎湖，演習重點為「強奪臺海制空權」。

共軍認為「澎湖島具有作為攻取臺灣本島橋樑和威懾臺獨的作用」，是「攻打臺灣本島的前哨陣地」。

中共也認為，可以不必直接武力攻取臺時，可踞澎湖，威逼臺灣接受統一。清康熙帝統一臺灣，即先派明鄭降將施琅攻取澎湖，威嚇攻臺，鄭克塽被迫投降。中共在上個世紀曾研究這段歷史，並發表數篇清廷「以戰逼和」統一臺灣之專文，透露中共對這段歷史之重視，頗有仿傚之心。

（四）進犯臺灣本島

1. 導彈攻擊

中共火箭軍設在安徽黃山第六十一基地，下轄六一一至六一八等八個旅，係專責對臺導彈威脅和攻擊。二〇二二年八月，對臺封島軍事演習，四枚飛過臺灣上空之導彈，係從海南儋州、江西贛州、福建（永安或南平）和江西樂平發射。除海南儋州屬於火箭軍第六十二基地外，其餘均屬第六十一基地。

中共聲稱已以導彈鎖定臺灣各政治、軍事目標，戰爭一旦爆發，共軍首波攻擊，當是導彈精準攻擊，摧毀癱瘓臺灣，和嚇阻外軍之增援。並可能以導彈飽和攻擊，和出動大批無人機，反制我反導彈系統。

2. 跨海作戰

共軍自建成「075」大型兩棲攻擊戰艦後，即計劃以一艘「075」艦和二艘「071」綜合登陸艦組成兩棲打擊群，預定編組八群。每群將能搭載重裝合成營、空中突擊營、直升機合成營各一營，進行登陸作戰。顯示中共正積極準備直接跨海犯臺武力。

美國國防部評估，共軍四個兩棲打擊群，約可完整投送兩個陸戰旅進行小規模的登陸作戰，具有攻略太平島、金、馬等離島能力，尚無力對臺灣本島發動大規模攻勢。即使八個兩棲打擊群，亦僅能投送四個陸戰旅，仍不足攻臺。

不過，日本戰研院卻強調：別忽略共軍還有五十艘舊款的兩棲軍艦，到二〇三〇年將擁有超過七十艘兩棲登陸艦，再徵用民船，共軍可在一日內投送數萬人登陸臺島。

二〇〇四年夏，共軍東山島聯戰演習，曾動員商、貨輪二十餘艘，裝載一個機械化步兵師進行登陸作戰，其中三艘裝載大口徑火砲，作為移動火砲陣地，進行海上實彈射擊。

中共南、東兩戰區在二〇二〇、二〇二一年夏季的軍事演習，均出現海軍徵召大型郵輪參與兩棲輸送部隊和坦克、裝甲車之跨海登陸作戰演訓，從衛照發現船倉車庫換裝坦克輸送坡道系統。中共央視也報導東部戰區第七十三、七十四集團軍兩棲作戰旅曾參與此次徵用大型民船裝卸火炮、兩棲裝甲車和軍車等，進行「對臺登陸演習」。

二〇二一年十月，中共央視大幅報導和播出，中部戰區駐河北張家口共軍八十一集團軍，徵用民間貨輪、在渤海演練全旅整建制，和載運戰車、裝甲車等大小車輛三百五十多輛，跨海投送影片。中共中部戰區八十一集團軍非攻臺主力部隊，此信息透露中共武力犯臺，中部戰區將負有自北攻臺，甚或奪取釣魚臺任務。

同年十一月，日媒《產經新聞》報導，兩艘東海艦隊之「071」型綜合登陸艦，經臺灣和與那國島之間的海域南行，在花蓮東約一百五十公里海域停留，模擬登陸作戰演習。但該海域並無中共控制島嶼或無人島可供演習，僅我東部沿海花蓮有一長約十公里的碎石灘，故該兩艦之出現和海上演練，旨在威脅登陸花蓮，或有奪取釣魚臺、那國島之意圖。

故可確定中共從未放棄武力犯臺，並積準備攻臺載具中，我政府也評估共軍到二〇二五年時，將具備犯臺實力。

3.登島作戰

共軍曾以海南島模擬臺灣，廣東上川、下川島比擬東引、馬祖，廣西潿州、斜陽島作為大小金門，實施「瓊島登陸戰役」大規模三軍聯戰演習。

二〇〇二年八月，中共央視軍事頻道播出南部戰區攻臺主力第七十四集團軍兩棲合成旅實施「深夜登島搶灘作戰」演訓，模擬搶佔灘頭後，隨即進行城市道路巷戰。

九月，共軍在福建沿海舉行三軍聯合作戰和國防動員演習，其想定是攻打臺灣本島。演習長達兩個多月，由東海艦隊海軍掃雷艦大隊在東海進行反水雷綜合演練，開闢雷區通道；續由東部戰區攻臺主力第七十三集團軍兩棲合成旅對臺進行三棲敵後特種滲透實戰化訓練；共軍並在廈門部署新款「PCL-191」型火箭炮，射程覆蓋臺灣西部灘頭陣地。

十一月，央視續播出共軍以直升機群為載具，將作戰部隊運送到敵防線後方垂直登陸，執行對敵重要目標或人物「斬首行動」之對臺威脅影片。

二〇二〇年十二月，央視播出東部戰區犯臺主力七十二集團軍，曾以96A型坦克進行城市巷戰演練的影片。

二〇二二年八月，共軍導彈封鎖臺島演習結束後，東部戰區空軍連續出動多批多型戰機實施

「島嶼進攻作戰演練」。央視宣稱：「多支轟炸機編隊貫通南北，雙向穿越臺灣海峽，遂行多軍兵種環臺島『進逼懾壓』」，「空中打擊編組在共軍預警機、干擾機、殲擊機、海上艦船的支援下，協同遠箱火箭、常規導彈，多方向對預訂目標實施『防區外多彈種飽和式聯合』精確打擊演練」。同時，南部戰區在南海實施海軍陸戰隊兩棲奪島作戰演習。

軍事專家雖然多認為共軍目前直接武力犯臺能力不足，但從共軍仍不斷進行攻臺軍事演習，說明中共並未放鬆攻臺奪島之準備。當然也不能忽視中共因「政治需要」，即使實力不足，也有不惜代價斷然犯臺的可能。

（五）以封鎖逼迫統一

美國參謀首長聯席會議主席米利於二〇二一年六月在參院聽證會上表示：習近平與共軍會清楚估算，奪取一個擁有眾多人口且有防衛能力的大型島嶼，將是極度複雜且代價高昂。想要武力奪取臺灣，「他們還有很長的一段路」。美國國防部亦評估，共軍具有攻略臺灣外島能力，尚無對臺灣本島發動大規模攻勢的實力。

中共目前的確缺乏足夠實力犯臺，但從二〇二二年八月，中共對臺灣本島實施封鎖軍事演習分析，共軍已具備封鎖能力。故不排除中共在和統無望，又無力直接武力犯臺情況下，以封鎖臺灣，切斷臺灣海空交通，阻斷外援，以達到其「以武逼統」的目的。

在國共內戰史上，中共曾在遼瀋戰役時，封鎖圍困長春長達一百五十餘日，城內軍民彈盡糧絕，餓死十五萬人以上，最終全城投降，兵不血刃進佔長春。

二〇二二年俄烏戰爭爆發後，中共十分關注雙方戰略戰役之攻防，汲取經驗和教訓。俄軍自二月下旬開戰後，即封鎖烏克蘭黑海港口馬立波（Mariupol），阻斷外援，並持續轟炸，烏克蘭幾乎被摧毀殆盡，大批烏軍投降。至四月時，僅有部分烏軍死守在當地亞速鋼鐵廠內。俄普丁總統下令圍困「一隻蒼蠅都別想飛出來」。由於缺水缺糧，死傷慘重，守軍只堅持到五月下旬也全部投降。

由於臺灣缺乏資源，百分之九十八以上能源仰賴進口。據經濟部能源局數據顯示，臺灣有百分之八十二的原油和百分之九十八的液化天然氣，需由海路運輸，途經南海時，即可能受到攻擊，即使繞經菲律賓東部海域，因臺灣本島已被封鎖，能源供應勢將中斷。

依照政府《石油管理法》規定，戰備儲油量，政府為三十天，業者六十天，共計九十天，「戰時現有儲量約可以應付一、兩個月的封鎖」。而且臺灣沒有國家戰備儲油基地，係委託中油及臺塑存放，多為露天油槽，戰時易遭摧毀，將影響國軍戰力。

至於臺灣的天然氣和燃煤的儲存量，遠不如石油，庫存一旦耗盡，將影響發電，供電量不足，將使全臺陷於癱瘓；糧食不能輸入，將出現糧荒；武器裝備和彈藥不能獲得時，將降低戰力。

雖然中共對臺戰略是「遠戰速決，首戰決勝」，但中共基於政治需要，必須完成統一臺灣任務時，即使無犯臺軍力，如評估美日不會冒險與中共作戰，或有能力拒阻美日增援臺灣時，應慎防中共「以封鎖代替攻臺」，逼迫臺灣接受統一。

前參謀長李喜明認為，中共並沒有把封鎖作戰當成第一選擇。因封鎖作戰需要時間，不符中共速戰速決、在美國介入前就搞定臺灣之原則，若因封鎖臺灣影響到中共維穩和經濟發展，便不會輕易採取封鎖作戰。但兵以奇勝，戰爭手段千奇萬變，什麼狀況都可能發生。

（六）東、黃海對抗美日韓圍堵

東、黃海被日、韓、臺所包圍。美與日、韓分別有軍事結盟關係，已形成對中共圍堵態勢。三國並均公開宣示維護臺灣海峽和平及安定的重要性。

中共除非奪取臺島，否則其海空軍要自東海突破第一島鏈，主要通道為宮古海峽，戰時將受美日之箝制。東北方雖有對馬和津輕兩海峽可進入西太平洋，但在戰時幾無可能通過美日韓的封鎖。因此，繼南海之後，東、黃海是中美軍事對峙另一重要海域，中共將以此維護京畿地區和北部沿海之安全，且因北方海域水淺，不適潛艦活動，必須突破封鎖，始能進入深海。

二〇二〇年夏季，共軍曾在渤海、黃海、東海和南海四大海域至少舉行三十場以上的軍事演習。演練包括抗擊登陸、防空反導、電子對抗等多個科目。二〇二二年八月繼封鎖臺灣本島演習後，續在渤海、黃海進行演習，顯然在捍衛京畿重地的安全。

中共武力犯臺時，如美國進行軍事干預，日韓因軍事聯盟，也可能參與美軍軍事行動時，預判北韓將會乘機南侵，統一朝鮮半島。俄國海軍也有可能進入日本海和北、西太平洋，聲援中朝，牽制美、日、韓軍行動。

結語

自毛澤東時代起，「和、戰」兩手策略，已是中共對臺統戰基調。即使鄧小平在一九七八年提出「和平統一」對臺統戰主張，爾後歷任領導人也無不強調堅持「和平統一」的方針，但拒絕承諾放棄「武力統一」。

所以，中共對臺的大政方針，基本上是力爭「和平統一」，不放棄「武統」的目的除遏阻臺灣走向分裂獨立外，也企圖「以武逼統」。中共所列種種「武統」時機，常令人誤解為「只要不逾越紅線，就不犯臺」；但事實並非如此，因為中共自始就宣稱「臺灣當局無限期拒絕通過談判和平解決兩岸統一問題」和「和平統一的可能性完全喪失時」，就可能進行「武統」，表明中共早已預留隨時武力犯臺的藉口。

目前，中共內部的確已出現「和統無望、只能武統」聲音，而且甚囂塵上。美軍印太司令部也指出：中共犯臺「只是時間問題，而不是是否會發生的問題」。

美國海軍近年公布的海軍戰略指導，就將重點放在「阻止中國入侵臺灣和接管臺灣」上。太平洋艦隊司令帕帕羅也表示：他的職責就是「防止臺灣被中國武力統一」。這種似乎是對臺海「戰略清晰」的說法，其實有悖美國所堅持的「戰略模糊」策略，但是拜登總統不時「口誤」，發表「軍事護臺」言論，使得所謂的「戰略模糊」更加模糊不清。

中共始終視武力犯臺最大的障礙是美國可能的軍事干預，為此不但發展出「反介入／區域拒止」戰略戰術，並進行軍改，調整戰區和軍事戰略，積極擴充軍備，研發多種針對美軍作戰之高科技尖端武器。中共認為在西太平洋建立足以與美國抗衡、甚至強過美國的軍力，一旦武力犯臺，因是在「家門口」作戰，只要區域拒止駐日和關島的美軍介入成功，駐美國本土和印度洋之美軍即使增援，也將是遠水難救近火，可造成既成事實，迫使美軍放棄後續干預。

過去的美蘇或現在的美俄之間都因各擁強大軍事實力和核子武器，在歷次國際戰爭中，如有一方介入，另一方都避免參戰，為的就是避免兩國直接發生軍事衝突，爆發核子大戰，因為那將是毀滅性的戰爭。

中共已是核武大國，軍力也達到前蘇聯水準，在亞太地區與美國抗衡的實力已不容輕忽。美國是否有可能為護臺而甘冒與中共進行核子大戰的風險，可由俄烏戰爭解答。

當前美國為鞏固其國際霸權，在東西方同步打壓中、俄兩國，即使在俄烏戰爭期間，仍維持此種作法，已使許多戰略學家認為如處理不慎，可能促使中俄軍事合作走向實質聯盟。如果這種分析一旦成真，美國對中俄任何一國，反而更不敢輕舉妄動，而陷入兩面作戰不利態勢。

有人以為臺灣居第一島鏈核心，臺灣失守，島鏈斷裂，日韓陷入危境，南海成了中共領海，印太戰略立即瓦解；而認為美國絕不會坐視不管，必伸手救臺；日韓兩國為維護自身安全，也將會促使美國軍事護臺。但從百年來美國參與之國際戰爭可知，美國從不輕易受他國鼓動而動武。否則美國不會在太平洋設置三條島鏈，表示美國早有退卻的戰略準備。

也有人認為中共目前既無實力也無理由犯臺。但回顧中共歷次對外戰爭，從不在乎實力是否足夠，而只考慮是否必要。韓戰，毛澤東自知軍力不如美軍，但不能讓朝鮮淪亡，危及中共安全，必須援朝作戰；中印邊界戰爭，為護國土，即使戰場地處高山酷寒，兵力支援和後勤補給都很困難，也要打；珍寶島事件，中蘇軍力極端懸殊，為爭奪彈丸國土，也不惜一戰；懲越戰爭，明知部隊缺乏作戰經驗，戰力又不足，只為懲罰越共，並瓦解「印度支那聯邦」，面對善戰的越軍，也必須去打一場慘勝的戰爭。

因此，中共武力犯臺，考慮的不完全是中美軍力差距、是否完成攻臺準備，或者是否師出有名，而只看時機和政治需要，其他都是次要。

儘管臺、美雙方都認為共軍受限臺海地理條件、登陸載具，以及後勤能力不足等因素，現階段共軍尚未完全具備全面犯臺的正規作戰能力，只能攻佔臺灣外島；但從中共歷年對臺軍事威懾演習中顯示，共軍在尚無實力全面犯臺情形下，有可能採取「遠戰速勝」戰略戰術，在美國反應過來前，搶先奪取太平、東沙、金門、馬祖、東引等所有外島，渡海強奪澎湖，威脅臺灣，甚至局部登陸臺灣。共軍只要封鎖臺灣，攻佔澎湖，戰略上即居於優勢。

其實在共軍中已出現了相近作戰思維，認為不需大軍登陸奪島，只需以導彈「飽和攻島」，海空軍全力奪取臺島和周邊海空域制空、制海權，戰支部隊以網攻癱瘓臺灣電力、通訊，和指管通情系統，衛星監控監聽全臺軍事動態等，以瓦解臺灣有生反擊軍力和民心士氣，即可達成武力犯臺目的，中共的陸軍部隊隨後再登陸，僅負責接收和掃蕩。

我國防部邱部長認為中共在「二〇二五年就具備全面犯臺能力」，習近平表示要在「二〇二七年實現建軍百年奮鬥目標」，「二〇三五年基本實現國防和軍隊現代化，到本世紀中葉把軍隊全面建成世界一流軍隊」。

從這些時間點看，因習近平有強烈的「中國夢」，且他已在二〇二二年連任成功，中共全面武力犯臺、大軍直接登陸臺灣本島的時間以二〇二五至二〇二七年間較有可能；但共軍真正具有犯臺實力，應是二〇三五年實現國防和軍隊現代化時；如這兩個時間點都未能實現武統臺灣，中共的最後機會就是二〇四五至二〇四九年間，否則依國際法，屆時臺灣已是一個真正獨立的國家，中共再武力犯臺，就不是內戰，而是侵略了，國際干預力量勢必很大。

戰以奇勝，「兵者詭道也」，「攻其無備，出其不意」，中共不可能也不會照我們分析認為的可能時間和方式犯臺，否則就不是共軍了。所以防範中共武力犯臺，真正重要的是「勿恃敵之不來，恃吾有以待之」。

參考資料

一、專書

1. 《五次圍剿——第五次圍剿戰爭》。中華百科全書，一九八三年典藏版。
2. 《解放軍——曲折的現代化進程》。Ellis Joffe著，孫魯山、余紅譯，（香港）明報出版社，1989。
3. 《大決戰》（淮海之戰徐蚌會戰，二冊）。江深、陳道濶著，（香港）中原出版社，1991.4。
4. 《建國以來毛澤東文稿》第一冊。中央文獻出版社，1992.1。
5. 《毛澤東全傳》（1－6冊）。辛子陵著，書華出版，1993.12。
6. 《如果中共跨過臺灣海峽、國際間將作何反應》。張旭成、拉沙特主編，沈玉慧譯，張友驊校注，允晨文化出版社，1995.5。
7. 《剖析中共對外戰爭》。張虎著，幼獅文化出版，1996.8。
8. 《康熙統一臺灣歷史研究》。汪漢民著，中共研究雜誌社，1997.6。
9. 《歷史見證人的實錄——蔣中正先生傳》（共三冊）。蔣緯國撰，青年日報社，1997.10。
10. 《中蘇最高機密檔案——毛澤東、斯大林與韓戰》。沈志華著，香港天地出版，1998。
11. 《軍事戰略思維》。李際均著，（北京）軍事科學出版社，1998.2。
12. 《2010中共軍力評估》。翁明賢執行編輯，麥田出版，1998.3。
13. 《未來臺海衝突中的美國》。翁明賢執行編輯，麥田出版，1998.3。
14. 《中共看未來戰爭——臺灣如何因應》。張旭成編著，大晟文化出版，1998.12。
15. 《超限戰——對全球化時代戰爭與戰法的想定》。喬良、王湘穗著，解放軍文藝出版社，1999.7。
16. 《下一場戰爭?中共國防現代化與軍事威脅》。曾錦城著，時英出版社，1999.7。
17. 《當代世界軍事與中國國防》。張萬年主編，（北京）軍事科學出版社，1999.12。
18. 《中國軍隊對外作戰重大實錄》。劉元勛著，西藏人民出版社，2000.5。

19. 《中共動武方式》。國防部史政編譯局編譯，2001.3。
20. 《國共間諜戰七十年》。鄭義編撰，（香港）夏菲爾出版，2001.10。
21. 《中國大陸研究》。張五岳主編，新文京開發出版，2003.7。
22. 《毛澤東語錄》。楊照導讀，東觀國際文化，2005.11。
23. 《統一戰線與國共鬥爭》。翁衍慶著，中共研究雜誌社，2006.2。
24. 《中國軍事決策機制&臺海衝突》。John W. Lewis and Xue Litai著，Xue Litai譯，（美國）明鏡出版社，2007。
25. 《三戰風雲——新形勢下的臺海危機》。亓樂義著，黎明文化出版，2008.7。
26. 《林彪的忠與逆——913事件重探》。翁衍慶著，新銳文創（秀威資訊），2012.7。
27. 《21世紀中共空軍用兵思想》。Roger Cliff著作，黃文啟譯，國防部史政編譯室出版，2012.9。
28. 《中國悄悄占領全世界》。胡安・巴勒羅・賈勒德納、埃里韋托・阿拉伍侯著，譚家瑜譯，聯經出版，2013.11。
29. 《中國革命的起源1915-1949》。Lucien Bianco著，何啟仁譯，聯經出版，2017.5。
30. 《中共情報組織與間諜活動》。翁衍慶著，新銳文創（秀威資訊），2018.9。
31. 《疾風勁草——胡宗南與國軍在大陸的最後戰役（1949-1950）》。胡為真著，民國歷史文化學社、香港開源書局，2020.11。

二、期刊論文

1. 〈黃埔建校初期中共分子的滲透活動〉。陳能治著，陸軍軍官學校史稿，一九三六年刊本。
2. 〈中共軍事戰略的演進與未來發展趨勢〉。楊念祖著，《中國大陸研究》第42卷第10期，1999.10.
3. 〈蘇聯、中共因應韓戰之背景及利弊剖析〉。楊奎松著，《近代中國》137期，2000.6。
4. 〈從戰略文化觀點探討中共軍事戰略與用兵動因〉。劉順銘著，國家圖書館，2001.6。
5. 〈中共軍事戰略之研究（1922-2002）——兼論我國軍事戰略之方向〉。陳大元著，國家圖書館，2003。
6. 〈中共軍事戰略發展之淨評估〉。諸葛雲著，國家圖書館，2004。
7. 〈2004年中共舉行東山島軍事演習之特點〉。施子中著，中華歐亞基金會。
8. 〈中共發展太空戰力，衝擊全球和平穩定〉。戰略雲王崑義部落格，2008/5/4。
9. 〈「中越戰爭」30年，還原歷史真相〉。辛遠，大紀元，2009/2/20。
10. 〈中國突破第一島鏈，臺灣成為中國邊疆〉。曾明炎著，《玉山周報》第49期，2010.5。

11. 〈中美軍事競賽，陸天軍挑戰美軍〉。曾復生著，國家政策研究基金會，2012.1.31。
12. 〈1950年毛澤東訪蘇內幕〉。李忠民著，《中華遺產》，2012年第2期。
13. 〈困境重現之因：一九五八年臺海危機與美國的外島政策再思考〉。中央研究院近代史研究所集刊第77期，2012.9。
14. 〈【史海】新四軍殺滅抗日國軍最多的黃橋血戰〉。大紀元，2013/02/01。
15. 〈支撐共軍打淮海戰役的15名共諜〉。大紀元，2013/9/27。
16. 〈二〇二五年中國對臺軍事威脅評估〉。新境界文教基金會國防政策諮詢小組，2014/3。
17. 〈中共潛艦「洞庫化」毫無戰鬥力〉。漢和防務評論雜誌，2015.05。
18. 〈中國軍事力量：解放軍的核心戰力〉。《中國的軍事戰略》美國軍事情報局，趙炳強譯，2015/5。
19. 〈點評中國：習近平醞釀軍隊改革「大動作」〉。陳剛著，新加坡國立大學東亞研究所，2015.8。
20. 〈中共盜用了多少美軍無人機技術？〉李清怡編譯，《西方看中國》第474期，2016/4/7。
21. 〈共軍加快發展太空武器系統：極音速滑翔彈〉。鍾堅著，《展望與探索》第14卷第11期，2016.11。
22. 〈中共改「8年抗戰為14年」，史學界批駁〉。大紀元，2017/1/31。
23. 〈解放軍陸軍翻身，重型合成旅全套豪華裝備，戰力比肩美軍精銳部隊〉。利刃著，《晨言無語》，2017.10。
24. 〈中共海軍戰略的發展〉。葉白成著，《海峽評論》327期，2018/3月號。
25. 〈【祕檔】毛澤東加罪潘漢年的內幕〉。王世三著，大紀元，2018/7/10。
26. 〈網路時代的黑天鵝現象——大陸地方政府文件意外揭開共軍網軍神秘面紗〉。秦嗣葵著，2019/2/21。
27. 〈與外軍海上聯合軍演，觀察海軍外交之研析〉。嚴國倫著，《海軍學術雙月刊》第53卷第2期，2019/4。
28. 〈東風17與中國反美軍介入〉蔡翼著，華夏創意文化交流協會，2019/9/22。

三、新聞資料

（一）中央社

1. 〈國防部兵力報告：中共具封奪我外島能力〉。2016/8/31。
2. 〈解密文件：一九六二年逃亡潮，6萬華人偷渡出境〉。2005/12/26。
3. 〈大陸學者：中共海軍將有5艘航艦〉。2015/5/11。

4. 〈陸造095型潛艇，專家：專獵殺航艦〉。2017/4/21。
5. 〈中國在北韓邊境部署戰略無人機，大範圍偵測韓日〉。2019/10/30。
6. 〈俄部署極音速武器，恐重燃美俄新一輪競賽〉。2019/12/28。
7. 〈共軍首度介紹東風41：靈活機動是最大特色〉。2019/10/4。
8. 〈解放軍將領：文統臺灣無望，武統不可輕率急進〉。2020/5/5。
9. 〈作戰無人機大對決，顛覆戰爭遊戲規則〉。陳亦偉，2020/12/7。
10. 〈歐盟公布印太戰略，軍事存在與經濟合作並重〉。2021/4/19。
11. 〈國防院：中國以灰色衝突蠶食對手，受害國反制不及〉。2020/06/14。
12. 〈澳媒：共軍科學家曾論SARS武器化，預言生物戰〉。2021/5/8。
13. 〈簽非戰爭軍事行動綱要，賦軍隊派出合法性〉。2022/6/14。

(二)中國時報、旺報暨電子報

1. 〈七時機點，中共可能武力犯臺〉。2015/9/1。
2. 〈四射全中，陸證實紅旗－19反導成功〉。2016/03/25。
3. 〈紅旗－17伺候，陸對臺主力可能換裝新導彈〉。2016/07/29。
4. 〈已常態化警巡東海南海出第一島鏈〉。2016/11/5。
5. 〈中共最新紅旗26導彈將部署南海島礁〉。林庭瑤，2016/12/13。
6. 〈轟6N圖像曝光，作戰半徑超五千公里〉。2017/09/21。
7. 〈陸媒揭中共雷神突擊隊，訓練慘無人道〉。2017/11/24。
8. 〈空中突擊旅，陸媒：一小時內渡臺海〉。2018/1/10。
9. 〈解放軍擁全球最大現役裝甲部隊，半數戰車升級3代〉。2018/02/27。
10. 〈共軍空突旅戰力強，直升機大不足〉。2018/9/3。
11. 〈二〇三〇年全球最強五國海軍大預測〉。2018/12/9。
12. 〈美上將：中共空軍將於二〇三〇趕上美空軍規模〉。2018/12/27。
13. 〈中共獲俄S-400系統，蘭德：臺灣應調整防衛策略〉。2019/01/02。
14. 〈潛艦多久能趕上美軍？媒體：至少30～40年〉。2019/03/27。

15. 〈破解美艦穿越，陸擬將臺海內海化〉。2019/6/5。
16. 〈陸曝全軍種演習代號，殲-20已參演〉。2019/7/25。
17. 〈升級！陸轟6N傳10／1秀3亮點〉。2019/09/05。
18. 〈戰略支援部隊謎一般的王牌〉。2019/9/7。
19. 〈陸批雷根備忘錄違一中原則〉。北京報導，2019/9/27。
20. 〈美航母過南海，陸艦群近距離隨身〉。2019/10/2。
21. 〈共軍到了第三島鏈〉。作者蘭寧利（海軍退役中將），2020/2/11。
22. 〈共機入臺海，美神盾艦也來刷存在〉。2020/2/13。
23. 〈陸反衛星飛彈，可破壞美間諜衛星〉。2020/3/4。
24. 〈2049超越美，解放軍3階段練兵〉。2020/3/25。
25. 〈美抗中，陸戰隊裁軍，坦克部隊全砍〉。2020/3/25。
26. 〈美陷泥淖，陸專家籲適度對臺動武〉。2020/4/8。
27. 〈四度穿越第一島鏈，遼寧艦壯大戰力〉。2020/4/21。
28. 〈中美南海頻角力，極可能擦槍走火〉。2020/4/29。
29. 〈常態演訓／呈北中南夾擊態勢，視臺獨作為升級實彈警示！解放軍遏獨，包臺演訓將常態化〉。2020/5/1。
30. 〈美中海軍戰力拔河　衡艦艇數壓陣〉。2020/5/6。
31. 〈陸國防預算增幅6.6％近年新低〉。2020/5/23。
32. 〈陸特種機進駐永暑礁，拚建核電寶〉。2020/5/29。
33. 〈座位表露玄機，涉臺事務包山包海〉。2020/5/30。
34. 〈稱美將發起臺海挑釁，陸做好準備〉。2020/5/31。
35. 〈中美若開戰，美連彈都買不起〉。2020/6/12。
36. 〈美媒：陸將升高臺海軍事活動〉。2020/6/12。
37. 〈陸擬設南海空識區美巡臺海示警〉。2020/6/26。
38. 〈南沙群島海域波濤洶湧，陸媒評中美世紀戰可能在南海〉。2020/7/16。
39. 〈哈佛教授傅高義：美中確實可能爆發戰爭，將有災難性後果〉。2020/7/20。
40. 〈印度硬起來，迫陸艦撤印度洋〉。2020/7/23。
41. 〈末日四騎士，美抗中全面圍攻〉。2020/7/23。

42. 〈大陸若武統，臺灣無法撐兩周，美媒：美軍擋不住解放軍〉。2020/8/22。
43. 〈陸如犯臺，美前官員稱沒出兵承諾〉。2020/8/22。
44. 〈陸全域頻密軍演，對臺保持克制〉。2020/9/4。
45. 〈東風快遞不好惹，美強化第二島鏈〉。2020/9/10。
46. 〈國軍打算反攻大陸？臺大校長爆「王師計劃」驚人內幕〉。2020/9/27。
47. 〈大陸軍演宣告層級，不及96臺海危機〉。2020/9/30。
48. 〈若美國不改變戰略，澳媒推測：2028年陸將奪台〉。2020/10/11。
49. 〈核航母門檻高，陸堅持俄放棄〉。2020/10/22。
50. 〈頭條揭密》美中開戰選臺海或南海，解放軍中將透露玄機〉。2020/10/22。
51. 〈頭條揭密》習近平制訂臺獨清單，猶如毛澤東當年開戰犯名單〉。2020/11/26。
52. 〈頭條揭密》共軍登陸打城市巷戰？制海制空才是對臺作戰決勝點〉。2020/12/15。
53. 〈頭條揭密》攻佔東沙島，拜登總統上任後首個臺海危機？〉。2020/12/16。
54. 〈陸空軍超越俄，成美頭號威脅〉。2020/12/24。
55. 〈遏制中國在第一島鏈海空優勢，大陸批破壞地區穩定！美解密印太戰略，宣告防衛臺灣〉。2021/1/14。
56. 〈應對印太戰略大陸海警可動武〉。2021/1/14。
57. 〈南海制美，大陸建構沙長城〉。2021/1/27。
58. 〈美國會報告：陸發展全球最大海軍首要應對臺海衝突〉。2021/2/3。
59. 〈美國3航母有望，齊聚西太平洋〉。2021/2/3。
60. 〈撞機教訓，促陸加快武備、防識區〉。2021/4/2。
61. 〈中國海軍規模全球最大！「可用來侵犯臺灣」，布林肯重申：美方承諾協助維護臺灣〉。2021/5/4。
62. 〈合圍軍演對中「戰略清晰」？〉，陳一新著。2021/5/13。
63. 〈李喜明：兩岸短期內不致有大戰爭〉。2021/7/11。
64. 〈應對臺海局勢，日擬提前修防衛計劃，再漲軍費〉。2021/8/15。

（三）聯合報

1. 〈二〇四九年中共盼擁10艘航母〉。2017/8/12。

2.〈回顧扁政府時老共軍演半年，習大大對小英溫和多了？〉。2018/4/25。
3.〈共軍轉型「遠征型空軍」，我應補強東南部戰力〉。2019/4/16。
4.〈中共國防白皮書公布各軍種演習代號，殲-20曾參與演習〉。2019/7/24。
5.〈回應中國國防白皮書，美艦航臺海展現印太承諾〉。2019/7/26。
6.〈共機近期兩度繞臺後，美特戰運輸機昨穿越臺海〉。2020/2/13。
7.〈臺海與南海，誰在玩戰爭遊戲？社論〉。2020/5/19。
8.〈【專家之眼】中共未稱台灣海峽為其內海但主張享管轄權〉。宋燕輝（中華民國海洋事務與政策協會理事）撰，2022/7/1。

（四）其他各大新聞機構

1.〈媒體稱解放軍重視殲6無人機，可到敵港航空佈雷〉。《世界新聞報》，2013/1/10。
2.〈中共「天軍」應對美軍「閃擊全球」〉。《中央日報》，2013/3/4。
3.〈共軍擬攻總統府，臺國防部：國際不能接受〉。新唐人亞太臺，2015/7/22。
4.〈日本學者：中共與日軍共謀對抗國軍〉。BBC NEWS，2015/12/15。
5.〈新成立解放軍火箭軍背景有多厚〉。BBC NEWS，2016/1/1。
6.〈原總參三部併入戰略支援部隊，正式改名網路空間作戰部隊〉。博聞社，2016/1/19。
7.〈原濟南軍區空軍部隊轉隸3個戰區被調整到10個單位〉。澎湃新聞網，2016/3/10。
8.〈歷史黑幕：從抗戰期間中共與日軍關係看〉。自由亞洲電臺，2016/07/01。
9.〈「杜絕竊聽」，中國發射全球首顆量子科學衛星墨子號〉。BBC NEWS，2016/8/16。
10.〈國防部：中共特戰部隊將直攻臺政經中樞及斬首〉。博聞社，2016/8/31。
11.〈中國火箭軍演習，外媒：臺灣紀德艦成假想標〉。自由時報，2016/12/2。
12.〈汪浩觀點：毛澤東為什麼發動一九五四年臺海危機？〉。風傳媒，2017/1/29。
13.〈汪浩觀點：江澤民與陳水扁為什麼錯失和解的機會？〉。風傳媒，2017/2/19。
14.〈空軍空降兵某運輸航空兵旅亮相，並接收鄂北某場站〉。中國之聲《國防時空》，澎湃網，2017/5/15。
15.〈分析：中印對峙或增加第二次邊界戰爭風險？〉。BBC NEWS，2017/7/20。
16.〈亞洲最大，中國解放軍朱日和訓練基地揭密〉。上報，2017/7/31。

17. 〈習近平軍改兩年，陸軍比例降至50%以下〉。大紀元，2017/12/20。

18. 〈搭建「福建村」，解放軍還有閩南語特種兵模擬空降滲透〉。ETtoday新聞雲，2018/1/2。

19. 〈習近平大幅軍改的背後原因〉。大紀元，2018/2/22。

20. 〈賈忠偉觀點：中國大陸的「麻六甲困境」〉。風傳媒，2018/8/5。

21. 〈美媒：高津帶領「戰略支援部隊」開啟解放軍網路太空戰〉。ETtoday新聞雲，2018/10/7。

22. 〈【野心不小】預測核動力版本將在二〇二五年服役，中國軍事專家：我們需要5艘航母！〉，上報，2018/12/6。

23. 〈幾秒內癱瘓臺灣？美國會揭中國新武器〉。三立新聞，2019/1/30。

24. 〈中美五角大樓：中共若武力犯臺，國際會干預〉。大紀元，2019/05/04。

25. 〈「一帶一路」遇挫，坦尚尼亞對中共金援喊卡〉。青年日報，2019/6/28。

26. 〈《美中開戰與臺灣的未來》：2020解放軍奪島作戰計畫，攻臺336小時與72小時的爭論〉。The newslenes，2019/07/02。

27. 〈一九九六年臺海危機對解放軍的教訓與影響〉。Yahoo論壇，林穎佑，2019/7/13。

28. 〈【Yahoo論壇】解放軍東南沿海演習，攻臺練兵大驗收〉。華志豪，2019/7/25。

29. 〈【Yahoo論壇】人民解放軍是人民的嗎？〉。JIA（研究生），2019/8/2。

30. 〈中國擬收購烏克蘭航空引擎製造商，美國力阻〉。紐約世界日報，2019/8/25。

31. 〈這也太扯了，越南漁民差點在中越敏感海域捕獲野生中國核子潛艇〉。信傳媒，2019/10/18。

32. 〈共軍證實航母通過臺海！稱赴南海例行訓練　不針對特定目標〉。Yahoo新聞，2019/11/18。

33. 〈從「近海」到「兩極」，中共海軍戰略內幕〉。大紀元，2019/12/30。

34. 〈美籲中加入核武對談，北京無動於衷〉。德國之聲，2020/1/22。

35. 〈侵臺準備？中共建造航空母艦群劍指臺灣〉。今日新聞，陳弘志報導，2020/1/23。

36. 〈紀永添專欄：搶占太空高地的軍事競爭〉。上報，2020/2/18。

37. 〈黃維幸觀點：共軍會突然襲擊臺灣嗎？〉。風傳媒，2020/2/20。

38. 〈美國積極運作重返蘇比克灣、金蘭灣、臺灣高雄港是最後一塊拼圖？〉。信傳媒，2020/5/20。

39. 〈4分鐘毀全臺機場！共軍24小時解放臺灣，專家分析打臉〉。三立新聞，2020/05/21。

40. 〈不丟石頭了！中、印兩軍對峙畫面曝光　解放軍「西海艦隊」強勢進駐〉。新頭殼，2020/5/26。

41. 〈頻繁監控美軍機艦活動，「南海戰略態勢感知」計劃引關注〉。上報，2020/6/29。

42. 〈中國涉臺系統「南軟北硬」，李毅、王在希瘋北平模式武統臺灣〉。上報，2020/7/29。

43. 〈美中若開戰「真正危險在臺灣」？BBC：北京急欲奪島當核潛艇基地〉。新頭殼，2020/7/30。
44. 〈改變世界戰略平衡？日媒：中國或擁有高端核導彈防禦技術〉。今日新聞，2020/8/3。
45. 〈美國國防部：共軍在諸多領域已追上或超越美國〉。Yahoo奇摩，2020/9/2。
46. 〈美軍關注中共租柬埔寨七星海打造海軍基地，專家揭背後更大陰謀〉。匯流新聞，2020/9/19。
47. 〈美「太平洋捍衛者」演習，目標針對中國〉。華視，2020/9/21。
48. 〈細說海峽中線由來，它從「陳有維線」退至「戴維斯線」〉。上報，2020/09/23。
49. 〈中國遠洋漁船是美56倍，除了是全球非法捕撈王也是海上民兵〉。信傳媒，2020/9/26。
50. 〈中共軍機為何近日不再繞臺？學者曝竟與吳釗燮發言有關〉。匯流新聞網，2020/10/2。
51. 〈網軍成第4軍種？美智庫揭中國解放軍「戰略支援部隊」〉。自由時報，2020/10/9。
52. 〈CNN整理拜登歷來兩岸言論，揭露昔投書稱「美國沒義務協防台灣」〉。新頭殼，2020/11/17。
53. 〈藍色北極戰略，抗衡俄「中」〉。青年日報社，2021/1/7。
54. 〈中共核武家底大揭秘；最新披露：美專家解開中共最神秘部隊火箭軍的面紗〉。沈舟，大紀元，2021/1/9。
55. 〈共軍飛行員通聯遭美軍攔截！《金融時報》獨家：美軍航母成標靶，8架轟-6K對其進行飽和攻擊演練〉。風傳媒，2021/1/30。
56. 〈【財商天下】政治局學量子技術，中共搶占先機？〉。大紀元，2021/2/17。
57. 〈【報你知】美國圍堵中共創造島鏈戰略，臺灣是第一島鏈關鍵〉。何哲欣報導，蘋果新聞網。
58. 〈中國兩會》CNN諷：習近平找到接班人了，他叫習近平〉。新頭殼，2021/3/5。
59. 〈美印太司令警告：中國可能在六年內攻打臺灣〉。上報，2021/3/10。
60. 〈臺灣將成陸頭號目標，美國防部嚴肅看待〉。TVBS，2021/3/11。
61. 〈海軍戰力》中國15年造113艘艦艇美國僅5艘。美將領憂：中國6年內打臺灣〉。YAHOO新聞，2021/3/12。
62. 〈中國若攻打臺灣，自衛隊能幫我們什麼忙？美軍事專家：恐以後勤支援為主，但也要思考「臺灣會不會向日本求助」〉。李忠謙，風傳媒，2021/3/25。
63. 〈解放軍為何在台灣西南方演習？唐湘龍揭：目標在巴士海峽；「2021是對台武統元年！」唐湘龍曝解放軍策略：先奪澎湖，再拿這3縣〉。風傳媒，羅立邦，二〇二一年4月17日。
64. 〈美前國安顧問示警！臺灣面臨「極限危險」關鍵時間點曝光〉。風傳媒，2021/4/29。
65. 〈美專家憂：陸為晶片侵臺〉。YAHOO新聞2021/5/3。
66. 〈中國少子化讓解放軍苦惱：兵源短缺、士兵多為獨生子女，該怎麼辦？〉。風傳媒，2021/05/31。

67. 〈沈舟：美國2021中共軍力報告有何看點〉。大紀元，2021/6/11。
68. 〈中國被指籌劃打造全球軍事補給網絡，引發美國擔憂〉。BBC NEWS，2021/7/10。
69. 〈【前總長爆祕辛】兩岸開戰美國會出兵？黃曙光提保臺矛盾理論〉。鏡週刊，2021/7/21。
70. 〈華府智庫示警！共軍恐登陸臺中港。臺專家：共軍北上會在苗栗遭圍殲〉。顧上鈞、何佳陽，TVBS，2021/8/15。
71. 〈解放軍擴建導彈發射井〉。上報，2021/8/16。
72. 〈中共武裝漁民，專家：各國反制恐使用武力〉。大紀元，2020/9/15。
73. 〈「沒有看到任何軍事威脅」，普丁的言外之意：原來中國正破天荒釋放戰備儲油〉。信傳媒，2021/10/23。
74. 〈發布「非戰爭軍事行動綱要」〉。自由時報，2022/6/15。
75. 〈【時事軍事】中共宣稱臺灣海峽為內海缺乏實際操控力〉。夏洛山撰，大紀元，2022/6/22。
76. 〈【軍事熱點】中美貓捉老鼠遊戲中，遼寧艦的角色〉。大紀元，2022/5/17。
77. 〈美日海軍菲律賓海軍演，迄今航母最強力量展示〉。大紀元，2022/1/27。
78. 〈美國最新公布「印太戰略」八次提到臺灣的意義〉。上報，2022/2/16。
79. 〈解析拜登政府的印太戰略：美國將在印太地區追求五大目標〉。弗林撰，rfi，2022/2/15。
80. 〈拜登任內首份印太戰略報告發佈「十大行動」劍指中國〉。BBC NEWS，2022/2/16。
81. 〈中俄軍艦同進釣魚臺毗連區！日媒：恐套好招坐實陸主權〉。TVBS，2022/7/5。
82. 〈不否認了，中國大陸在柬埔寨設專屬軍港9日動土〉。紐約世界日報，2022/6/7。
83. 〈王赫：中共對南太平洋的三大圖謀〉。大紀元，2022/4/19。
84. 〈專家析中共部署廣東轉入戰時體制機制〉。易凡報導，大紀元，2022/5/24。
85. 〈臺海危機／美國情報官員告訴美媒：中國解放軍18個月內入侵臺灣〉。CNEWS匯流新聞網，2022/8/5。
86. 〈美兵推兩岸開戰臺灣空軍初期就被殲滅，精準彈藥不足成國軍戰備部署硬傷〉。風傳媒，2021/7/15
87. 〈陸公佈《臺灣問題與新時代中國統一事業》白皮書：展現堅強決心〉。中天快點，2022/8/10。

（五）中共新聞機構

1. 〈三灣改編。人民網，中國共產黨新聞〉，黨史百科。
2. 〈1930年5月中共全國紅軍代表會議〉。人民網，中國共產黨新聞黨史頻道。
3. 〈為什麼我們對美國侵略朝鮮不能置之不理〉。人民日報社論，1950/11/6。

4. 〈抗美援朝大事記〉。新華社，2000/9/27。
5. 〈「神五」上天太空逐鹿，中國「天軍」藍圖漸顯〉。人民網中國軍事，2003/10/19。
6. 〈塵封半世紀，蔣介石「反攻大陸」計劃曝光〉。人民網，2006/3/28。
7. 〈衛立煌遼沈戰役中按兵不動，拖死幾十萬國軍精銳。徐焰於北京師範大學主講〉，人民網，2010/11/2。
8. 〈臺軍列出解放軍攻臺四大步驟，軍事威懾→封鎖作戰→火力打擊→登島作戰〉。環球時報，特約記者魏雲峰，人民網，2012/9/3。
9. 〈「中國人民解放軍」稱謂的由來〉。人民網中國共產黨新聞網，岳思平著，2012/9/6。
10. 〈「建設空天一體攻防兼備的強大空軍」是中國人的期盼〉。人民網，2014/4/16。
11. 〈高成林：抗日戰爭時期黨的發展與壯大〉。人民網中國共產黨新聞網，2015/6/4
12. 〈抗戰勝利後國共兵力對比〉。朱曉明、胡博，人民網－文史，2016/5/17
13. 〈專家：戰略支援部隊將貫穿作戰全過程是致勝關鍵〉。人民網，2016/1/05
14. 〈中國空軍成立67年：全面推進戰略轉型〉。人民網中國新聞網，2016/11/11
15. 〈中國空軍實戰化訓練邁出鏗鏘步伐〉。人民網－人民日報，2017/5/7
16. 〈空軍「紅劍－2018」演習致力提升體系制勝能力〉。新華社，2018/05/23
17. 〈空軍「紅劍－2018」體系對抗演習大片來襲〉。解放軍畫報，2018/07/17
18. 〈俄向著戰略空軍目標奮飛（金臺點兵）〉。胡紀峰著，人民網－人民日報2018/11/11
19. 〈建國以來解放軍軍事演習回眸〉。何立波著，人民網中國共產黨新聞網。
20. 〈為什麼中國軍機總是巡航臺灣西南空域？〉。超越新聞，2022/6/23。
21. 〈【中美角力】「美不容忍中國平起平坐」，專家：戰爭可能性比預期高〉。香港經濟日報，2020/09/29。

四、網路資料

（一）維基百科

1. 南昌起義
2. 國共關係

3. 中華蘇維埃共和國
4. 第一、二、三、四、五次江西剿共戰爭、長征
5. 西安事變
6. 八路軍、新四軍、百團大戰、黃橋戰役、曹甸戰役
7. 皖南事變，2017/8/1
8. 潘漢年、陳濟棠、費正清
9. 中國人民解放軍第三野戰軍
10. 第二次國共內戰、濟南戰役、遼瀋戰役、平津戰役、徐蚌會戰、渡江戰役
11. 國共內戰、南日島戰役、湄洲島戰鬥，東山島戰役、一江山島戰役
12. 中美共同防禦條約
13. 第一島鏈、海峽中線
14. 逃港
15. 國光計劃
16. 韓戰、上甘嶺戰役
17. 中印邊界戰爭、一九六七年中印邊境衝突
18. 珍寶島事件
19. 一九七九年中越戰爭
20. 中美大使級會談
21. 海峽飛彈危機
22. 深化國防和軍隊改革2018/11/26
23. 五大戰區，2017/12/21
24. 中國人民解放軍，2018/12/31；解放軍陸軍，2019/1/1；解放軍海軍，2019/1/17；解放軍空軍，2017/11/26；武裝警察部隊；民兵，2020/8/5
25. 中國人民解放軍空軍編制序列，2021/6/20
26. 中國人民解放軍火箭軍暨各基地
27. 中國人民解放軍戰略支援部隊、海峽之聲、第五十六研究所，2019/12/22
28. 中國人民解放軍海軍艦艇列表，2019/1/13

29. 遼寧號、山東號航空母艦
30. 量子科學實驗衛星
31. 北斗衛星導航系統，2019/7/14
32. 印太戰略與臺灣，2017/12/25，李明峻（新臺灣國策智庫研發長）
33. 勿謂言之不預也
34. 美國六項保證，2020/4/29

（二）每日頭條

1. 〈中俄提交「外空條約」新草案防止外空軍備競賽〉。2014/6/12。
2. 〈中國戰略空軍時代來臨〉。2015/9/23。
3. 〈國共雙方內戰中如何使用日軍戰俘〉。2016/7/10。
4. 〈雲南省人民政府：陽時地下工作者策反了國民黨14萬軍隊〉。2016/7/25。
5. 〈美國不高興了，指責中國發展反衛星武器〉。2016/09/30。
6. 〈一九五〇年新中國第一次裁軍。精簡軍隊員額150萬人〉。2017/07/08。
7. 〈海軍不僅有北海、東海、南海艦隊，還「隱藏」了一支「西海艦隊」〉。2018/7/31。
8. 〈老兵簡敘圍點打援〉。2018/10/3。

（三）其他網路

1. 〈解放軍四大野戰軍簡介〉。刨根軍事文摘，2001/12/16。
2. 〈中國人民解放軍之第一、二、三、四野戰軍〉。鐵血網鐵血社區。
3. 〈珍寶島事件〉。雅虎奇摩知識網，2004/12/22。
4. 〈三大戰役真相（網路流行版）〉。看中國，2007/1/1。
5. 〈中共軍事現代化的背景與發展〉。敬永生著，大鵬韜略甲子園，2010/10/15。
6. 〈「立三路线」是怎樣形成的？〉。中國網，2011/06/27。
7. 〈有關2004解放軍東山島軍演〉。痞客邦，2011/10/27。

8. 〈歷史選擇了毛澤東〉，1930.3.7。
9. 〈李立三猛烈抨擊毛澤東〉，勸學網。
10. 〈國府五次剿共為何都以失敗告終〉。Y奇。
11. 〈三大戰役，徐蚌會戰〉。天煞孤將，隨意窩Xuite日誌，2012/9/28。
12. 〈沈志華：毛澤東與斯大林——關於中蘇結盟的對話〉。愛思想，2013/7/28。
13. 〈海峽中線（又叫戴維斯線）〉。諸葛風雲，痞客邦，2013/9/8。
14. 〈陸演習目標，想定臺清泉崗基地〉。黃甦俞，痞格邦，2014/12/31。
15. 〈美媒揭露中共演習內幕：臺灣總統府與外交部是解放軍的首選目標〉。《外交官》網，2015/8/9。
16. 〈抗日戰爭期間，中國共產黨在幹什麼？〉。維基解密，2015/8/21。
17. 〈建國後，為何三次變動大軍區〉。騰訊網，2015/11/27。
18. 〈毛澤東削藩：八大軍區司令對調中共黨內爭鬥密聞〉。Readmoo。
19. 〈建政後三次變動大軍區內情〉。多維新聞，2016/2/1。
20. 〈中美南海最大的軍事對抗，美國為何敗走？〉。超越新聞，2016/7/22。
21. 〈一九六九年中蘇邊界衝突：緣起和結果〉。多維新聞，2016/8/26。
22. 〈從八年到十四年，抗戰歷史的真相還原〉。香港博評政經社，2017/1/15。
23. 〈【軍改】分析：戰區與軍區三大分別〉。香港01。
24. 〈習近平為何要動軍隊？中共軍改趨議〉。
25. 〈﹝部隊編制﹞中國人民解放軍火箭軍編制〉。香港SKYN，2017/4/30。
26. 〈誰來稱霸印度洋？不只是經濟的「一帶一路」〉。王俊評，轉角國際，2017/05/22。
27. 〈廷玉說軍史——中國人民解放軍稱謂的三次歷史演變〉。愛讀網，2017/7/13。
28. 〈中共空軍繞臺飛行因為美國「重返臺灣」？〉。觀策站，2017/7/24。
29. 〈共軍新組建的空軍基地密集露面〉。搜狐，2017/07/26。
30. 〈懷秘書揭韓戰內幕，親歷36天斷糧〉。新唐人網，2017/11/18。
31. 〈一九八五年百萬大裁軍：鄧小平的擔憂〉。潘宏，雪花新聞，2018/3/2。
32. 〈[部隊編制]中國人民解放軍陸軍部隊編制〉。香港SKYN，2018/4/16。
33. 〈共軍「合成營」發展的意圖與產生的問題〉。Mobile01，2018/8/29。
34. 〈軍委悉數露面，習近平部署空軍「五年計劃」〉施予。多維新聞，2019/6/19。

35. 〈《新時代的中國國防》白皮書劍指臺美，表忠黨習〉。要聞解說。2019/7/24。
36. 〈中共的核子潛艦兵力與南海地緣戰略〉，作者Renny Babiarz，趙炳強譯，痞客邦部落格。
37. 〈中國新型火箭炮逆天，300公里射程精度堪比導彈，可跨過臺灣海峽〉。聊話題。
38. 〈一個合成旅有多少人，合成旅的主要戰術是什麼？〉網易，2020/7/24。
39. 〈中共最新《國防法》彰顯戰略從積極防禦趨向先制主動〉。林政榮，2021/1/15。

勿恃敵之不來，恃吾有以待之

自己的國家自己救

中共中央軍事委員會暨全軍軍事機構組織

- - - - - - - - - - → 請由此翻閱 - - - - - - - - - - →

中共中央軍事委員會暨全軍軍事機構組織

*以下內容主要擷取自維基百科、中國軍網、澎湃新聞、中華網、新浪軍事等資料。

一、中央軍事委員會

為中共黨和國家武裝力量最高軍事領導機構，簡稱中央軍委或軍委。但在黨、政內稱呼分別為：中共中央軍事委員會，和國家中央軍事委員會。實際是「一個機構、兩塊牌子」。

國務院下設國防部，受中央軍委直接領導，主管除國防工業生產以外的國防建設。

國家主席無領導軍隊權責，毛澤東、鄧小平時期，國家主席可由非軍委主席擔任，如劉少奇、楊尚昆。直到 1990 年代，才由江澤民首次以總書記，兼任中共中央軍委、國家中央軍委、和國家等三個主席，此後即形成慣例。

中共《憲法》規定：國家「中央軍事委員會領導全國武裝力量」。但《國防法》規定：「武裝力量受中國共產黨領導」。

二、軍委職能部門

（一）中央軍委辦公廳		位於北京海淀區復興路「八一大樓」。 「八一大樓」也是中共國防部所在地，為軍方舉辦軍事外交會議、歡迎外軍領導人儀式、高級將領晉升授銜儀式等活動場所。 中央軍委另在北京西山和玉泉山設有辦公室，西山位於海淀區紅旗董四墓村陶山（又名大昭山），是共軍緊急狀況時之指揮所。
	單位	說明
1	軍委主席辦公室	
2	秘書局	
3	政治工作局	

4	綜合保障局	
5	保密和檔案局	
6	信訪局	北京西城區愛民街。
7	法制局	
8	警衛局	
9	管理局	轄：(1)八一大樓管理處。 (2)三座門接待處：位於西城區北海公園景山前街；後勤保障服務中心。 (3)北戴河辦事處：位於秦皇島北戴河，為軍委暑期辦公、休息，和軍委辦公廳暑期工作之處。

（二）聯合參謀部

	單位	說明
1	辦公廳	西城區旃壇寺。
2	政治工作局	
3	作戰局	為全軍作戰機關。內設國務院暨軍委空中交通管制委員會辦公室（國家空管委辦），正副主任由作戰局正副局長兼任。
4	戰略戰役訓練局	負責演習演訓，和同外軍聯合軍演與訓練。
5	情報局	北京東城區黃寺大街，負責軍事情報工作（與國安部、戰支三部、政治工作部聯絡局、公安部國內安全保衛局構成中共五大情報機構）。
6	導航局	由前總參作戰部測繪導航局（海淀區北三環中路）撥出導航業務成立。
7	信息通信局	海淀區復興路，專責指揮通信保障，和保通備戰，建立維持全軍層級的聯合作戰指揮和管制必須的通訊系統，聯繫聯合作戰的單位和集團軍單位。海、空軍、和火箭軍部隊在平時保有各自獨立的通信系統，戰時則與聯合戰區指揮體系進行整合。但核武部隊則維持獨立的通信網路。
8	戰場環境保障局	由前總參作戰部氣象水文局（負責戰場大氣、海洋、空間環境數位化，和「三位一體」的實時監測）和測繪導航局的測繪部門組成，負責戰場環境保障工作。下轄「星球地圖出版社」。
9	軍事需求局	兼對通用機場建設的審批工作。各戰區聯合參謀部也分設軍事需求局。各級軍需局主要任務：研究部隊實戰化的作戰需求，提高部隊實戰化水平。
10	警衛局	西城區，受中共中央辦公廳直接領導，簡稱中央警衛局，或公安部9局（公安部對該局無指揮權和管理權），負責保衛黨政軍主要領導人的安全，和中央政治局常委、中南海等處的警衛工作。
11	直屬單位	(1) 軍委聯合作戰指揮中心：簡稱軍委聯指中心，負責指揮全軍聯合作戰。五大戰區也各設「戰區聯合作戰指揮中心」，負責指揮戰區內的三軍聯合作戰。「軍委聯指總指揮」由中央軍委主席兼任，軍委委員均為「聯指」成員。據《漢和防務評論》披露，軍委聯指中心設在西山指揮所，位於地下數百米深，可抵禦核打擊。該中心下轄測繪導航、氣象海洋、戰略預警與戰場態勢、指揮保障、綜合信息服務、頻譜管控等6個大隊。 (2) 信息保障基地：北京豐臺區辛莊村。

		(3) 解放軍第305醫院：西城區文津街，為中共現職和離退黨政軍領導人醫療機構。

（三）政治工作部		負責共軍宣傳、思想政治、青年、組織、紀律工作，並負責保衛及對外聯絡工作。
	單位	說明
1	辦公廳	綜合業務。
2	組織局	全軍組織工作。
3	幹部局	全軍幹部工作。
4	兵員和文職人員局	
5	宣傳局	全軍宣傳工作。
6	網絡輿論局	設有「網絡涉軍舉報平臺」。
7	直屬工作局	
8	群眾工作局	全軍群眾工作。
9	聯絡局	為中共五大情報機構之一，依據共軍《政治工作條例》規定：解放軍「聯絡工作：進行瓦解敵軍、聯絡友軍工作；開展對臺有關工作；調查研究外軍、敵軍和民族分裂勢力情況；開展心理戰工作」。該局所管轄位於西山國家森林公園之「無名英雄廣場」，係紀念1950年代在臺被捕槍決之共諜（含在臺平反之白色恐怖受害者846人）。
10	老幹部局	全軍老幹部工作。
11	直屬單位	(1) 解放軍新聞傳播中心：由共軍電視宣傳中心、文網中心、解放軍出版社、解放軍報社合併成立。原解放軍報社網絡傳播中心、強軍網等平臺合併為解放軍新聞傳播中心網絡
		(2) 解放軍文化藝術中心。
		(3) 軍事博物館：簡稱軍博，八一大樓旁。

（四）後勤保障部		原總後勤部，位於海淀區萬壽路。
	單位	說明
1	辦公廳	
2	政治工作局	
3	綜合計劃局	
4	財務局	受國務院財政部業務指導。
5	衛生局	所屬解放軍總醫院（301醫院）為共軍規模最大的綜合性醫院，負責中共中央、軍委及其各機關部門高幹醫療保健任務。下轄八個醫學中心：第1（301院臨床部）、2、3（原武警總醫院）、4、5、6（原海軍總醫院）、7（原陸軍總醫院）、8等8個醫學中心。另在海南省三亞市設有分院。
6	軍需能源局	主管被裝、給養、農副業生產、物資、油料的業務部門。
7	軍事設施建設局	
8	直屬供應保障局	中央軍委機關、軍種部隊軍需保障。
9	採購管理局	
10	直屬單位	金盾出版社，海淀區太平路

（五）裝備發展部		原總裝備部，負責全軍裝備發展規劃計劃、研發試驗鑑定、採購管理、信息系統建設等職能，構建集中統管、軍種具體建管、戰區聯合運用的體制。
	單位	說明
1	辦公廳	
2	政治工作局	
3	綜合計劃局	
4	合同監管局	
5	科研訂購局	
6	信息系統局	
7	試驗鑑定局	
8	國防知識產權局	
9	裝備技術合作局	
10	軍事代表	轄：(1)駐北京、南京地區第二軍事代表室。 (2)駐天津、石家莊、成都、廣州、鄭州、杭州等地區軍事代表室。 (3)駐航天科技集團軍事代表室。
11	載人航天工程辦公室	
12	直屬單位	
	(1) 航天員科研訓練中心（解放軍第五〇七研究所）	簡稱「中國航天員中心」，位於海淀區北京航天城，與俄加加林訓練中心、美休斯頓航天中心，併稱世界三大航天員科研訓練中心。
	(2) 中國核試驗基地（解放軍第二十一試驗訓練基地）	又稱「馬蘭基地」，位於新疆巴音郭楞蒙古自治州、羅布泊的西端，是綜合性科研試驗單位。2011年列為國家紅色旅遊項目，稱為「巴音郭楞州馬蘭軍博園」。

（六）訓練管理部		原總參軍訓部。
	單位	說明
1	辦公廳	
2	政治工作局	
3	訓練局	
4	院校局	
5	職業教育局	
6	訓練監察局	
7	部隊管理局	
8	直屬單位	軍事體育訓練中心

（七）國防動員部

原總參動員部，負責組織指導國防動員和後備力量建設，並領導管理各省軍區。

下轄22個省軍區，內蒙古、廣西、寧夏等3個軍區，上海、天津、重慶等3個警備區。

	單位	說明
1	辦公廳	
2	政治工作局	
3	動員徵集局	
4	民兵預備役局	
5	人民防空局	
6	邊防局	
7	民兵武器裝備陳列館	

（八）紀律檢查委員會（軍委監察委員會）

「一個機構、兩塊牌子」，合稱中央軍委紀委監委。並開設信訪舉報專線電話及專用信箱。

信訪舉報專線電話為010-66791234（地方線）、0201-791234（軍線）；專線手機：15311021234、15311031234；信訪舉報專用信箱：北京市100120信箱02分箱（郵政編碼：100120）。

軍隊紀委分兩類：

一、軍委紀委向軍委各部門、各戰區派駐紀檢組，實行垂直領導。

二、在陸、海、空、火箭軍、戰支部隊軍種部隊設置紀委，受中央軍委紀委統一領導。

	單位	說明
1	辦公廳	
2	政治工作局	
3	紀檢監察局	
4	案件審理局	
5	派出機構（共十個）	(1) 駐軍委辦公廳紀檢組 (2) 駐聯合參謀部紀檢組 (3) 駐後勤保障部紀檢組 (4) 駐訓練管理部紀檢組 (5) 駐國防動員部紀檢組 (6) 駐五大戰區紀檢組（共五個）

（九）政法委員會

	單位	說明
1	綜合局	
2	政治工作局	
3	保衛局	（負責軍事紀律檢查、刑事調查、保衛等工作）。

4	執法單位	
	(1) 軍事檢察院	為最高級別軍事檢察院（權限同省級人民檢察院），接受最高人民檢察院和軍委政法委員會的雙重領導。 在東、南、北、中部四戰區分別設置軍事檢察院；在西部戰區設置第一、第二兩個軍事檢察院。
	(2) 軍事法院	為最高級別軍事法院（權限同高級人民法院），由最高人民法院和軍委政法委員會雙重領導。 解放軍軍事法院的層級屬「高級」；東、南、北、中部戰區軍事法院、西部戰區第一、二軍事法院以及解放軍總直屬軍事法院屬「中級」；石家莊、福州等軍事法院屬「基層」。
	(3) 解放軍總直屬軍事法院	
	(4) 解放軍總直屬軍事檢察院	
	(5) 軍事監獄	北京朝陽區孫河地區。

（十）科學技術委員會		原總裝科學技術委員會。
	單位	說明
1	綜合局	
2	科技創新局	
3	科技戰略局	
4	直屬單位：國防科技信息中心	主要研究方向為軍事高新技術、武器系統發展和軍備控制、武器裝備建設管理等，是共軍規模最大、系統資源最為豐富的數位化加工中心。

（十一）戰略規劃辦公室		原總參戰略規劃部，主管中共武裝力量的建設發展規劃，主要職能為「研究重大戰略問題、組織擬制軍隊建設發展規劃計劃和改革方案、提出軍隊戰略資源總體配置和宏觀調控建議、協調解決跨總部跨領域有關問題、檢查評估軍隊建設規劃計劃落實情況等」。
	單位	說明
1	綜合局	
2	網絡信息統籌局	
3	軍民融合局	職責是與國家發改委等有關部委聯合辦公，執行「五年計劃」中規劃之促進「軍民融合發展」。並在部分省市成立有軍民融合試驗區。
4	統計評估局	

（十二）改革和編制辦公室	主要履行國防和軍隊改革籌劃協調的職能，指導推動重大改革的實施，並負責解放軍組織編制管理的工作。 該室在全軍政工網開設有「軍隊政策制度改革意見箱」，向全軍徵求軍隊政策制度改革意見。

（十三）國際軍事合作辦公室		原總參外事辦公室，負責對外軍事交流合作、管理和協調全軍外事工作等任務。
	單位	說明
1	綜合局	
2	歐亞局	
3	美洲大洋洲局	
4	履約事務局	負責履行國際《禁止化學武器公約》事務。
5	新中國軍事外交歷史陳列館	

（十四）審計署		原總後審計署。 審計編制為三級架構，即軍委審計署－戰區審計局－地區審計中心。
	單位	說明
	戰區審計局	
1	東部戰區南京審計局	轄上海、南京、杭州、合肥、福州審計中心。
2	南部戰區審計局	轄長沙審計中心。
3	西部戰區成都第一審計局	轄成都和拉薩審計中心。
4	西部戰區西安第二審計局	
5	北部戰區瀋陽審計局	轄呼和浩特、瀋陽、哈爾濱、長春、濟南審計中心。
6	中部戰區北京審計局	轄北京審計中心。
7	第一、二、三（石家莊、太原、西安）直屬審計中心	負責戰區以外的軍委直屬單位的審計工作。

（十五）機關事務管理總局		負責中央軍委機關及附屬、直屬單位的管理保障工作。
	單位	說明
1	綜合局	
2	財務局	
3	營房局	
4	服務局	
5	衛生局	
6	招待局	位於北京東城區，管轄京豐賓館、第一招待所－京東賓館、第三招待所－京南賓館、太平路招待所－馨怡賓館、泰安接待站。
7	直屬單位	(1) 財務結算中心。 (2) 南口農副業基地。 (3) 順義農副業基地。
8	招待所	
	(1) 京西賓館管理局	位於海淀區，專責黨和國家領導人、各省、市黨政領導之接待，和內部重要會議場所，以及重大會議期間軍委代表駐地。

	(2) 煙臺新時代大廈	位於山東煙臺經濟技術開發區之商務及會議酒店。

（十六）國防部		※以下為名義上屬國防部之編制，實際上設於前述之相關單位內。
	單位	實際設置
1	國防部國際軍事合作辦公室	中央軍委國際軍事合作辦公室（一個機構兩塊牌子）
2	國防部新聞局	中央軍委國際軍事合作辦公室
3	國防部國際傳播局	政治工作部宣傳局
4	國防部徵兵辦公室	國防動員部
5	國防部維和事務辦公室	聯合參謀部情報局。

三、軍委直屬院校和科研機構

（一）國防大學		培訓陸、海、空軍高級指揮幹部，並從事有關戰略和國防現代化建設問題的研究。
	單位	說明
1	國家安全學院	校本部（海淀區），培養軍級以上和地方省部級領導幹部。
2	聯合作戰學院	石家莊。負責指揮員班、參謀班、師團職領導幹部班、中青年領導幹部班和高級領導機關工作培訓班、全軍聯合參謀超前培養班的培訓任務。
3	軍事管理學院	由軍隊建設與軍隊政治工作教研部、軍隊黨史黨建研究中心、國防經濟研究中心、軍民融合深度發展研究中心等部門合併組建。
4	政治學院	上海楊浦區。轄西安校區、南京教學區。
5	聯合勤務學院	北京。
6	軍事文化學院	海淀區。為共軍綜合性高等藝術院校。
7	國際防務學院	昌平區。培訓外軍軍文官及部分中共軍官，並進行防務安全領域國際交流和學術研討。
8	研究生院	共軍高級指揮院校的研究生院。

（二）軍事科學院		
	單位	說明
1	研究院	(1) 戰爭研究院。 (2) 軍隊政治工作研究院。 (3) 軍事法制研究院。 (4) 系統工程研究院。 (5) 國防科技創新研究院。 (6) 軍事醫學研究院。 (7) 防化（北京駐蹕山。為共軍防化武器裝備綜合性科研機構）研究院。 (8) 國防工程研究院。

2	研究生院	培養軍事學高級專門人才的職能，為共軍軍事學學科學位授權單位，包括軍事思想與軍事歷史、戰略學、軍隊指揮學、軍隊政治工作學、軍事管理學等5個一級學科博士學位，和聯合戰役學、合同戰術學2個二級學科博士學位授予權；戰役學、戰術學、軍事後勤學、軍事訓練學、軍事裝備學等5個一級學科碩士學位授予權。
3	研究中心	(1) 評估論證研究中心。 (2) 軍事科學信息研究中心。

（三）國防科技大學		
	單位	說明
1	航天科學與工程學院	湖南長沙。設航空宇航推進理論與工程國家級重點學科，飛行器設計國家重點學科，航空宇航科學與技術、材料科學與工程、力學學科。 學院主要承擔航空航天和新材料領域高素質人才培養、基礎研究、關鍵技術攻關、新型航天裝備研製任務。
2	電子科學學院	設電子科學與技術系、信息工程系、通信工程系、電子工程研究所、空間電子技術研究所、衛星導航定位技術工程研究中心、精確制導自動目標識別重點實驗室、電子信息系統複雜電磁環境效應重點實驗室。
3	國際關係學院	南京。培養武官和軍事情報外語人才學校。
4	電子對抗學院	安徽合肥。
5	氣象海洋學院	南京

四、軍種領導機構

（一）陸軍		根據「軍委管總、戰區主戰、軍種主建」總原則，成立5大戰區，戰區所屬各軍種部隊的軍事訓練、政治工作等則由各軍種領導機構負責。 共軍正式成立陸軍領導機構。將三個戰略地位特殊的省級軍區、衛戍區隸屬陸軍領導機構。並接管民兵預備役部隊、邊海防部隊。
	單位	說明
1.機關職能部門		
	(1) 參謀部	北京。 轄作戰、訓練、兵種、航空兵、部隊管理、規劃和編制、直屬工作等七局。
	(2) 政治工作部	轄組織、幹部、兵員和文職人員、宣傳、群工聯絡等5局。直屬單位：宣傳文化中心。
	(3) 後勤部	轄財務、衛生、運輸投送、軍事設施建設、採購供應等5局。直屬單位：陸軍後勤訓練基地、陸軍青藏兵站部（青海西寧）、陸軍昆明療養院（雲南安寧。是黨政領導人、軍委首長的休養地，和政治外交場所）。
	(4) 裝備部	轄綜合計劃、科研訂購、試驗監管、信息系統等四局。另設車船、裝甲、工程兵、重慶、武漢、西安、瀋陽、南京、北京等九個軍事代表局。

	(5) 紀律檢查委員會	紀律檢查局。
2.直屬單位		
	(1) 白城兵器試驗中心	吉林白城市。又稱第31試驗訓練基地，為亞洲最大，綜合性的常規武器裝備試驗靶場，共軍現有絕大部分常規武器裝備都由該中心試驗定型後列裝部隊。
	(2) 華陰兵器試驗中心	陝西華陰。又稱第32試驗訓練基地，是共軍常規武器鑑定機構之一，負責火炮、裝甲車、步兵戰車、精確彈藥、現代引信、導彈與火箭、軍用雷達、光學設備、無人機、武裝直升機等高技術武器裝備的試驗鑑定，和部分大型工程設備的氣候環境模擬試驗。
	(3) 陸軍研究院	北京。陸軍最高科研機構。
	(4) 解放軍081基地	湖北宜昌。
	(5) 陸軍軍犬繁育訓練基地	北京。負責訓練軍犬對毒品、暴力恐怖、地震海嘯等非傳統安全威脅，以及敵後偵查、戰場搜救、戰場接力傳輸等任務。轄12個軍犬訓練隊，分駐瀋陽、哈爾濱、甘肅榆中、烏魯木齊、濟南、南京、南寧、昆明、武漢、北京、遼寧丹東、河南靈寶，軍犬一萬餘隻。
3.軍事院校		
	(1) 陸軍指揮學院	南京。培養陸軍旅團營級指揮軍官和參謀人才，以及外軍留學生的中級指揮院校。
	(2) 陸軍工程大學	南京校本部為陸軍科學人才培養與研究並重、工程技術與作戰指揮融合的教學研究型綜合性大學。轄石家莊校區（軍械工程學院）、重慶通信士官學校、武漢軍械士官學校、訓練基地（江蘇徐州工程兵學院）。
	(3) 陸軍步兵學院	院本部南昌，轄石家莊校區。負責陸軍步兵初級指揮軍官、合成營參謀軍官、軍事學研究生、外軍連排級指揮與參謀軍官等培訓任務。
	(4) 陸軍裝甲兵學院	培養裝甲兵指揮、參謀、技術保障軍官和指揮管理、維修保障士官的綜合性高等教育院校。院本部北京盧溝橋（原裝甲兵工程學院），轄蚌埠校區（原裝甲兵學院）、士官學校（原長春裝甲兵技術學院）。
	(5) 炮兵防空兵學院	培訓炮兵、防空兵指揮軍官，兼研究生和士官教育、外軍留學生培訓、現職幹部輪訓、士兵保送入學學員培訓等任務。校本部安徽合肥，轄南京校區、鄭州校區、瀋陽士官學校。
	(6) 陸軍航空兵學院	北京通州。培養陸軍航空兵直升機人才。
	(7) 陸軍特種作戰學院	廣西桂林。培訓陸軍特種作戰指揮軍官、全軍狙擊手，和海軍陸戰隊、空降兵部分指揮軍官基礎教育。
	(8) 陸軍邊海防學院	西安。為邊海防高等教育院校，轄烏魯木齊、昆明兩校區。
	(9) 陸軍防化學院	北京昌平。培養全軍中、初級防化指揮軍官和中、高級防化工程技術軍官。
	(10)陸軍軍醫大學	又稱第三軍醫大學，分在重慶（校本部）、石家莊、呼圖壁、日喀則4地教學。轄第1、2、3等3所附屬醫院，依序為西南醫院（臨床醫學院，重慶沙坪壩）、新橋醫院（沙坪壩）、大坪醫院（暨野戰外科研究所，渝中）。

	(11)陸軍軍事交通學院	院本部天津，轄鎮江校區、蚌埠汽車士官學校、天津軍事交通運輸研究所。培養全軍和武警部隊軍事交通運輸人才的高等教育院校。
	(12)陸軍勤務學院	重慶沙坪壩。培養全軍後勤通用專業軍事人才的高等教育院校。轄湖北襄陽訓練基地、武漢營區。
4.直屬戰略省級軍區		
	(1) 新疆軍區（副戰區級）	烏魯木齊。管轄新疆維吾爾族自治區和西藏自治區阿里地區的軍務，轄南疆軍區、北疆各軍分區、烏魯木齊警備區和新疆生產建設兵團軍事部。
	(2) 西藏軍區（副戰區級）	負責西藏自治區軍務。
	(3) 北京衛戍區（正軍級）	負責北京和北戴河地區防務，屬省級軍區，由中央軍委直接指揮，並為北京市委的軍事部門和北京市府的兵役工作機構。 任務：平時維護北京的公共安全；戰時掩護中央機關轉移或者撤離、抵禦外敵、反恐及鎮暴等。 轄直屬警衛第17團、警衛第1、3師。一師駐海淀區，下轄警衛第3團為重裝部隊、第4、5團為精鋭輕裝快速反應部隊、第6團為中央警衛團（由中央辦公廳警衛局指揮，負責保護黨和國家主要領導人）、三軍儀仗大隊。 警衛第6師（重裝師），師部駐北京通州，下轄警衛第11、12團、第13團（老虎團）駐通州楊閘、高炮團駐通州北苑、炮兵團、坦克團駐南口。 直屬北京衛戍區預備役高炮師（北京懷柔），下轄5個預備役高炮師團： (1)一團（懷柔） (2)二團 (3)三團（房山） (4)四團（石景山） (5)五團（昌平） 另預備役軍官訓練團（通州）、預備役防化團（西城）。

（二）海軍		
	單位	說明
1.海軍機關職能部門		
	(1) 參謀部	撤銷原海軍司令部，改設海軍參謀部。下轄作戰、訓練、部隊管理、規劃和編制、直屬工作、航海保證等六局，和海軍出版社。 航海保證局又稱海軍海道測量局，駐海淀區，設有航海導航、海道測量、海洋氣象水文，和防險救生等4部門，並在北、東、南3戰區海軍內，設有海道測量及調查船隊；在海軍大連艦艇學院設有海洋測繪系；在天津河西設有「海軍海洋測繪研究所」，出版《海洋測繪》期刊。 「海軍出版社」轄海潮出版社和中國航海圖書出版社。前者出版《海軍雜誌》月刊，與《人民海軍》報，並稱為中共海軍的「一報一刊」；後者位於天津塘沽，負責海圖和航海書表的出版發行，並

		在沿海城市、香港、日本東京、新加坡設有航海圖書供應站及代理機構。
	(2) 政治工作部	設有：組織局、幹部局、兵員和文職人員局、宣傳局、群工聯絡局等五局。 直屬單位：《人民海軍》報社、文工團（海淀）。
	(3) 後勤部	北京西郊公主墳海軍大院，設有：財務局、衛生局、運輸投送局、軍事設施建設局、採購供應局等5局。 直屬單位：海軍後勤訓練基地（河北邯鄲，擔負海軍艦艇航空兵軍需勤務、物資油料勤務、衛生勤務以及海軍軍港機場工程勤務等專業的初級預選士官培訓任務）。 海軍總醫院（海淀，共軍總醫院第六醫學中心）。 海軍疾病預防控制中心（北京）。 海軍青島第一、二療養院。
	(4) 裝備部	設有：綜合計劃局、科研訂購局、試驗監管局、信息系統局等四局，以及海軍軍事代表局（分設上海、廣州、天津、瀋陽、重慶、西安、武漢等7局）。 直屬單位：海軍職工大學（旅順。為理工專科教育高等院校）。 海軍第一職工中等專業學校（安徽安慶。又稱海軍安慶科技學校、安慶海天專修學院）。
	(5) 紀律檢查委員會	
2.五大兵種		
	(1) 海軍水面艦艇部隊	①戰鬥艦艇部隊。 ②勤務艦船部隊。
	(2) 潛艦部隊	
	(3) 海軍航空兵	約2.5萬人和各種飛機近六百架，配屬北、東、南3戰區海軍。 海軍艦載航空兵部隊：遼寧。由艦載機飛行部隊、機務保障部隊組成，裝備殲-15戰鬥機、教練機、多種型號直升機。該部隊官兵將近三分之一屬海軍「海空雄鷹團」（安徽蕪湖。東部戰區海軍航空兵第四師十團）。
	(4) 海軍陸戰隊	
	(5) 海軍岸防部隊	
3.直屬單位		
	(1) 海軍試驗基地	遼寧葫蘆島。中共海軍海上靶場，海軍全部武器裝備和新艦武器測試都在此進行。另有3個試驗區：大連市91550部隊（海軍潛射武器試驗靶場）、葫蘆島市92941部隊、秦皇島市91404部隊。
	(2) 海軍艦載機綜合試驗訓練基地	遼寧興城。
	(3) 吉布地保障基地	東非吉布地，為中共海外首個軍事基地，屬於港口型綜合保障基地，為海軍亞丁灣護航編隊、非洲維和人員提供後勤保障。
	(4) 海軍裝備研究院	北京。機構分布在北京、上海，是中共海軍最高科研機構，負責海軍武器裝備總體建設與發展及技術探索性研究的科研單位。 發行軍內刊物《論證與研究》和《外國海軍文集》等兩種。

4.軍事院校		
	(1) 海軍指揮學院	南京。海軍最高學府，培養海軍中高級指揮軍官、參謀，和軍事學碩士、博士研究生。
	(2) 海軍工程大學	武漢礄口。轄6個校區：天津勤務學院、武漢木蘭湖水上訓練基地、廣東汕尾海上訓練基地、四川核動力運行實習所、湖北紅安革命傳統教育基地、海軍青島裝備技術保障人才工作站。
	(3) 海軍航空大學	校本部山東煙臺，海軍指揮及工程技術人才培養主要基地，為航空航天領域科研中心之一，培養海軍航空兵和岸防兵初中級指揮、飛行、參謀、空中戰勤、航空航天工程技術等軍官為主的高等軍事院。轄青島校區、青島訓練基地，和葫蘆島、長治、興城、濟源、邯鄲、褡褳等場站。
	(4) 海軍軍醫大學	上海楊浦。又稱第二軍醫大學。在南京設有臨床醫學院（解放軍南京總醫院）。轄第1、2、3附屬醫院，依序上海長海醫院、上海長征醫院、東方肝膽外科醫院。
	(5) 海軍大連艦艇學院	培養海軍水面艦艇技術、指揮幹部、海洋測繪工程技術幹部、海軍政工幹部的初級指揮院校。擁有訓練艦支隊，艦船40餘艘。
	(6) 海軍潛艇學院	青島李滄。為軍事高等教學院。轄青島潛艇兵訓練基地。
	(7) 海軍勤務學院	天津濱海新區。
	(8) 海軍士官學校	安徽蚌埠。培養水面艦艇和戰勤保障部隊中高級士官的專科院校。
5.三大艦隊		
	(1) 南部戰區海軍	①基地、水警區： ・**廣州水警區**：下轄北海水警區。 ・**榆林基地**：下轄西沙、南沙2水警區。 ・**三亞綜合保障基地**，海軍第2航母綜合保障基地，能容納3艘航母。 ・**海軍潛艦第二基地**，亞洲最大的核潛艦基地。位於海南三亞市亞龍灣東側，建有四條潛艦用棧橋，長度均為229米，並築有潛艦坑道出入口和消磁站。據英國《珍氏情報評論》稱：該基地有11條地下水道，出口都開在山丘邊，高度約18公尺，可容納20艘（一說16艘）導彈核潛艦和多艘航空母艦。 ②戰鬥序列：現有各種艦艇135餘艘，包括「山東艦」航母1艘。 ・**海軍第二潛艦基地**，三亞亞龍灣龍坡，10核潛艦：攻擊型核潛艦093型4艘；彈道導彈核潛艦094型6艘。 ・**潛艦第32支隊**，三亞榆林，8潛。 ・**潛艦第52支隊**，臺山下川島，9潛。

		·驅逐艦第2支隊，湛江麻斜，8驅6護。 ·驅逐艦第9支隊，三亞亞龍灣，8驅4護。 ·廣州基地：護衛艦第17支隊（8護）；北海護衛艦第18支隊（10護）；掃雷艦第10大隊，江門新會；掃雷艦第76大隊，湛江徐聞；導彈快艇大隊，臺山上川島。 ·榆林基地：護衛艦第19支隊，6護；南沙巡邏艦大隊，三亞榆林；勤務船大隊。 ·登陸艦第六支隊：湛江，下轄登陸艦第2、16、17大隊，現有075兩棲攻擊艦一艘、登陸艦23艘。 ·作戰支援艦第3支隊，湛江赤坎。
	(2) 東部戰區海軍	①基地、水警區： ·福建基地（福州），轄廈門、溫州，和汕頭3個水警區。 ·上海基地：分駐江蘇、安徽、上海，下轄舟山水警區。 ②戰鬥序列：現有各種艦艇120餘艘。 ·驅逐艦第3支隊，舟山定海，6驅5護。 ·驅逐艦第6支隊，定海，7驅6護。 ·上海基地： ·護衛艦第13支隊，連雲港連島，7護。 ·護衛艦第14支隊，上海吳淞，6護。 ·掃雷艦第4大隊，吳淞。 ·掃雷艦第9大隊，舟山長塗。 ·導彈快艇大隊。 ·福建基地： ·護衛艦第15支隊，福建寧德三都澳，9護。 ·護衛艦第16支隊，8護。 ·導彈快艇大隊。 ·潛艦第22支隊，寧波大榭島，10潛。 ·潛艦第42支隊，寧波象山，8潛：基洛級877EKM、636型潛艦各2艘；基洛級636M型4艘。 ·登陸艦第五支隊，上海基地虬江碼頭，登陸艦24艘。 ·作戰支援艦第二支隊，舟山。轄防救船大隊，寧波奉化；偵測船大隊，舟山定海；雙體測量船2艘；勤務船大隊，舟山。
	(3) 北部戰區海軍	①基地、水警區： ·旅順基地。 ·青島綜合保障基地：共軍第一航母綜合保障基地，位於青島古鎮口軍港，距韓國西海岸570公里，距日本長崎970公里。「遼寧艦」停靠的艦橋長1600米； ·潛艦第一基地：位於青島大港西側五號碼頭，並在青島市沙子口建有核潛艦基地。但因黃海平均水深44米，海底平緩，潛艦難於隱藏，故中共潛艦多在南海活動； ·青島水警區。 ·威海水警區。 ②戰鬥序列：北海艦隊現有各種艦艇80餘艘，有航空母艦一艘。 ·海軍第一潛艦基地，6核艦：核攻擊潛艦093型5艘；核彈道導彈潛艦092型1艘。 ·潛艦第2支隊，青島市北，9艦。

	‧潛艦第12支隊，大連旅順口，8艦。 ‧驅逐艦第1支隊，青島古鎮口港，9驅4護。 ‧驅逐艦第10支隊，旅順口東港，6驅7護。 ‧旅順基地： 　‧護衛艦第11支隊，大連長海海洋島，8護。 　‧掃雷艦第11大隊，大連，5艦。 ‧威海水警區：護衛艦第12支隊，山東威海劉公島，5護。 ‧青島水警區：獵潛艇第71／82大隊。 ‧登陸艦第一大隊，072A型二艘。 ‧作戰支援艦第一支隊，青島。下轄偵測船大隊、勤務船大隊、防險救生船支隊（青島）。
6.海軍航空兵	
(1) 北部戰區海軍航空兵	青島市，轄海航2、7師、海航5旅、艦載航空兵第一聯隊。
(2) 東部戰區海軍航空兵	寧波市，轄海航1師、海航4、6旅。 航空基地：浙江寧波（第10飛行團）、浙江路橋（第12團）、上海大場（第16團）、常州奔牛（第17團）、浙江義烏（第18團）、江北莊橋（獨立第4團，艦載機部隊）等共6個。
(3) 南部戰區海軍航空兵	海口市，下轄海航3師、海航8、9旅、海航23團、艦載航空兵第二聯隊。
7.海軍陸戰隊	
(1) 南海艦隊	第1、2旅，各有一個兩棲偵察隊。
(2) 東海艦隊	第3、4旅。
(3) 北海艦隊	第5、6旅。
(4) 特種作戰旅	（蛟龍突擊隊）：南海。
8.海軍艦艇艦艇分類、舷號與命名	
(1) 作戰艦艇	①一級：航空母艦、戰艦、巡洋艦、核潛艦。 ②二級：驅逐艦、護衛艦、潛艦、大型登陸艦。 ③三級：大型導彈艇、獵潛艦、掃雷艇、中型登陸艦。 ④四級：小型導彈艇、魚雷艇、炮艇、小型掃雷艇。 ⑤五級：登陸艇。
(2) 輔助與支援艦船	①一級：一萬噸以上。 ②二級：一千至一萬噸級。 ③三、四、五級：一千噸以下。
(3) 舷號與命名	一級艦由聯合參謀部命名，二級艦及以下級別艦艇由海軍命名： ‧1X為航空母艦，以省、自治區或直轄市命名。如「遼寧」號航母。 ‧8X為訓練艦和武器試驗艦，以人名命名，如「鄭和」號遠洋綜合訓練艦 ‧1XX為驅逐艦，以「大、中城市」命名，如：「瀋陽」號。舷號101~130屬北海艦隊，131~159屬東海艦隊，160~199屬南海艦隊。 ‧2XX、3XX為常規潛艦。常規導彈潛艦：以「遠征」加序號命名；常規魚雷潛艦：以「長城」加序號命名。 ‧4XX為核潛艦。以「長征」加序號命名。

		・5XX、6XX為護衛艦，以「中、小城市」命名，如：「東莞」號護衛艦。 ・7XX為護衛艇等以「縣」命名，如「番禺」號護衛艇。 ・8XX為掃雷艦、補給艦等。掃雷艦以「州」或「縣」命名，如「霍邱」號掃雷艦；綜合補給艦以「湖」命名，如：「千島湖」號補給艦。 ・9XX為登陸艦等。船塢登陸艦、坦克登陸艦以「山」命名，如「井岡山」號登陸艦；步兵登陸艦以「河」命名，如「黃河」號登陸艦。 ・電子偵察船以「星」命名，如「天狼星」號電子偵查船。 ・有大量輔助艦船不採用上述舷號命名規則，而是以所在海區和性質的名稱（如「南運」、「東拖」、「北油」、「東標」等），再加序號命名，直接塗刷於艦體。 ・其他類型輔助支援艦船、醫院船、打撈救生船以「島」命名，調查船、試驗船以人名命名。

（三）空軍

單位		說明
1.機關職能部門		
	(1) 參謀部	撤銷空軍司令部，成立空軍參謀部。下設作戰、訓練、部隊管理、直屬工作等局；直屬部隊：空軍信息通信旅、新兵訓練旅。
	(2) 政治工作部	設組織、幹部（轄空軍招飛局，位於海淀區，在瀋陽、北京、蘭州、濟南、南京、廣州、成都設有7個選拔中心）、兵員和文職人員、宣傳、群工聯絡等五局；直屬單位：宣傳文化中心、新疆航空隊紀念館（烏魯木齊）。
	(3) 後勤部	北京東城區。下設財務、衛生、運輸投送、軍事設施建設、採購供應、機場保障等六局，和駐武漢辦事處。直屬單位：空軍特色醫學中心（海淀區）、空軍疾病預防控制中心、空軍航空醫學研究所（附設醫院）。
	(4) 裝備部	下設綜合計劃、科研訂購、試驗監管、信息系統等四局；在瀋陽、北京、西安、上海、成都、貴陽等五地派駐戰區空軍軍事代表局；直屬單位：航空博物館（北京沙河機場）、空軍航空維修技術學院（對外稱長沙航空職業技術學院，中共空軍所屬普通國民教育專科高校，未列入軍事院校行列）、武漢汽車修理廠。
	(5) 紀律檢查委員會	
2.直屬單位		
	(1) 空軍研究院	海淀區。空軍最高科研機構，有實驗室五十餘個。
	(2) 空軍試驗訓練基地	空軍航空、防空武器大型綜合試驗訓練基地。轄： 1.第1、2試驗訓練區和合同戰術訓練中心：位於內蒙古巴丹吉林沙漠，和甘肅酒泉金塔縣。原為國防科委第二十訓練基地（酒泉衛星發射中心）第二、三試驗部（試射空空、地空導彈）。區內有亞洲第一大軍用機場「鼎新場站」。 2.第3試驗訓練區：甘肅張掖。

(3) 空軍飛行試驗訓練基地	河北滄州。擔負新機戰術技術試飛和首都防空戰備值班任務。轄滄州（飛訓三團）、故城（係石家莊、北京、天津的備用機場，能降波音等大型客機）、靜海（天津）等三個場站。
(4) 空降兵訓練基地	廣西桂林。
3.軍事院校	
(1) 空軍指揮學院	北京。培養空軍中高級指揮官、參謀軍官，和研究生的空軍戰役戰術研究人員和教員的軍事高等院校。
(2) 空軍工程大學	為空軍航空兵、防空兵、通信兵等兵種培養高層次工程技術軍官和指揮軍官。有五校區：中心校區，西安灞橋區，有防空反導、空管領航、裝備管理與安全工程、理學院等四學院；鹿塬校區，西安灞橋區，航空航天工程學院；桃園校區，西安蓮湖，信息與導航學院；陝西三原校區，空軍導彈學院；航空機務士官學校：河南信陽。
(3) 空軍航空大學	培養飛行人才為主的綜合性高等軍事院校，有12個校區：長春校本部；長春飛行基礎訓練基地；飛行訓練基地第1、2、3、4訓練團（長春大屯場站、黑龍江雙城場站、遼寧阜新場站、錦州流水堡場站）；蚌埠飛行教官訓練基地第1、2、3、4訓練團（長春大房身場站、山東淄博場站、江蘇鹽城場站、蚌埠場站）。
(4) 空軍預警學院	共軍預警探測和電子對抗為主體的軍事高等專業院校，和軍隊信息能力培訓基地。為中共空、海軍雷達兵和電子對抗部隊培養軍事指揮和工程技術軍官、士官及專業技術兵。有四校區，均在湖北：武漢院本部、黃陂校區（士官學校）、宜昌校區（訓練大隊）、隨州分校。
(5) 哈爾濱、石家莊、西安飛行學院	培訓空軍初級飛行指揮院校，分別隸屬北、中、西部戰區空軍。
(6) 空軍軍醫大學	西安。又稱第四軍醫大學，培訓軍中高、中層次醫學專業人才。在西安市內附設第1、2、3附屬醫院西京醫院、唐都醫院、口腔醫院）。
(7) 空軍勤務學院	江蘇徐州。
(8) 空軍通信士官學校	大連。

4.空軍戰鬥序列和機種裝備

2016年2月，共軍五大戰區成立，同時編成五大戰區空軍。其裝備部署和戰鬥序列如次（擷取自維基百科）：

(1) 空軍直屬單位

航空兵部隊	駐地	戰術編號	機型	備註
飛訓1團	河北故城	78X1X	殲-10A/B/C/S	空軍飛行試驗訓練基地（下同）
飛訓2團	山東齊河	78X2X	殲-11B/BS、殲-10A/S	
飛訓3團	河北滄州	78X3X	殲-16/20	
飛訓4團	江蘇鹽城	78X4X	教練-8	
武器試驗團	甘肅酒泉鼎新場站	78X6X	殲-11B/BS、殲轟-7A	空軍試驗訓練基地（下同）

航空兵部隊	駐地	戰術編號	機型	備註
評估測試中心	同上	78X7X	殲-10C/16/20	
同藍軍旅	同上	78X8X	殲-10C/11B/16	
無人機試訓旅	新疆和碩馬蘭村場站	78X9X	攻擊-1	

(2) 東部戰區空軍	由原南京軍區空軍，和原濟南軍區空軍一部組建，機關駐地南京，下轄上海、福州兩空軍基地，和訓練基地一處。

航空兵部隊	駐地	戰術編號	機型	備註
空7旅	浙江嘉興	61X8X	殲-16	上海基地（下同）
空8旅	浙江湖州長興縣	61X9X	殲-10A	
空9旅	安徽蕪湖	62X0X	殲-20	
空78旅	上海崇明區	68X9X	殲-8DF	
空83旅	浙江杭州筧橋機場	69X4X	殲轟-7A	
空95旅	江蘇連雲港白塔埠機場	70X6X	殲-11B	
空25旅	廣東汕頭	63X6X	殲-7E	福州基地（下同）
空40旅	江西南昌向塘場站	65X1X	殲-16	
空41旅	福建武夷山	65X2X	殲-11A	
空85旅	浙江衢州	69X6X	蘇-30MKK	

(3) 南部戰區空軍	由原廣州軍區空軍組建，機關駐地廣州。下轄南寧、昆明兩空軍基地，和柳州航空裝備訓練基地。

航空兵部隊	駐地	戰術編號	機型	備註
空4旅	廣東佛山	61X5X	殲-11A	南寧基地（下同）
空5旅	廣西桂林象山區	61X6X	殲-10C	
空6旅	廣東湛江遂溪縣	61X7X	蘇-35、蘇-30MKK	
空26旅	廣東惠州平潭機場	63X7X	殲-10A/16	
空124旅	廣西百色田陽縣	73X5X	殲-10A	
空125旅	廣西南寧吳圩國際機場	73X6X	殲-7H	
空126旅	廣西柳州白蓮機場	73X7X	殲轟-7A	
空54旅	湖南長沙天心區	66X5X	蘇-30MKK	昆明基地（下同）
空130旅	雲南曲靖市陸良縣	74X1X	殲-10A	
空131旅	雲南曲靖市陸良縣	74X2X	殲-10C	
空132旅	雲南大理市祥雲縣	74X3X	殲-7E	

(4) 西部戰區空軍	由原成都、蘭州兩軍區空軍組建，機關駐地成都，下轄拉薩、蘭州、烏魯木齊等三空軍基地。

航空兵部隊	駐地	戰術編號	機型	備註
空16旅	寧夏銀川	62X7X	殲-11A	蘭州基地（下同）
空18旅	甘肅定西臨洮縣	62X9X	殲-7H	
空97旅	重慶大足登雲橋機場	70X8X	殲-7E	
空98旅	重慶白市驛機場	70X9X	殲-16	
空99旅	新疆和田機場	71X0X	殲-16	烏魯木齊基地（下同）
空109旅	新疆昌吉	72X0X	殲-8DF	
空110旅	新疆烏魯木齊縣	72X1X	殲轟-7A	
空111旅	新疆庫爾勒機場	72X2X	殲-11B	

(5) 北部戰區空軍	由原瀋陽軍區空軍，和原濟南軍區空軍一部組建，機關駐地瀋陽，下轄大連、濟南兩空軍基地，和瀋陽航空裝備訓練基地。

航空兵部隊	駐地	戰術編號	機型	備註
空1旅	遼寧鞍山（強軍先鋒大隊）	61X2X	殲-11B/20	大連基地（下同）
空2旅	內蒙古赤峰	61X3X	殲-10C	
空3旅	黑龍江齊齊哈爾	61X4X	殲-16	
空31旅	吉林四平	64X2X	殲轟-7A	
空61旅	吉林延吉市	67X2X	殲-10B	
空63旅	黑龍江牡丹江	67X2X	殲-7H	
空88旅	遼寧丹東浪頭機場	69X9X	殲-7E	
空89旅	遼寧大連普蘭店區	70X0X	殲-11B	
空15旅	山東濰坊	62X6X	殲轟-7A	濟南基地（下同）
空34旅	山東威海大水泊機場	64X5X	殲-10A	
空44旅	內蒙呼和浩特畢克奇場站	65X5X	殲-7G	
空55旅	山東濟寧嘉祥場站	66X6X	殲-11A	

(6) 中部戰區空軍	由原北京軍區空軍，和原濟南軍區空軍一部組建，機關駐地北京。下轄大同、武漢兩空軍基地，和空軍訓練基地、天津航空裝備訓練基地。

航空兵部隊	駐地	戰術編號	機型	備註
空19旅	河北張家口空軍基地	63X0X	殲-11B	大同基地（下同）
空21旅	北京市延慶區	63X2X	殲-7L	
空43旅	山西朔州市懷仁場站	65X4X	殲-10A	
空70旅	河北唐山遵化場站	68X1X	殲-10A	
空72旅	天津市楊村場站	68X3X	殲-10C	
空52旅	湖北武漢武昌場站	66X3X	殲-7G	武漢基地（下同）
空53旅	湖北襄陽老河口機場	66X4X	殲-7L	
空56旅	河南鄭州	66X7X	殲-10B	

(7) 轟炸機部隊

航空兵部隊	駐地	戰術編號	機型	備註
空28團	安徽安慶	2XX1X	轟-6K	東部戰區空軍第10轟炸機師（下同）
空29團	江蘇南京	2XX1X	轟-6H	
空30團	江蘇南京	2XX1X	轟-6M	
空22團	湖南邵陽邵東縣	1XX9X	轟-6K	南部戰區空軍第8轟炸機師（下同）
空23團	湖南衡陽耒陽市	1XX9X	轟-6H、轟油-6	
空24團	湖南衡陽耒陽市	1XX9X	轟-6K	
空107團	陝西西安臨潼區	4XX7X	轟-6H	中部戰區空軍第36轟炸機師（下同）
空108團	陝西咸陽武功縣	4XX7X	轟-6K	
空106旅	河南南陽內鄉縣	55X3X	轟-6N	中部戰區空軍直屬

(8) 運輸機部隊

航空兵部隊	駐地	戰術編號	機型	備註
空10團	四川瀘州	1XX5X	運-9	西部戰區空軍第4運輸機師（下同）
空11、12團	四川邛崍	1XX5X	運-9/20	
空37團	河南開封	2XX4X	運-8/20	中部戰區空軍第13運輸機師（下同）
空38團	湖北武漢	2XX4X	伊爾-76/78	
空39團	湖北宜昌當陽市	2XX4X	伊爾-76	
空100團	北京西郊機場			中部戰區空軍第34運輸機師（下同）
空101團	北京西郊機場			
空102團	北京南苑機場		圖-154M/MD	

(9) 特種機部隊

航空兵部隊	駐地	戰術編號	機型	備註
空76團	江蘇無錫	3XX7X	空警-200/2000、運-8特種機	東部戰區空軍第26特種機師（下同）
空77團	江西九江	3XX7X	空警-500	
空93團	江蘇蘇州	3XX7X	殲偵-8F	
空58、60團	貴州貴陽	3XX1X	運-8特種機	南部戰區空軍第20特種機師（下同）
空59團	貴州遵義	3XX1X	運-8特種機	
空47團	遼寧瀋陽	2XX7X	空警-500、運-8特種機	北部戰區空軍第16特種機師（下同）
空46團	遼寧瀋陽	2XX7X	殲偵-8F	

(10)無人機部隊

航空兵部隊	駐地	戰術編號	機型	備註
空68旅	新疆巴音郭楞蒙古自治州和碩縣		攻擊-1/2	西部戰區空軍
空69旅	福建省龍巖連城縣		殲-6W	東部戰區空軍
空xx團	吉林省雙遼		無偵-7	北部戰區空軍

5.空降兵軍

軍部駐湖北孝感，為中共空軍新兵種。各部隊主要分駐湖北、河南。一個旅派駐北部戰區空軍吉林公主嶺。

①原空降15軍第127、128、130、131、133、134等6個團整改為旅，番號不變。裁撤原129、132團。

②原軍直特種大隊整改為特戰旅（雷神突擊隊），由軍、士官組成，為中共空軍唯一的特戰部隊，配有動力翼傘。

③支援旅：由通信團、工兵分隊、防化分隊整併。

④運輸航空兵旅：由航運團、直升機大隊整併（媒體稱已有百架直升機和無人機）。

⑤教導大隊、司機訓練大隊。

6.空軍四大訓練品牌和飛行員培訓

二〇一七年十一月的《解放軍報》報導：「空軍為發揮『基地－旅』體制下練兵備戰聚合效應，組織所屬部隊常態化開展協同訓練」。

		該報稱：南部戰區空軍某基地所屬多機兵種部隊曾「轉往西北大漠，展開作戰編組訓練」，「多型戰機從機場起飛後在空中迅速集結。電子干擾機迅速開機為擔負突擊和掩護任務的戰機開闢電磁走廊。擔負突擊任務的戰機則在空中預警機指揮下按戰術隊形與掩護機密切協同，沿電磁走廊迅速前進，向敵方的導彈陣地進發」。
		中共二〇一九年《新時代的中國國防》白皮書透露空軍實戰化訓練「四大品牌」如下： 「**紅劍**」系列演習：是中共空軍「含戰量」最高的實戰化「訓練品牌」，檢驗空軍體系作戰能力的戰術和戰役級對抗演習，通常是在空軍師旅或戰區之間的體系對抗。演訓由空軍組織、各戰區空軍指揮班子帶所屬和配屬部隊參加的「全要素體系」的對抗演習，要求「不編腳本、不組織預演、不向部隊提供戰時無法提供的情報資訊，全程背對背進行對抗，旨在最大限度提高部隊實戰能力」。 「**藍盾**」：空軍地面防空兵部隊防空反導彈實戰化演習，重點在突出「偵、打、走、防、保」的集成訓練。並設置「金盾牌」（授予地空導彈營）和「藍盾尖兵」（授予戰勤班組和個人）二項獎。 「**金頭盔**」：授予飛行員在自由空戰考核中獲得「空戰能手」的最高榮譽獎，迄二〇一七年止已有五十七人次獲得「金頭盔」。 「**金飛鏢**」：是授予空軍「突擊能手」的稱號。考核指標從實彈打邊界、低空飛極限到「一次瞄准、一次發射」、「首攻不中，即為零分」。至二〇一七年止，獲得「金飛鏢」頭銜的共有二十五個飛行員和機組。 此外，中共空軍因新型戰機陸續列裝，為超前培養飛行人員，在全國各地成立空軍青少年航空學校，並與清華、北京、北京航空航天等國內大學合作（中共稱為：戰略聯姻）培養飛行人才。 自一九五一年起，中共空軍開始招訓女飛行員，截至二〇二〇年止，共招收十一批女飛行學員，從事運輸機等的駕駛和領航工作，但有少數殲擊機女飛行員。
7	軍機編號（序號）	中共軍機編號（序號），通常噴塗於機頭兩側，部分新型戰機則移至後機身或機尾垂翼。 獨立飛行團飛機編號有四位數字，空軍和海軍的航空兵師飛機編號有五位數字，陸軍航空兵前加「LH」字母，為「陸航」兩字拼音之首字母，且第一位數字是9。 飛機編號之規律，如第一位小於6，忽略不計；如為7，則減6，再將第二和第四位兩個數各減去一，即知所屬航空旅殲擊機和殲轟機之編號，如67X2X為61旅，72X2X為111旅。 但轟炸機、運輸機、特種機部隊則把第一位和第四位取出來，如果第一位小於6，則兩個數各減去一，可以判定所屬的空軍航空兵師番號。如「5XX5X」，為空44師飛機編號；「1XX3X」號飛機屬於空2師。

（四）火箭軍		
	單位	說明
1、職能部門		
	(1) 參謀部	設作戰、訓練、情報、部隊管理、規劃和編制、直屬工作等六局。

	(2) 政治工作部	設組織、幹部、兵員和文職人員、宣傳、群工聯絡等五局。直屬單位：宣傳文化中心。
	(3) 後勤部	設財務、衛生、運輸投送、採購供應等局。 直屬單位：特色醫學中心（北京西城）、疾病預防控制中心（北京）、峨眉療養院（四川峨眉山，為共軍全軍高級幹部、功臣模範、科技專家、飛行員等特勤人員的療養康復及體檢鑑定基地）。
	(4) 裝備部	設綜合計劃、科研訂購、試驗監管、信息系統等局，和北京、瀋陽、重慶、上海、西安等五個火箭軍軍事代表局。
	(5) 紀律檢查委員會	
2、直屬基地		
	(1) 第61基地	安徽黃山，原52基地，轄八旅： ①611旅（原807旅）安徽慶陽，「東風-21A」。 ②612旅（原815旅）江西樂平，「東風-21/21A」。 ③613旅江西上饒，「東風-15B」。 ④614旅（原817旅）福建永安，「東風-11A」。 ⑤615旅（原818旅）廣東梅州，「東風-11A」（或17）。 ⑥616旅江西贛州，「東風-15」。 ⑦617旅（原820旅）浙江金華，「東風-16」。 ⑧618旅，新建導彈旅。
		其他單位：試訓隊（安徽池州）、訓練團（浙江江山）、技術勤務團（安徽黃山）、裝檢團（江西景德鎮）、修配團（安徽休寧）、通信團（安徽徽州），導彈器材倉庫（江西上饒）。
	(2) 第62基地	雲南昆明，原53基地，轄七旅： ①621旅四川宜賓，「東風-21A」。 ②622旅（原808旅）雲南玉溪，「東風-31A」。 ③623旅（原821旅）廣西柳州，「東風-10A」。 ④624旅海南儋州，新建旅，「東風-21A」。 ⑤625旅（原802旅）雲南建水，「東風-26」。 ⑥626旅（原828旅）廣東清遠，「東風-26」。 ⑦627旅（原825旅）廣東普寧，「東風-17」。
		其他單位：訓練團（雲南昆明和呈貢）、技術勤務團（昆明）、裝檢團（雲南德化）、修配團（昆明）、通信團（昆明）。
	(3) 第63基地	湖南懷化，原55基地，轄七旅： ①631旅（原803旅）湖南靖州，「東風-5B」。 ②632旅（原824旅）湖南邵陽洞口，「東風-31AG」。 ③633旅（原814旅）湖南會同，「東風-5A」。 ④634旅（原805旅）湖南通道，原配「東風-5A」，可能已改配「東風-41」。 ⑤635旅陝西宜川，「東風-10」。 ⑥636旅廣東韶關，「東風-16」。 ⑦637旅廣東普寧，「東風-17」。
		其他單位有：訓練團（洞口）、技術勤務團（靖州）、裝檢團、修配團、通信團（該3團均駐懷化）。

	(4) 第64基地	青海西寧、甘肅蘭州，原56基地，轄七旅： ①641旅（原806旅）陝西韓城，「東風-31A」。 ②642旅（原809旅）青海大通，「東風-31AG」。 ③643旅（原812旅）甘肅天水，「東風-31AG」。 ④644旅陝西漢中，「東風-41」。 ⑤645旅駐寧夏銀川，新建導彈旅，「東風-16」。 ⑥646旅（原823旅）新疆庫爾勒、輪臺、巴音郭勒，「東風-21C/26」。 ⑦647旅青海西寧，新建導彈旅，「東風-41」。
		其他單位有：高原訓練基地（德令哈）、訓練團（西寧）、技術勤務團（西寧）、裝檢團（西寧）、修配團（西寧）、通信團（西寧）、部隊訓練基地（德令哈／新彊若羌）。
	(5) 第65基地	瀋陽，原51基地，轄七旅： ①651旅（疑原826旅）大連登沙河，「東風-21A」，疑已裝配「東風-26」。 ②652旅（原816旅）吉林通化，「東風-21C」，疑已裝配「東風-31A」。 ③653旅（原822旅）山東萊蕪，「東風-21C/D」。 ④654旅（疑原810旅）駐登沙河，「東風-26」。 ⑤655旅吉林通化，新建導彈旅，「東風-31AG」。 ⑥656旅山東萊蕪/泰安，新建導彈旅，裝配「東風-31B」。 ⑦657旅，「東風-100」（長劍-100）。
		其他單位：技術勤務團（吉林通化）、裝檢團（柳河）、修配團（通化）、通信團（通化/瀋陽）、導彈器材倉庫（湖北武漢）。
	(6) 第66基地	河南洛陽，原54基地，轄七旅： ①661旅（疑原801旅）河南盧氏，「東風-5B」。 ②662旅河南欒川，「東風-41」。 ③663旅（原813旅）河南南陽，「東風-31A」。 ④664旅（疑原804旅）河南信陽，「東風-31B」。 ⑤665旅河南新鄉，「東風-10A」。 ⑥666旅（原832旅）河南信陽，「東風-26」。 ⑦667旅，「東風-17」。
		其他單位：洛陽訓練團（宜陽）、技術勤務團（洛陽）、裝檢團（盧氏）、修配廠（洛陽）、通信團（三門峽）。
	(7) 第67基地	陝西寶雞，原22基地，為火箭軍後勤、核武器地下綜合儲存、處理中心。轄：導彈技術勤務團、裝檢旅、訓練團、特裝運輸團、裝檢團、教導大隊、特裝車輛維修廠、通信團、防化團（以上各團均駐寶雞）、預警部隊（廣東汕頭）。現各團均提升為旅，新代號為第671旅至676旅。
	(8) 第68基地	河南洛陽，負責各基地導彈陣地、部分軍委、戰區地下指揮工程施工，和大型機械維修等任務，為共軍唯一軍級建制的工程部隊。轄：工程安裝1、2、3團、裝檢團、軍事訓練團（各團均駐洛陽）、通信工程團、96543部隊（該2團均駐河南三門峽）、96541部隊（吉林白山）。現各團均提升為旅，新代號為第681旅至686旅。

	(9) 第69基地	駐吉林靖宇縣，原28基地，為火箭軍合同戰術訓練基地。前身是國防科委第20訓練基地（西北綜合導彈試驗基地）第8試驗部（東北試驗場）。2008年中共《國防白皮書》提到，二炮「研發新一代網絡化模擬訓練系統，『信息化藍軍』和作戰實驗室建設取得重要進展」。即指該基地建立之「信息化藍軍」和作戰實驗室。轄690旅至696旅。
3、直屬單位		
	(1) 火箭軍綜合訓練基地	河北張家口，為火箭軍後勤專業技術骨幹教學訓練單位，負責不同專業的士官教學培訓任務。
	(2) 火箭軍308工程指揮部	陝西漢中。
	(3) 火箭軍研究院	海淀區，為火箭軍最高科研機構。
	(4) 金輪工程指揮部（金輪工程公司）	援助沙烏地阿拉伯建立導彈基地和運作掩護機構。
	(5) 其他	裝備研究室（洛陽）、304工程技術團（寶雞）、312工程技術團（漢中／福建南平）、107工程技術團（寶雞）、252工程技術團（洛陽）、訓練團（漢中）、修配廠（816廠，洛陽）、通信站（陝西西鄉）。
4、直屬院校		
	(1) 火箭軍指揮學院	湖北武漢，中等指揮院校。
	(2) 火箭軍工程大學	陝西西安，培養戰略導彈部隊指揮技術人才的高等軍事院校。
	(3) 火箭軍士官學校	山東青州。

（五）戰略支援部隊		
	單位	說明
1.職能部門		
	(1) 參謀部	設戰勤計劃、訓練、直屬工作、部隊管理等局。直屬單位：遼寧興城特勤療養中心
	(2) 政治工作部	
	(3) 紀律檢查委員會	
	(4) 直屬單位	戰支部隊總醫院（306醫院，北京）。
2.網絡系統部		又稱「網絡空間部隊」。機關部門有參謀部、政治工作部、後勤部、裝備部、網絡局、信息化局等單位。在北京、成都、桂林、瀋陽、南京、杭州、西安、廣州等地設有軍事代表室。部隊包括「網軍」和「電子戰部隊」。 在「總參三部」時期下轄12個局級組織，併入戰支部隊後調整應不大。目前已知之各局如下：

	(1) 二局	駐上海（61398、61486部隊），負責英語國家電訊情報，主要目標為美國國務院、國防部，美國航太科技（61486部隊的重點）。該局的「微機成像」即衛星偵照及分析工作。 美國於2013年2月證實共軍駭客組織隸屬「設於上海浦東大同路邊一棟白色的12層建築內的解放軍61398部隊」，即「三部二局」。「二局」第3處（61800部隊），位於上海寶山區。美國司法部2014年曾起訴該處竊取美國機密的5名駭客。
	(2) 四局	駐青島（61419部隊），主要偵搜目標為日韓，也兼及其他國家。
	(3) 六局	駐武漢武昌（61726部隊），專責偵搜臺灣電訊情報，和駭客任務。在廈門市、南昌（第7處）、襄樊、寧都小布鎮、武漢、荊門（第2、6處）和昆明盤龍區（第4處）均設有單位。六局部分單位隱身在武漢大學內，以研究中心及通訊實驗室名義掩護。
	(4) 七、八局	北京，八局61786部隊位於燕山腳下。 專責截聽俄羅斯、東歐國家，和中亞各國的電子信號。
	(5) 十二局（駐上海）	負責識別和跟蹤外國衛星－主要是美國軍用衛星。其設施一處位於山東昌邑市，一處位於西昌。
	(6) 一、三、五、九、十、十一局	均駐北京。
	(7) 技術偵察基地	戰支部隊在各戰區都設有一個技術偵察基地，轄有網絡作戰大隊、陸上機動偵察隊等網絡特種作戰部隊編制，其他還有網電對抗旅與第八技術偵察局等新單位名稱。
	(8) 電子對抗旅	
	(9) 解放軍第316醫院	北京海淀。
	(10)研究機構	①「54研究所」：對外稱「中國電子科技集團公司」所屬研究所（在該公司網頁查無該所）負責電子作戰對抗、雷達干擾，和管理各種軍用通信系統，以及C4ISR系統之研發。2020年美國司法部起訴該所四名共軍駭客，指控彼等駭入美國信評機構竊取美國人資。
		②「56研究所」：江蘇無錫。對外稱江南計算技術研究所，研究開發高性能計算機系統、信息網絡、計算機與通信等工程、計算機應用、信息安全與保密、機電一體化。曾研製中共第一臺多機巨型計算機系統，和每秒數千億次計算機。被美國列入出口管制的「實體名單」。
		③「57研究所」：四川成都，為共軍規模最大的電子研究所。
		④「58研究所」：北京。
3	航天系統部	北京。
	(1) 機關部門	參謀部、政治工作部、後勤部、試驗裝備物資採購局、華東辦事處、西昌質量監督站。
	(2) 直屬單位	①**酒泉衛星發射中心**：共軍第20試驗訓練基地，又稱東風基地、東風航天城，西方稱雙城子，位於內蒙古東風鎮（冠名酒泉，係為隱密真實位置），主要為測試及發射長征系列運載火箭、導彈、中低軌道的各種試驗衛星、應用衛星和載人飛船。該基地發射場位於北緯40度57分28秒，東經100度17分30秒。分為大、中、小型和氣象與探空火箭發射場。主著陸場設在內蒙四王子旗，副著陸場設在酒泉衛星發射中心附近。

		②核試驗基地：第21試驗訓練基地，又稱馬蘭基地，位於新疆羅布泊的西端，為綜合性科研試驗單位。1964年10月16日，中共首枚原子彈在羅布泊試爆成功。1996年，中共簽署《全面禁止核試驗條約》後，核試驗基地改為從事科研工作，建有3個國家級重點實驗室。
		③洛陽電子裝備試驗中心：第33試驗訓練基地，河南洛陽。所屬測繪導航隊負責航天發射測控與裝備科研實驗任務中的高中精度測繪保障，曾完成「神舟」系列飛船發射和「天宮二號」等任務中的測繪保障工作。該中心設有電子對抗訓練大隊，負責全軍電子對抗部隊實兵實抗訓練任務。
		④衛星海上測控部：第23試驗訓練基地，又稱航天遠洋測量船基地，或海上科學城，位於江蘇江陰，為各類太空飛行器提供海上跟蹤測控服務。轄：試驗技術部；遠望3~7號等4艘航天遠洋測量船（執行南緯／北緯60度以內的任何海域的航天測控任務）；遠望21、22號兩艘運載火箭運輸船（負責長征火箭，自天津運載至海南文昌的任務）；航天遠洋測量船船員第1、2兩個大隊。
		⑤太原衛星發射中心：第25試驗訓練基地，位於山西忻州，距離太原284公里，為中共第2個導彈與衛星發射基地。已開放國際招商，並成功發射中共太陽同步軌道氣象衛星。
		⑥西安衛星測控中心：第26試驗訓練基地，為北京航天飛行控制中心的軌道和控制計算備份中心，負責太空飛行器的發射監控、跟蹤測量、數據傳送、信息處理以及回收等任務，具備同時對二百顆在軌太空飛行器實施「軌道測定、狀態監視、姿態調整、軌道控制、維護維修」的能力。下設：測控技術部、太空飛行器長期管理部、活動測控回收部（轄第1、2兩個活動測控站和一個著陸場站）、通信總站，另在喀什、佳木斯、三亞、長春、閩西、廈門、渭南、南寧、青島、納米比亞（南非）、喀拉蚩（巴基斯坦）、馬林迪（東非）、聖地亞哥（智利）等地設有測控站。
		⑦西昌衛星發射中心：第27試驗訓練基地，又稱西昌衛星城。轄四川涼山、海南文昌兩個航天發射場，是中共唯一使用液氫液氧低溫推進劑發射中、高軌道衛星及深空探測器的航天發射場，主要負責長征三號火箭搭載的地球同步軌道衛星發射任務，並承攬國際衛星發射業務。
		⑧空氣動力研究與發展中心：第29試驗訓練基地，四川綿陽，為中共最大的空氣動力學研究、試驗機構。截至2014年，己有二十多座風洞。
		⑨北京航天飛行控制中心：北京。為中共載人航天工程和深空探測工程飛行控制任務的指揮中心。
		⑩北京跟蹤與通信技術研究所：北京。為中共航天測控通信系統的總體設計和應用研究單位。
		⑪航天員大隊：北京。現有21名航天員（女性二人），分為：特（少將）、1、2、3、4（均上校以上軍階）等五級。
		⑫航天研發中心。
		⑬工程設計研究所。
		⑭電視藝術中心。

		⑮航天偵察局。
		⑯戰支部隊總醫院：第306醫院，北京朝陽區。是第四軍醫大學、北京大學醫學部的臨床教學醫院。
	(3)直屬院校	①航天工程大學：北京。培養航天指揮管理與工程技術人才的綜合性大學，轄有北京懷柔、昌平、沙河三個校區，下轄校院七所：研究生院、航天指揮學院、宇航技術學院、航天信息學院、航天勤務學院、航天士官學校、基礎教學部等。
		②信息工程大學：隸屬網絡系統部，培養信息領域高層次人才。大學校區位於河南鄭州，洛陽校區為外國語學院。據流亡美國大陸異議人士透露：該校鄭州測繪學院密設共軍對臺作戰指揮中心，深入地下四十米。
6	『311基地』	或稱三戰基地（61716部隊），是共軍對臺心理戰主要機構。負責「所有對臺心理戰工作的焦點，協助轉播海峽之聲廣播電臺的節目」。海峽之聲專責對臺廣播，位於福州市鼓樓區白馬北路園壋街，約有一千多名官兵。

（六）聯勤保障部隊		
	單位	說明
1	武漢聯勤保障基地	漢口。軍委聯勤保障部隊的最高機關。領導無錫、桂林、西寧、瀋陽、鄭州等五個戰區聯勤保障中心。
	(1) 機關職能部門	參謀部、政治工作部、供應局、運輸投送局、衛勤局、倉儲管理局、軍事設施建設局、科技和信息化局。
	(2) 直屬單位	①解放軍疾病預防和控制中心 北京。為軍事科學院軍事醫學研究院，共軍最高軍事醫學研究機構。
		②解放軍第161醫院 武漢。
2	聯勤保障中心	
	(1) 東部戰區無錫聯勤保障中心	①軍事代表辦事處：轄南京、無錫、南昌鐵路局（下設福州辦事處）、上海鐵路局（分設合肥、杭州、南京、上海、徐州辦事處）、航務（下轄駐福建、江蘇、上海港航務）軍事代表辦事處。
		②直屬單位：南京戰區總醫院、第900~911醫院、廬山康復療養中心、疾病預防控制中心、綜合倉庫和油料倉庫若干。
	(2) 南部戰區桂林聯勤保障中心	①軍事代表辦事處：轄南寧鐵路局、廣州航務（分設廣東、廣西航務，和廣州白雲機場辦事處）、廣西沿海等軍事代表辦事處。
		②直屬單位：廣州戰區總醫院、昆明902醫院，和921~928醫院。
	(3) 西部戰區桂林聯勤保障中心	①軍事代表辦事處：轄成都、蘭州、烏魯木齊三個鐵路局，和青藏鐵路等軍事代表辦事處。
		②直屬單位：成都戰區總醫院、第940~945醫院。
	(4) 北部戰區瀋陽聯勤保障中心	①軍事代表辦事處：轄瀋陽（分設大慶東站辦事處）、哈爾濱、呼和浩特三個鐵路局，和濟南鐵路水路等軍事代表辦事處。
		②直屬單位：瀋陽戰區總醫院、第960~970醫院。

	(5) 中部戰區鄭州聯勤保障中心	①軍事代表辦事處：轄北京、西安兩鐵路局軍事代表辦事處。 ②直屬單位：武漢戰區總醫院、第980~991醫院；北戴河、臨潼、天津等三個康復療養中心，和一個疾病預防控制中心。

五、戰區機關

(一) 東部戰區		機關駐地南京，領導和指揮華東地區除山東外的江蘇、上海、浙江、安徽、江西、福建等六個省級行政區的武裝力量。
	單位	說明
1	聯合參謀部	（各戰區均同）轄作戰、情報、信息保障、軍事需求、聯合訓練、動員、直屬工作等七局。
	(1) 直屬單位	戰區聯合作戰指揮中心，隸屬作戰局。下設聯合作戰計劃、戰場預警、綜合態勢、數據資源、領航引導、國防動員、裝備保障協調等數十個指揮席位。
	(2) 直屬部隊	資訊通信旅。
2	政治工作部	（各戰區均同）轄辦公室，和組織、幹部、兵員和文職人員、宣傳、群工聯絡等五局。
3	東部戰區陸軍	（機關駐福州市）：轄參謀部、政治工作部、後勤部、裝備部、紀律檢查委員會。
	(1) 直屬單位	①**三界合同戰術訓練基地**：安徽明光市三界鎮，為共軍淮河以南最大的合同戰術訓練基地，提供多軍種師旅級對抗演練，設有一團級藍軍模擬部隊。 ②**第1綜合訓練基地**：江蘇鎮江。 ③**第2綜合訓練基地**：福建福清，負責新兵訓練。
	(2) 直屬部隊	①**第71集團軍**：江蘇徐州，由原第12集團軍改編。轄：重型合成第2（徐州）、35（徐州）、160、235（安徽滁州）旅、中型合成第178旅、輕型合成第179旅（南京）；另有特戰（原特戰36旅，江蘇新沂）、陸航、炮兵（江蘇宿遷）、防空、工程防化、勤務支援等6個旅，均稱第71旅。
		②**第72集團軍**：浙江湖州，由原第1集團軍改編，專對臺作戰部隊。轄：重型合成第10旅（江蘇蘇州）、中型合成第34、85旅、輕型合成第90旅、兩棲合成第5（杭州）、124旅；另有特戰、陸航、炮兵（江蘇無錫）、防空（鎮江）、工化、勤支等6個旅，均稱第72旅。
		③**第73集團軍**：福建廈門同安區坂頭，由原第31集團軍改編，為專對臺「渡海登島先鋒」部隊。轄：重型合成第86旅、中型合成第92、145旅、輕型合成第3旅（浙江金華）、兩棲合成第14、91旅；另有特戰（東海飛龍特種作戰旅）、陸航、炮兵、防空、工化、勤支等6個旅，均稱第73旅。
		④偵察情報（廈門）、信息保障（徐州／馬尾）、電子對抗等（廈門）等三旅，均稱第1旅、遠程火箭炮兵旅、舟橋第31旅（南京），另有海防旅四個：301旅（海門）、302旅（舟山）、303旅（長樂）、304旅（廈門）。

<table>
<tr><td rowspan="9">4</td><td>東部戰區海軍</td><td>即東海艦隊。轄參謀部（浙江寧波）、政治工作部、保障部、紀律檢查委員會。</td></tr>
<tr><td>(1) 直屬單位</td><td>①東部戰區海軍訓練基地：浙江江山，或稱東海艦隊訓練基地。
②東部戰區海軍艦艇訓練中心。
③906醫院：寧波。
④411醫院：上海。</td></tr>
<tr><td>(2) 基地、水警區</td><td>①海軍福建基地：福州。轄廈門、溫州、汕頭等3個水警區。
②海軍上海基地：分駐江蘇、安徽、上海。下轄舟山水警區，有037IS型護衛艇4艘：713龍海、761富陽、762蕭山、763上虞。</td></tr>
<tr><td>(3) 海軍陸戰隊</td><td>第3、4旅，指揮權歸海軍參謀部。</td></tr>
<tr><td rowspan="2">(4) 海軍航空兵</td><td>寧波，轄安徽肥東（第10飛行團）、浙江路橋（第12飛行團）、上海大場（第16飛行團）、常州奔牛（第17飛行團）、浙江義烏（第18飛行團）、江北莊橋（海航獨立第4團，艦載機部隊）等六個航空基地。</td></tr>
<tr><td><table>
<tr><th>航空兵部隊</th><th>駐地</th><th>戰術編號</th><th>機型</th></tr>
<tr><td>海航4師（殲擊師）</td><td>肥東、寧波、路橋</td><td>8XX4X</td><td>蘇-30MK2、殲-10AH（10團81X4X、12團83X4X）</td></tr>
<tr><td>海航6師（混編師）</td><td>常州、大場、義烏</td><td>8XX6X</td><td>轟-6G（17團）、殲轟-7A（16團81X6X、18團83X6X）</td></tr>
</table></td></tr>
<tr><td rowspan="3">(5) 戰鬥序列</td><td>①驅逐艦第3支隊：浙江舟山定海，8驅5護。
◎052D型驅逐艦4艘：131太原、132蘇州、133包頭、134紹興。
◎956EM型驅逐艦2艘：139寧波、138泰州。
◎956E型驅逐艦2艘：137福州、136杭州。
◎054A型護衛艦5艘：601南通、531湘潭、532荊州、529舟山、530徐州。</td></tr>
<tr><td>②驅逐艦第6支隊：浙江舟山定海，7驅6護。
◎052D型驅逐艦3艘：155南京、154廈門、156淄博。另157麗水艦，預計2022年服役。
◎052C型驅逐艦4艘：150長春、151鄭州、152濟南、153西安。
◎054A型護衛艦6艘：515濱州、549常州、548益陽、577黃岡、578揚州、599安陽。</td></tr>
<tr><td>③上海基地
◎護衛艦第13支隊：連雲港連島，7護。056A型護衛艦1艘：608聊城；056型護衛艦6艘：503宿州、509淮安、511保定、512菏澤、582蚌埠、586吉安。
◎護衛艦第14支隊：上海吳淞，6護。056A型護衛艦4艘：610朔州、611六安、639株洲（原594）、638三門峽（原593）；053H3型護衛艦2艘：521嘉興、524三明。
◎掃雷艦第4大隊：上海吳淞。081型掃雷艦2艘：805張家港、810靖江；082II型獵掃雷艦2艘：804霍邱、818崑山。
◎掃雷艦第9大隊：舟山長塗。082I型掃雷艦4艘：806枝江、807諸暨、816海門、817溫嶺。
◎導彈快艇大隊：22型飛彈快艇</td></tr>
</table>

<table>
<tr><td></td><td></td><td>④福建基地
◎護衛艦第15支隊：福建寧德三都澳，9護。056A型護衛艦5艘：615孝感、640鄂州（原513）、641義烏（原518）、642德陽（原554）、643宜春（原556）；054型護衛艦2艘：526溫州、525馬鞍山；053H3型護衛艦2艘：567襄陽、566懷化。另有053H1G型護衛艦2艘（退役中）：559佛山、558北海。037IG型護衛艇5艘：757古田、758永春、759福清、760長樂、764龍巖。
◎護衛艦第16支隊：8護。056A型護衛艦3艘：617景德鎮、644銅仁（原507）、645宣城（原535）；056型護衛艦5艘：510寧德、588泉州、595潮州、587揭陽、583上饒。另有037II型護衛艇2艘：770陽江、773番禺。
◎導彈快艇大隊：22型導彈快艇。</td></tr>
<tr><td></td><td></td><td>⑤潛艦第22支隊：浙江寧波大榭島，10潛。039A型潛艦4艘；039B型潛艦6艘。</td></tr>
<tr><td></td><td></td><td>⑥潛艦第42支隊：浙江寧波象山，8潛。基洛級877EKM型潛艦2艘；基洛級636型潛艦2艘；基洛級636M型潛艦4艘。</td></tr>
<tr><td></td><td></td><td>⑦登陸艦第5支隊：上海基地虬江碼頭。
◎075型兩棲攻擊艦1艘：32福建。
◎071型綜合登陸艦3艘：980龍虎山、986四明山、988沂蒙山。
◎072A/B型登陸艦7艘：913八仙山、914武夷山、915徂徠山、916天目山、917五台山、981大別山、982太行山。
◎072III型登陸艦5艘：940天台山、910黃崗山、939普陀山、909九華山、908雁盪山。
◎073A型登陸艦4艘：941嵊山、942魯山、943蒙山、944玉山號。
◎072II型登陸艦4艘：930靈岩山、931洞庭山、932賀蘭山、933六盤山。</td></tr>
<tr><td></td><td></td><td>⑧作戰支援艦第2支隊：浙江舟山。
◎903A型綜合補給艦2艘：890巢湖、966高郵湖。
◎903型綜合補給艦1艘：886千島湖。
◎718工程綜合補給船1艘：882鄱陽湖。</td></tr>
<tr><td></td><td></td><td>⑨防救船大隊：寧波奉化。
◎925型遠洋打撈救生艦1艘：862崇明島。
◎大馬力特種遠洋拖船1艘：東拖830。
◎東救、東修、東拖。</td></tr>
<tr><td></td><td></td><td>⑩偵測船大隊：舟山定海。
◎815A型電子偵察船2艘：858玉衡星、855天樞星。
◎815型電子偵察船1艘：851北極星。
◎636A型海洋綜合調查船2艘：海洋24號／874鄧稼先、872竺可楨／海洋20號。
◎639A型雙體測量船2艘：東測233、東測232。</td></tr>
<tr><td></td><td></td><td>⑪勤務船大隊：駐浙江舟山。下轄東油、東拖、東標。</td></tr>
<tr><td>5.</td><td>東部戰區空軍</td><td>南京。</td></tr>
<tr><td></td><td>(1) 職能部門</td><td>（各戰區均同）設參謀部、政治工作部、保障部、紀律檢查委員會。</td></tr>
<tr><td></td><td>(2) 基地</td><td>轄上海、福州兩空軍基地，和訓練基地一處。</td></tr>
</table>

東部戰區空軍駐地和裝備				
空7旅	浙江嘉興	61X8X	殲-16	上海基地
空8旅	浙江湖州長興	61X9X	殲-10A	
空9旅	安徽蕪湖	62X0X	殲-20（又稱王海大隊）	
空78旅	上海崇明區	68X9X	殲-8DF	
空83旅	浙江杭州筧橋	69X4X	殲轟-7A	
空95旅	連雲港白塔埠	70X6X	殲-11B	
空25旅	廣東汕頭	63X6X	殲-10C	福州基地
空40旅	南昌向塘	65X1X	殲-16	
空41旅	福建武夷山	65X2X	殲-11A	
空85旅	浙江衢州	69X6X	蘇-30MKK	
空28團	安徽安慶	20X1X	轟-6K	第10轟炸機師
空29團	江蘇南京	20X1X	轟-6H	
空30團	江蘇南京	21X1X	轟-6M、無偵-8	
空76團	江蘇無錫	30X7X	空警-2000、空警-200、運-8特種機	第26特種機師
空77團	江蘇無錫	31X7X	空警-500	
空93團	江蘇蘇卅	3XX7X	殲偵-8F	上海基地
無人機攻擊旅	福建連城，福州，武夷山；江西井崗山；東興寧		殲-6W	

（二）南部戰區		廣州市。管轄：廣東、廣西、海南、雲南、湖南、貴州等六個省級行政區的武裝力量。
	單位	說明
1	聯合參謀部	
2	政治工作部	
3	南部戰區陸軍	廣西南寧。
	(1) 直屬單位	①**鹿寨合同戰術訓練基地**：廣西柳州。與北部戰區洮南、西部戰區青銅峽、中部戰區確山等三訓練基地常進行跨區演訓。 ②**第3綜合訓練基地**：廣州，為兵種訓練基地。 ③**第4綜合訓練基地**。
	(2) 直屬部隊	①**第74集團軍**：廣東惠州，由原第42集團軍改編，專對臺作戰部隊。轄：兩棲合成第1、125旅、重型合成第16旅、中型合成第154旅、輕型合成第132、163旅，和特戰、陸航、炮兵、防空、工化、勤支等6旅，均稱第74旅。
		②第75集團軍：雲南昆明，由原第41集團軍改編。轄：山地合成第32旅、重型合成第31、123旅、中型合成第122旅、輕型合成第37、42（原裝甲18旅）旅、空中突擊第121旅，和特戰（南國利劍特種作戰旅，原摩步42旅）、炮兵、防空、工化、勤務支援等5旅，均稱第75旅。
		③駐香港部隊：為三軍合成部隊，正軍級。轄2個裝甲步兵營、3個摩步營，和偵察營，炮兵營，工化營、防空營（裝備三臺獵鷹-60防空導彈，3門陸盾2000防空系統）、特種營（摩步特種作戰營）各1個。另有後勤基地（深圳觀瀾）、訓練基地（東莞

		黃江）、駐港部隊三軍儀仗隊；南海艦隊香港艦艇大隊，駐昂船洲海軍基地，部署056型護衛艦2艘、03711型導彈艇6艘、074登陸艦4艘和其它輔助艦艇；駐港航空兵團，駐石崗機場，裝備直-9、直-8直升機
		④駐澳門部隊：主要由陸軍組成，編配少量海空軍。轄三個摩托化步兵連、2個裝甲步兵連，和警衛工化連、警衛偵察連、特種作戰連各一個，總兵力不足千人，部隊每年實施輪換。武器裝備以輕兵器為主，配備十餘輛裝甲車和六十餘輛其它車輛，在珠海有後備軍營作補給用途。
		⑤偵察情報（廣西貴港）、信息保障（廣西南寧）、電子對抗（廣州花都）等3旅，番號均為第2旅、遠程火箭炮兵旅。另有海防旅2個：311旅（廣東珠海）、312旅（海南儋州）；邊防旅5個：313旅（廣西憑祥）、314旅（雲南屏邊）、315旅（雲南猛海）、316旅（雲南臨滄）、317旅（雲南德宏）。
4	南部戰區海軍	湛江。仍稱南海艦隊，轄參謀部、政治工作部、保障部、紀律檢查委員會。
	(1) 直屬單位	南部戰區海軍訓練基地、海軍艦艇訓練中心。
	(2) 基地、水警區	①廣州水警區：廣州。 ②北海水警區：廣西北海，轄護衛艇大隊、獵潛艇大隊各一。 ③榆林基地： ◎西沙水警區：三沙市永興島，守備營分駐永興、石、東、琛航、珊瑚、金銀、中建等7島。 ◎南沙水警區：永暑礁，派駐團級守備部隊，分駐美濟、渚碧、南薰、赤瓜、華陽、東門等6礁。 ④三亞綜合保障基地：共軍航母第二綜合保障基地。有雙向繫泊大型船塢，能容納兩艘航母停泊。塢長700米。 ⑤潛艦第二基地：三亞亞龍灣，亞洲最大核潛艦基地，在亞龍灣東側建有4條潛艦用棧橋，長度均為229米，可泊各型潛艦16艘。
	(3) 海軍陸戰隊	第1、2旅，指揮權歸海軍參謀部。
	(4) 海軍航空兵	機關駐地海口市。

航空兵部隊	駐地	戰術編號	機型
海航8師（混編師）	臨高、桂平	8XX8X（22團81X8X；23團82X8X；24團83X8X）	殲-11BS（22、24團）、轟-6J、6G（23團）
海航9師（混編師）	樂東	8XX9X（25團81X9X；27團83X9X）	殲-11BS（25團）、殲轟-7A（27團）

	(5) 戰鬥序列	①驅逐艦第2支隊：廣東湛江麻斜，8驅6護。 ◎052D型驅逐艦5艘：161呼和浩特、162南寧、163焦作、164桂林、165湛江。 ◎052B型驅逐艦2艘：169武漢、168廣州。 ◎051B型驅逐艦1艘：167深圳。 ◎054A型護衛艦6艘：500咸寧、536許昌、568衡陽、569玉林、570黃山、571運城。
		②驅逐艦第9支隊：海南三亞亞龍灣，9驅4護。 ◎055型驅逐艦3艘：105大連、106延安、107道義。另108咸陽艦試航中，預定2022年底前入列。 ◎052D型驅逐艦4艘：172昆明、173長沙、174合肥、175銀川。

◎052C型驅逐艦2艘：170蘭州、171海口。
◎054A型護衛艦4艘：572衡水、573柳州、574三亞、575岳陽。

③廣州基地
◎護衛艦第17支隊，8護：
· 056A型護衛艦6艘：620贛州、621攀枝花、622廣安、623文山、646遂寧（原551）、647南充（原557）。
· 香港艦艇大隊：056型護衛艦2艘：597欽州、596惠州；另有037II型護衛艇2艘：771順德、772南海。

◎護衛艦第18支隊：駐北海，10護：
· 056A型護衛艦6艘：625巴中、626梧州、627恩施、628永州、648漢中（原520）、649廣元（原552）。
· 056型護衛艦4艘：584梅州、585百色、589清遠、592瀘州。
· 獵潛艇第84大隊，洋浦。037IG型護衛艇2艘：767福安、766福鼎。

◎掃雷艦第10大隊：江門新會，081掃雷艦6艘：839瀏陽、840瀘溪、841孝義、842臺山、843常熟、844鶴山；082II獵掃雷艇1艘：809開平。
◎掃雷艦第76大隊：湛江徐聞：082I掃雷艦6艘：822陽朔、823永勝、824大新、825華容、826榕江、827瓊海。
◎飛彈快艇大隊：臺山上川島：22型導彈快艇。

④榆林基地
◎護衛艦第19支隊：三亞榆林，6護：
· 056A型護衛艦4艘：504宿遷、506荊門、508曲靖、514六盤水。
· 053H3型護衛艦2艘：527洛陽、528綿陽；037IG型護衛艇3艘：751金沙、753東安、754臨武。
· 037II型護衛艇2艘：774廉江、775新會。
· 南沙巡邏艦大隊，駐三亞榆林，3護。053H1型護衛艦1艘553韶關（退役中）。
· 勤務船大隊：903型綜合補給艦1艘：887微山湖。

⑤海軍潛艦第2基地：亞龍灣龍坡，10核潛艦。
◎093/A型攻擊核潛艦4艘：長征1、2、7、8號
◎094/A型導彈核潛艦6艘：長征9~12、17、18號。

⑥潛艦第32支隊：榆林，8潛：
◎039G型潛艦4艘。
◎基洛級636M型潛艦4艘。

⑦潛艦第52支隊：臺山下川島，11潛：
◎035G型潛艦4艘。
◎035B型潛艦5艘。
◎039B型潛艦2般。

⑧登陸艦第6支隊：湛江，轄登陸艦第2、16、17大隊。
◎075型兩棲攻擊艦1艘：31海南。
◎071型綜合登陸艦5艘：985祁連山、987五指山、長白山、998崑崙山、999井岡山。
◎072A型大型登陸艦6艘：992華頂山、993羅霄山、994戴雲山、995萬羊山、996老鐵山、997雲霧山。

		◎072III型登陸艦6艘：934丹霞山、935雪峰山、936海洋山、937青城山、938呂梁山、991峨眉山。 ◎073A型登陸運輸艦6艘：945華山、946嵩山、947廬山、948雪山、949衡山、950泰山。
		⑨作戰支援艦第3支隊：湛江赤坎。 ◎901型綜合補給艦1艘：967查干湖。 ◎903型綜合補給艦1艘：887微山湖艦。 ◎903A型綜合補給艦2艘：963洪湖、964駱馬湖。 ◎908型綜合補給艦1艘：885青海湖。 ◎904B型島礁補給艦2艘：962瀘沽湖、961軍山湖。 ◎904A型島礁補給艦1艘：888撫仙湖。 ◎904型島礁補給艦1艘：883洞庭湖。 ◎防救船大隊：湛江赤坎：925型遠洋打撈救生船1艘：863永興島；大馬力特種遠洋拖船2艘：南拖181、189。 ◎偵察船大隊：駐湛江麻斜：815A型電子偵察船3艘：857天權星、852海王星、853天王星；南調、湛漁多艘。「927」型海洋水聲監視船3艘：780天璇星、781天璣星、782瑤光星。 ◎海測船大隊：駐廣州海珠；636A型海洋綜合調查船1艘：海洋26號、海洋23號/873錢學森；新型1500噸級雙體測量船2艘：南測430、南測429。 ◎勤務船大隊，湛江赤坎：南油，南運，南勤。
5	南部戰區空軍	廣州市。
	(1) 機關職能部門	
	(2) 直屬單位	空軍柳州航空裝備訓練基地。
	(3) 基地	南寧、昆明2基地。
	(4) 南部戰區空軍	

空4旅	廣東佛山	61X5X	殲-11A、蘇-27	南寧基地
空5旅	廣西桂林象山	61X6X	殲-10C	
空6旅	廣東湛江遂溪	61X7X	蘇-35/30MKK	
空26旅	廣東惠州平潭機場	63X7X	殲-16	
空124旅	廣西百色田陽縣	73X5X	殲-10A	
空125旅	廣西南寧吳圩國際機場	73X6X	殲-7H	
空126旅	廣西柳州白蓮機場	73X7X	殲轟-7A	
空54旅	湖南長沙天心區	66X5X	蘇-30MKK	昆明基地
空130旅	雲南蒙自市	74X1X	殲-10A	
空131旅	雲南曲靖陸良縣	74X2X	殲-10C	
空132旅	雲南大理祥雲縣	74X3X	殲-7E	
空22團	湖南邵陽邵東縣	10X9X	轟-6K	第8轟炸機師
空23團	湖南衡陽耒陽市	10X9X	轟-6H、轟油-6	
空24團	廣東梅州梅江區	11X9X	轟-6K	
空58團	貴州貴陽	3XX1X	運-8特種機	第20特種機師
空59團	貴州遵義	3XX1X	運-8特種機	
空60團	貴州貴陽	3XX1X	運-8特種機	

（三）西部戰區		成都。管轄新疆、西藏、青海、甘肅、寧夏、四川和重慶等7個省級行政區的武裝力量。
	單位	說明
1	聯合參謀部	
2	政治工作部	
3	西部戰區陸軍	甘肅蘭州。
	(1) 直屬單位	青銅峽、大涼山合同戰術訓練基地；第5、6綜合訓練基地。
	(2) 直屬部隊	①第76集團軍：青海西寧，由原第21集團軍改編。轄：重型合成第12（甘肅酒泉）、17（寧夏銀川）、56（青海格爾木）、62（甘肅嘉峪關）旅、中型合成第149旅（新疆哈密）、輕型合成第182旅（青海西寧）。特戰（雪楓特種作戰旅）、陸航、炮兵、防空、工化、勤務支援等6個旅，均稱第76旅。
		②第77集團軍：四川成都，由原第13集團軍改編。轄：山地合成第40旅、重型合成第139旅、中型合成第39、181旅、輕型合成第55、150旅。特戰旅（西南獵鷹特種作戰旅）、陸航、炮兵、防空、工化、勤務支援等6個旅，均稱第77旅。
		③偵察情報（甘肅天水）、信息保障（蘭州）、電子對抗（甘肅永登）等3個旅，均稱第3旅。
4	西部戰區空軍	成都。
	(1) 直屬單位	成都第452醫院。
	(2) 基地	轄拉薩、蘭州、烏魯木齊等三基地。
	(3) 西部戰區空軍駐地和裝備	

空16旅	寧夏銀川	62X7X	殲-11A	蘭州基地
空18旅	甘肅定西臨洮縣	62X9X	殲-7H	
空97旅	重慶市大足登雲橋	70X8X	殲-7E	
空98旅	重慶市白市驛機場	70X9X	殲-16	
空99旅	新疆和田機場	71X0X	殲-16	烏魯木齊基地
空109旅	新疆昌吉市	72X0X	殲-8DF	
空110旅	新疆烏魯木齊	72X1X	殲轟-7A	
空111旅	新疆庫爾勒	72X2X	殲-11B	
空10團	四川成都市太平寺場站	1XX5X	運-9	第4運輸機師
空11團	貴州貴陽市壘莊場站	1XX5X	運-9	
空12團	四川邛崍市桑園機場	1XX5X	運20/7、米-17	

（四）北部戰區		瀋陽。管轄黑龍江、吉林、遼寧、內蒙古、山東等5個省級行政區的武裝力量。
	單位	說明
1	聯合參謀部	
2	政治工作部	
3	北部戰區陸軍	濟南。
	(1) 直屬單位	①**朱日和合同戰術訓練基地**：內蒙古朱日和鎮，供師旅級規模的陸空實兵對抗，並有全計算機化C4ISR模擬裝備和5個師以上進駐的營房、醫院、後勤等設備，演習面積一千多平方公里，為共軍唯一陸軍聯合作戰實驗場，亞洲最大軍事訓練基地，和涉外觀摩演習基地。在基地闢建有機場，供空降兵、陸海空軍航空兵戰機起降，基地內有形似臺北總統府等仿造建築物。

		②洮南合同戰術訓練基地：吉林洮南。 ③第7綜合訓練基地：遼寧大連。 ④第8綜合訓練基地：山東濟南。 ⑤第209醫院：黑龍江牡丹江。
	(2) 直屬部隊	①**第78集團軍**：黑龍江哈爾濱，由原第16集團軍改編。轄：重型合成第8、68、202、204旅、中型合成第115旅、輕型合成第48旅。特戰（原特戰第67旅）、陸航、炮兵、防空、工化、勤務支援等6旅，均稱第78旅。
		②**第79集團軍**：遼寧遼陽，由原第39集團軍改編。轄：重型合成第116、190旅、中型合成第46、200旅、輕型合成第119、191旅。特戰（原東北虎特戰團）、陸航、炮兵、防空、工化、勤務支援等6旅，均稱第79旅。
		③**第80集團軍**：山東濰坊，由原第26集團軍改編。轄：重型合成第69旅、中型合成第118、138、199、203旅、輕型合成第47旅。特戰（泰山雄鷹特戰旅）、陸航、炮兵、工化、防空、勤務支援等6旅，均稱第80旅。
		④偵察情報、信息保障、電子對抗等3旅，番號均為第4旅；邊防321至331等11個旅，依序駐阿拉善、包頭、錫林郭勒、呼倫貝爾和阿爾山、滿洲里、漠河與黑河、鶴崗、雞東、琿春、白山、丹東等地；海防332至335等4個旅，駐大連外長山、煙臺內長山、威海乳山、青島與日照。
4	北部戰區海軍	青島，仍稱北海艦隊。
	(1) 機關職能部門	
	(2) 直屬單位	①海軍潛艦試驗試航訓練基地：旅順。中共海軍潛艦試驗試航訓練基地，擔負新型潛艦試航任務，和新型武器試驗任務。 ②北部戰區海軍訓練基地。 ③北部戰區海軍艦艇訓練中心。 ④青島第401醫院。
	(3) 基地、水警區	①旅順基地。 ②青島綜合保障基地：航空母艦綜合保障基地，位於青島黃島區古鎮口軍港，岸陡水深。供遼寧艦停靠的艦橋長1600米。 ③潛艦第一基地：青島大港五號碼頭，核潛艦基地。 ④青島水警區。 ⑤威海水警區。
	(4) 海軍陸戰隊	第5、6旅，指揮權歸海軍參謀部。
	(5) 海軍航空兵	機關駐青島市。

航空兵部隊	駐地	技術編號及機型
海航2師（混編師）	萊陽	4團8XX2X（轟-6D/G、水轟-5、運-8J/X），6團83X2X
海航5師（殲擊師）	萊山	14團8XX5X（殲轟-7A），15團83X5X（殲-8DF）
海航7師（訓練師）	綏中	殲轟-7A、教練-9
艦載機第1聯隊	興城	殲-15

	(6) 戰鬥序列	**①海軍第1潛艦基地**：6核潛艦。 ◎ 093A型核潛艦5艘：長征3、13~16。 ◎ 092型核潛艦1艘，長征6號。
		②潛艦第2支隊：青島市北，9艦： ◎ 039型潛艦1艘。 ◎ 039G型潛艦8艘。
		③潛艦第12支隊：大連旅順口，10艦： ◎ 035G型潛艦4艘（待退中）。 ◎ 039B型潛艦6艘。
		④驅逐艦第1支隊：青島黃島區古鎮口港，10驅4護： ◎ 055型驅逐艦4艘：101南昌、102拉薩、103鞍山、104無錫。 ◎ 052D型驅逐艦2艘：117西寧、118烏魯木齊。 ◎ 051C型驅逐艦2艘：115瀋陽、116石家莊。 ◎ 052型驅逐艦2艘：112哈爾濱、113青島。 ◎ 054A型護衛艦4艘：538煙臺、546鹽城、547臨沂、550濰坊。
		⑤驅逐艦第10支隊：遼寧大連旅順口東港，6驅7護： ◎ 052D型驅逐艦6艘：119貴陽、120成都、121齊齊哈爾、122唐山、123淮南、124開封。 ◎ 054A型護衛艦5艘：539蕪湖、542棗莊、576大慶、579邯鄲、598日照。 ◎ 053H3型護衛艦2艘：564宜昌、565葫蘆島。
		⑥旅順基地 ◎ 護衛艦第11支隊：遼寧大連長海海洋島，8護。 ・056A型護衛艦4艘：600松原、601烏海（原540）、602平頂山、654張掖（原541）。 ・056型護衛艦4艘：580大同、581營口、590威海、591撫順。 ◎ 掃雷艦第11大隊：大連，5艦2艇。 ・081A掃雷艦5艘：849無棣（原732）、845青州、846禹城、847仁懷、848宣威。 ・082II獵掃雷艦2艘：811榮成、814東港。 ・082I掃雷艇2艘：820、821。
		⑦威海水警區：護衛艦第12支隊，山東威海劉公島，5護： ◎ 056A型護衛艦4艘：603定州、604牡丹江、605張家口、606東營、655黃石（原502）、656秦皇島（原505）。 ◎ 056型護衛艦1艘：501信陽。
		⑧青島水警區：獵潛艇第71/82大隊，待換裝056系列輕型護衛艦6艘。現有037IS型護衛艇5艘。
		⑨登陸艦第1大隊：072A型登陸艦2艘：912大青山、911天柱山。
		⑩作戰支援艦第1支隊：青島。 ◎ 901型綜合補給艦1艘：965呼倫湖。 ◎ 903A型綜合補給艦3艘：889太湖、960東平湖、968可可西里湖。 ◎ 偵測船大隊：青島黃島：815A型電子偵察船3艘：854天狼星、856開陽星、859金星；636A型海洋綜合調查船2艘：海洋22號/875錢三強、海洋25號/876錢偉長；1500噸級雙體測量船2艘：北測901、902。

		◎勤務船大隊：青島：北油、北水、北拖、北康、北勤。
		⑪防險救生船支隊：青島。 ◎926型潛艦支援艦3艘：864海洋島、865劉公島、867長島。 ◎925型遠洋打撈救生艦1艘：861長興島。 ◎近海救生打撈船3艘：北救122、138、143。 ◎大馬力特種遠洋拖船2艘：北拖721、739。
5	北部戰區空軍	機關駐地瀋陽市，由原瀋陽軍區空軍，和原濟南軍區空軍一部組建。
	(1) 機關職能部門	
	(2) 直屬單位	瀋陽航空裝備訓練基地、瀋陽第463醫院。
	(3) 基地	轄大連、濟南基地。
	(4)北部戰區空軍	

空1旅	遼寧省鞍山市	61X2X	殲-20	大連基地
空2旅	內蒙古赤峰市	61X3X	殲-10C	
空3旅	黑龍江齊齊哈爾市	61X4X	殲-16	
空31旅	吉林四平市	64X2X	殲轟-7A	
空61旅	吉林延邊州延吉市	67X2X	殲-10B	
空63旅	黑龍江牡丹江市	67X2X	殲-7H	
空88旅	遼寧丹東市浪頭機場	69X9X	殲-7E	
空89旅	遼寧大連市普蘭店區	70X0X	殲-11B	
空15旅	山東濰坊市	62X6X	殲轟-7A	濟南基地
空34旅	山東威海市大水泊機場	64X5X	殲-10A	
空44旅	內蒙古呼和浩特畢克奇場站	65X5X	殲-7E	
空55旅	山東濟寧市嘉祥場站	66X6X	殲-11A	
空46團	瀋陽	2XX7X	殲偵-8F	第16特種機師
空47團	瀋陽	2XX7X	空警-500、運-8特種機	

（五）中部戰區		北京，管轄北京、天津、河北、山西、河南、陝西、湖北等七個省級行政區的武裝力量。首要任務：拱衛北京的安全。
	單位	說明
1	聯合參謀部	
2	政治工作部	
3	中部戰區陸軍	河北石家莊，轄參謀部、政治工作部、後勤部、裝備部、紀律檢查委員會。
	(1) 直屬單位	①確山合同戰術訓練基地：河南駐馬店確山縣，為共軍大型特種作戰訓練場，基地內地形複雜，多處高地海拔超過八百米，提供步兵、防空兵、裝甲兵等兵種在聯合戰役背景下山地攻防、遠程機動、機降、傘降、特種作戰、反恐作戰等的演練。確山基地建有傘降訓練風洞，可同時訓練3至5名傘訓人員，縮短訓練週期。 ②第9綜合訓練基地：河北宣化，轄懷安營區（張家口）、北戴河營區（秦皇島）。 ③第10綜合訓練基地：山西長治，為坦克訓練基地。 ④解放軍264醫院：山西太原。

	(2) 直屬部隊	①第81集團軍：河北張家口，由原第65集團軍改編。轄重型合成7、194、195（機械化步兵旅，專任朱日和訓練基地對抗演習藍軍）旅、中型合成162、189旅、輕型合成70旅。另有特戰（原摩步82旅）、炮兵、防空、工化、陸航（轄有風雷飛行表演隊）、勤務支援等6旅，均稱81旅。
		②第82集團軍：河北保定，由原第38集團軍改編。轄機械化步兵112師、重型合成6、151、188旅、中型合成80、127旅、輕型合成196旅。另有特戰（響箭特種作戰旅）、炮兵、防空、工兵、防化、陸航、勤務支援等7旅，均稱82旅。
		③第83集團軍：河南新鄉，由原第54集團軍改編，轄重型合成11旅、中型合成58、60、113、131、193旅、空中突擊161旅。另有特戰、炮兵、防空、工化、勤務支援等等5旅，均稱83旅。
		④機械化步兵第112師（全數位化合成師）、偵察情報第5旅、信息保障第5旅、電子對抗第5旅、舟橋第32旅。
4	中部戰區空軍	北京，由前北京軍區空軍，和濟南軍區空軍一部組建。
	(1) 機關職能部門	轄參謀部、政治工作部、保障部、紀律檢查委員會。
	(2) 直屬單位	轄中部戰區空軍訓練基地、天津航空裝備訓練基地（訓練航空裝備技術兵）、解放軍第451醫院（陝西西安市碑林區）。
	(3) 直屬部隊	信息通信旅（直屬戰區空軍參謀部）。
	(4) 基地	轄大同基地、武漢基地。
5	中部戰區空軍	

八一飛行表演隊	天津市楊村場站		殲-10AY/SY	中部戰區空軍
空19旅	河北張家口市	63X0X	殲-11B	大同基地
空20旅	河北保定市易縣	63X1X	殲-7B	
空21旅	北京市延慶區	63X2X	殲-7G	
空43旅	山西朔州市懷仁場站	65X4X	殲-10A	
空56旅	河南鄭州市	66X7X	殲-10B	
空70旅	河北唐山市遵化場站	68X1X	殲-10A	
空72旅	天津市江夏區楊村場站	68X3X	殲-10C、殲-10A	
空52旅	湖北武漢市山坡鄉武昌場站	66X3X	殲-7B	武漢基地
空53旅	湖北襄陽市老河口機場	66X4X	殲-7B	
空106旅	河南南陽內鄉	55X3X	轟-6N	直屬中部空軍
空107團	陝西西安市臨潼區	4XX7X	轟-6H	第36轟炸機師
空108團	陝西咸陽市武功縣	4XX7X	轟-6K/M	
空37團	河南開封市禹王台	2XX4X	運-8/20	第13運輸機師
空38團	湖北武漢陽邏機場	2XX4X	伊爾-76/78	
空39團	湖北宜昌市當陽市	2XX4X	伊爾-76	
空100團	北京西郊，沙河機場	B-40XX	空客319，波音737，龐巴迪CRJ200/700	第34運輸機師
空102團	北京南郊機場	B-4XXX	圖154M/MD，波音737	
空151旅	河北滄州		攻擊-1	中部空軍

六、人民武裝警察部隊

	單位	說明
1	職能部門	
	(1) 參謀部	設作戰勤務、訓練、情報、規劃和編制、直屬工作、裝備等局。
	(2) 政治工作部	
	(3) 後勤部	
	(4) 裝備部	
	(5) 紀律檢查委員會	
2	內衛總隊	由武警總部直接領導管理。在全國4市22省5個自治區和1個生產建設兵團，共有32個武警總隊
3	機動部隊	
	(1) 第1機動總隊	石家莊，轄機動第1~9支隊，依序駐遼寧（1、2支隊）、內蒙古、天津、河北、河北保定、山西、河南鞏義、甘肅。另有特戰第1、2、3支隊，依序為北京獵鷹突擊隊、天津海外警衛特戰支隊、河北特戰支隊；交通第1、2支隊，分駐北京、陝西；工化支隊，遼寧；直升機支隊，山西。
	(2) 第2機動總隊	福州，轄機動第1~9支隊，依序駐江蘇無錫（1、2支隊）、宜興（3支隊）、福建莆田（4、5支隊）、廣州、廣東佛山、雲南蒙自、四川南充。另有特戰第1支隊（雪豹突擊隊）駐廣州、特戰第2支隊，浙江湖州；交通第1、2、3支隊，分駐安徽合肥、四川綿陽、西藏林芝；工化支隊，福州長樂；直升機支隊，湖南湘陰等。
4	海警部隊	
	(1) 職能部門	
	(2) 直屬部隊	①東海海區指揮部（海警局東海分局）：轄江蘇、上海、浙江、福建等4支隊（對外均稱XX海警局）、第1、2支隊（直屬第1、2局）。 ②南海海區指揮部（海警局南海分局）：轄廣東、廣西、海南等3支隊（對外均稱XX海警局）、第3、4、5支隊（直屬第3、4、5局）。 ③北海海區指揮部（海警局北海分局）：轄遼寧、天津、河北、山東等4支隊（對外均稱XX海警局）、第6支隊（直屬第6局）。 ④執法船：海警船均配有自衛武器，統一採用白色船體，船上塗有紅藍相間條紋、中國海警徽章和「中國海警CHINA COAST GUARD」標誌。海警現有警員1.6萬餘人，截至2013年，千噸級以上公務執法船135艘，總噸位超36萬噸。 ⑤飛機：海警裝備有新舟60H海上巡邏機（西飛生產之雙發渦輪螺旋槳飛機），和直9直升機。
	(3) 海警艦艇編號規則	①海區海警艦艇舷號為四位數字：第一位為海區編號：1代表北海（遼寧、河北、天津、山東），2代表東海（江蘇、上海、浙江、福建），3代表南海（廣東、廣西、海南）。第二位為船的噸位：0代表1000噸以下，1代表1000噸級，4代表4000噸級，9

		可代表9000噸或萬噸級以上之海警船。後兩位為船的序號或船原來的編號。如海監、漁政、海關、海警的船碰到編號一樣的，即可能會有所變動。例：中國海警3401。 ②地方海警艦艇舷號為五位數字：前兩位為省份代碼：12天津、13河北、21遼寧、31上海、32江蘇、33浙江、35福建、37山東、44廣東、45廣西、46海南。第三位為船的噸位：500噸以下為0，500噸以上為1。後兩位為船的序號，多從01開始編號。例：中國海警37102。
5	直屬單位	海警總隊醫院。
6	院校和科研機構	
	(1) 武警指揮學院	天津，為武警中級指揮院校。
	(2) 武警工程大學	西安，為綜合性大學，擔負武警指揮、工程技術幹部的學歷教育，和任職培訓任務。
	(3) 武警警官學院	負責駐南部地區部隊指揮警官培訓任務。 校本部在成都、第二校區在四川仁壽。
	(4) 武警特種警察學院	北京昌平，培養特種作戰人才，兼負執行反恐特戰任務。
	(5) 武警後勤學院	天津，武警後勤指揮和後勤保障專業綜合性後勤院校。附屬醫院為武警特色醫學中心。
	(6) 武警士官學校	杭州。
	(7) 海警學院	浙江寧波。
	(8) 武警研究院	北京朝陽區。
	(9) 武警警犬基地	廣州、呼和浩特2警犬基地。

血歷史234　PF0332

新銳文創
INDEPENDENT & UNIQUE

中共軍史、軍力和對臺威脅

作　　者　翁衍慶
責任編輯　鄭伊庭
圖文排版　黃莉珊
封面設計　吳咏潔

出版策劃　新銳文創
發 行 人　宋政坤
法律顧問　毛國樑　律師
製作發行　秀威資訊科技股份有限公司
114 台北市內湖區瑞光路76巷65號1樓
電話：+886-2-2796-3638　傳真：+886-2-2796-1377
服務信箱：service@showwe.com.tw
http://www.showwe.com.tw
郵政劃撥　19563868　戶名：秀威資訊科技股份有限公司
展售門市　國家書店【松江門市】
104 台北市中山區松江路209號1樓
電話：+886-2-2518-0207　傳真：+886-2-2518-0778
網路訂購　秀威網路書店：https://store.showwe.tw
國家網路書店：https://www.govbooks.com.tw

出版日期　2023年2月　BOD一版
定　　價　550元

Printed in Taiwan

讀者回函卡

國家圖書館出版品預行編目

中共軍史、軍力和對臺威脅 / 翁衍慶著. -- 一版.
-- 臺北市 : 新銳文創, 2023.2
面； 公分
BOD版
ISBN 978-626-7128-58-9 (平裝)

1.CST: 軍事史 2.CST: 軍事戰略
3.CST: 中國大陸研究

590.92 111018162